《兵典丛书》编写组
编著

战车

CHARIOTS

机动作战的有效工具

THE CLASSIC WEAPONS

哈尔滨出版社
HARBIN PUBLISHING HOUSE

图书在版编目（CIP）数据

战车：机动作战的有效工具 /《兵典丛书》编写组编著. 一哈尔滨：哈尔滨出版社，2017.4（2021.3重印）
（兵典丛书：典藏版）
ISBN 978-7-5484-3133-6

Ⅰ. ①战… Ⅱ. ①兵… Ⅲ. ①战车－普及读物 Ⅳ. ①E923-49

中国版本图书馆CIP数据核字（2017）第024890号

书　　名：战车——机动作战的有效工具
ZHANCHE——JIDONG ZUOZHAN DE YOUXIAO GONGJU

作　　者：《兵典丛书》编写组　编著
责任编辑：陈春林　李金秋
责任审校：李　战
全案策划：品众文化
全案设计：琥珀视觉

出版发行：哈尔滨出版社（Harbin Publishing House）
社　　址：哈尔滨市香坊区泰山路82-9号　　邮编：150090
经　　销：全国新华书店
印　　刷：铭泰达印刷有限公司
网　　址：www.hrbcbs.com　　www.mifengniao.com
E－mail：hrbcbs@yeah.net
编辑版权热线：（0451）87900271　87900272
销售热线：（0451）87900202　87900203

开　　本：787mm×1092mm　1/16　印张：20　字数：250千字
版　　次：2017年4月第1版
印　　次：2021年3月第2次印刷
书　　号：ISBN 978-7-5484-3133-6
定　　价：49.80元

凡购本社图书发现印装错误，请与本社印制部联系调换。
服务热线：（0451）87900278

战争，是检验所有武器的标准，同时也是衍生新武器的源头。在这种意识形态之下，诞生了我们这本书的主角——战车。战车，自古而有之。中国古代便有马拉的战车，将军或士兵稳坐于战车之上，或指挥士兵演练各种阵法，或观敌压阵决胜于战场之外，或冲锋陷阵攻城破寨。但这些古代战车不是本书要讲的内容，本书中所谓的战车是第一次世界大战及其之后的军用作战车辆。坦克是战车家族中的主角，故而本套丛书将坦克作为一个分册单独编写，而本书是以除坦克之外的主要军用作战车辆为写作对象。

战争的惨烈让步兵需要一种防卫武器来保护自己，并且能快速机动地驰骋于战场之上，于是战车出现了；或者说，是坦克这种新式武器的出现，直接导致了战车的诞生。因为人们需要这种装甲车辆与坦克协同作战、运载士兵，逢山开路，遇水架桥。无论是作为运兵车，还是作为坦克伴侣，战车在战争中成长起来。本书中所讲述的步兵战车、装甲运兵车、装甲侦察车、装甲架桥车、装甲抢救车、装甲工程车、扫雷车、布雷车、军用摩托车和军用吉普车都是在这种理念中发展出来的。

第一次世界大战期间，随着首批坦克问世，英国在1918年就制造了第一辆MKV装甲架桥车，其桥长7.5米，足以克服当时阵地战的战壕，保障坦克在阵地上畅行无阻。装甲架桥车能使鸿沟变平地，天堑变通途，它更多扮演的是逢山开路，遇水架桥的装甲工兵的职能。

而布雷车和扫雷车的出现，更加印证了“战争是武器的源头”这句话。在第一次世界大战中，地雷作为一种常规武器出现在战场上，于是，英国在4型坦克上试装了滚压式扫雷器。此后，扫雷车急速发展，代替工兵成为扫雷王者。俗话说，有破便有立。当扫雷车在战场上大有作为的同时，布雷车被发明了。用士兵的话来说：你可以扫雷，但我可以布雷。是的，这对战场天敌互成对手，互相制约，但最后要达到的都是战略或者战术上的平衡。

第二次世界大战伊始，战场上便出现了装甲运兵车，又称装甲输送车，是设有乘载室的轻型装甲车辆，分履带式和轮式两种。顾名思义，装甲运兵车主要用于在战场上输送步兵，也可输送物资器材。它具有高度机动性，还有一定防护力和火力，必要时，可用于战斗。这种披着盔甲的运输车，被士兵们亲切地称为“军用的士”。

军用摩托车和吉普车分别出现在第一次世界大战和第二次世界大战中，它们给将领和士兵带来了更好的机动性。或者说它们是将军的坐骑、士兵的双腿，尽管它们最初只是作为交通工具出现在战场上，但任何东西一上战场，便拥有了战争的属性。

第二次世界大战结束后，世界各国的武器研发并没有因战争的结束而停止。第二次世界大战之后，现代步兵战车出现了。它是指搭载步兵与坦克部队（第二次世界大战中包括突击炮）一起突击作战的车辆，这种车辆的作战任务是当装甲部队遇到难于突破的步兵、炮兵防御地带时，将所搭载的步兵展开以摧毁敌人反装甲步兵、炮兵部队。同时，装甲车上所搭载的武器用于压制敌人、支援步兵突击。普通的装甲车仅仅用于运输步兵和物资，并不直接参与突击。

20世纪60年代以来，反坦克导弹的出现，让战车重新获得生机。坦克在强大的反坦克武器面前不堪一击，损失惨重。于是，各种和坦克配套的车辆再次发展起来。20世纪60至70年代以来，随着主战坦克和装甲战斗车辆的发展和更新换代，苏联、美国、英国、法国、联邦德国等相应地研制并装备了采用坦克或装甲车辆底盘的装甲抢救车和修理车。装甲抢救车，更多地扮演战地“医生”的角色，它为主战坦克而生，是主战坦克的“私人医生”。装甲抢救车的出现，再次印证了那句老话：所有的武器都是互成犄角，互成矛盾。

时至今日，越来越厚的护甲、越来越强的火力、越来越注意协同作战的特性，使得战车的发展近乎完美。

在历史发展的过程中，战车作为一种特殊的工具，以其独特的方式留下了独特的历史符号。在我们的记忆里，当看到装甲车，就仿佛看到了战争的希望，因为士兵们坐在车里，可以将死亡的概率减到最小。在各个战场上，战车和坦克协同作战更是人们永远说不厌的话题，而人们更在意的不是对战争的津津乐道，而是对各种武器相互配合，最后夺取战争胜利的那种震撼，这更是人性的震撼。这是战争带给我们的，同样也是兵器带给我们的。

总之，战车在战争中出现，是历史的必然，也同样是人性的必然。对于战争来说，战车使战争的形式更加多元，更加丰富。对于武器来说，战车的出现大大丰富了其内涵和外延，让武器形成了平衡和制约；对于人类来说，战车的出现，让士兵们更加安全，让士兵们更有希望……

《战车——机动作战的有效工具》是“兵典丛书”中一部了解和记录各类战车的一个分册。本书收录了除坦克外各主要类型的战车，并且精心选取了其中最为经典、最有代表性、最具影响力的型号。本书讲述了各类战车的专业知识与历史演变，各型号战车的设计建造、性能特点、参战经历、著名战役等，试图多角度、全方位地展示各类战车。

我们相信这些战车都是有生命的，它们将引领着我们穿越时空，重温那硝烟弥漫的战场，用它们的亲身经历向我们讲述它们纵横疆场的传奇故事……

目录 CONTENTS

1 第一章 步兵战车——步兵的机械化作战装备

战事回响

2 第二章 装甲运兵车——身披盔甲的战场运输车辆

4 第四章 装甲架桥车——战场开路先锋

5 第五章 装甲抢救车——装甲车辆中的“救护车”

6 第六章 装甲工程车——装甲车辆中的“工程兵”

7 第七章 装甲扫雷 / 布雷车——雷区王者

1

第一章

步兵战车

步兵的机械化作战装备

兵典
THE CLASSIC
WEAPONS

沙场点兵：机动作战的装甲战车

一般认为，步兵战车是供步兵机动作战用的装甲战斗车辆，主要用于协同坦克作战，也可独立执行战斗任务，在坦克和机械化（摩托化）部队中，装备到步兵班。步兵可乘车战斗，也可下车战斗。步兵下车战斗时，乘员可用车上武器支援其行动。

步兵战车分履带式和轮式两种，除底盘不同外，总体布置和其他结构基本相同。履带式步兵战车越野性能好，生存力较强，是现在装备的主要车型。轮式步兵战车造价低，耗油少，有的国家已少量装备部队。

步兵战车由推进系统（动力、传动、操纵、行动装置），武器系统（武器及火控系统），防护系统（装甲壳体及其他特种防护装置与器材）和通信、电气系统组成。动力和传动装置位于车体前部，炮塔安装在车顶中部，步兵战斗室设在车体后部。后车门较宽大，多采用跳板式，便于步兵迅速、隐蔽地上下车。车上通常装有一门20～30毫米高平两用机关炮、1～2挺机枪和一具反坦克导弹发射架。步兵战斗室两侧和后车门通常开有射击孔，每个射击孔的上方装有观察镜，便于步兵乘车战斗。有的车内还装有空调和通风排烟设备。

兵器传奇：“风火轮”上的铁甲奇兵

步兵战车的历史要从第二次世界大战之后开始讲起。

20世纪60年代，冷战正酣。随着主战坦克的兴起以及核武器和各种反坦克武器的不断发展，特别是反坦克导弹和武装直升机的出现，地面战斗中迫切需要解决步兵协同主战坦克机动作战的问题。以输送步兵为主的装甲人员输送车由于火力弱，防护性能差，加之一般车体没有射孔，难以使步兵适时而有效地支援坦克战斗。因此，苏联和一些西方国家开始积极研制一种机动性至少能与主战坦克相当、火力和防护性能较之装甲人员输送车大为增强的新型装甲战斗车辆，即步兵战车。

20世纪60～70年代，各国开始研制步兵战车，并于20世纪70年代初装备部队。装备数量最多的是苏联，其次是美国及西欧主要国家。苏联装备的BMP-1和BMP-2步兵战车共计约25000辆，空降部队还装备BMP伞兵战车2000多辆。除本国装备外，还向东欧、西亚、非洲以及印度和古巴等20多个国家出口，并特许少数国家生产。

美国从1983年财政年度起开始装备M2步兵战车，包括M3装甲侦察车在内，总需求量为6889辆，其中M2和步兵战车M3共2300辆，M2A1和M3A1共1371辆，M2A2和M3A2

★陈列的AMX-10P步兵战车

共3218辆，于1989财政年度装备完毕。LAV-25轮式步兵战车系美国海军陆战队的制式装备，包括变型车在内，1982至1985财政年度间的采购量总计为758辆，其中步兵战车为422辆。

联邦德国的“黄鼠狼”步兵战车自1970年以来，连同其改进型在内一共装备了2136辆。法国的AMX-10P步兵战车于1973年首次交付军队使用，加上各种变型车，总产量已达1630辆，除大部分装备本国外，还向印尼、希腊以及中东一些国家出口。在西欧主要国家中，英国装备较晚，从1986年开始，装备700多辆，如果把各种变型车计算在内，总数将达到1000多辆。

在亚非拉地区中，装备数量最多的是印度，共计700余辆，均系从苏联购买的BMP-1步兵战车。现该车已经特许在印度生产。为此，印度已耗资3.5亿美元兴建生产该车的企业，与之配套的发动机则由印度生产T-72坦克发动机的工厂提供。

20世纪70～80年代，各国装备的步兵战车的战斗全重为12～28吨，乘员2～3人，载员6～9人。车载武器通常有一门20～40毫米高平两用机关炮、1～2挺机枪和一具反坦克导弹发射器，并配有观察瞄准仪器、双向稳定器、激光测距仪和红外、微光夜视仪器或热像仪等。其火力通常能损毁轻型装甲目标、火力点、有生力量和低空目标。装有反坦克导弹的步兵战车还具有与敌坦克作战的能力。车载机关炮可发射穿甲弹、脱壳穿甲弹、穿甲燃烧弹和杀伤爆破弹等，射速550～1000发/分，最大射程2000～4000米。反坦克导弹射程为3000～4000米，破甲厚度400～800毫米。苏联BMP-3型步兵战车改装一门100毫米滑膛炮，它既能发射杀伤爆破弹，也能发射激光制导的反坦克导弹。另有一门30毫米机关炮和

★正在进行军事演习的德国“黄鼠狼”步兵战车

三挺7.62毫米机枪。这一时期，各国列装的履带式步兵战车通常装有涡轮增压柴油机，发动机功率为221～441千瓦。有的已采用带液力变矩器的全自动液力机械传动装置。步兵战车的机动性能高于或相当于协同作战的坦克。一般能水陆两用，有的因战斗全重较大，不能自浮，须借助于浮渡围帐或浮囊才能浮渡。履带式步兵战车，陆上最大速度为65～75千米/时，水上最大速度为6～10千米/时，陆上最大行程可达600千米，最大爬坡度约32度，越壕宽1.5～2.5米，过垂直墙高0.6～1米。这一时期，步兵战车属轻型装甲车辆，装甲较薄，最大装甲厚度为14～30毫米，通常由高强度合金钢或轻金属合金材料制成，有的车上采用间隔装甲或“乔巴姆”式复合装甲。车体和炮塔的正面可抵御20毫米穿甲弹，侧面可抵御普通枪弹及炮弹破片。为增强防护能力，有的车上还装有反应装甲。车上通常装有抛射式烟幕装置和三防装置，有的还采用热烟幕装置。车体表面涂有伪装涂料。有的车内还装有灭火装置、取暖和通风排烟设备。

20世纪90年代至今，步兵战车呈现出新的发展趋势：进一步加强火力和生存力，增强使用维修性能。主要措施有：进一步提高陆军机械化部队坦克装甲车辆标准化的程度；增大火炮口径，研制新弹药，加强穿甲威力，改装高性能的车载反坦克导弹；为车载主要武器配备简易火控系统，以缩短反应时间，提高射击精度；提高全天候作战能力和对付低空飞行目标的能力；采用新型材料制造复合装甲或反应装甲等，在减轻车重、提高机动性的同时，又能有效增强战车本身的防护性能。

慧眼鉴兵：详解步兵战车

步兵战车是配合坦克进行作战行动的，因此，它的外形和坦克相似。大部分步兵战车的车内布局是驾驶舱和动力舱在前，战斗舱居中，载员舱在后。车体均采用钢装甲或铝装甲焊接而成，并有射孔，便于搭载的步兵从车内射击，有利于乘车战斗。车后有跳板式或侧开式大门，步兵上、下车既迅速又隐蔽。炮塔有单人和双人两种。采用单人炮塔的有中国的86式和苏联的BMP-1等，由于车长位于车体前部，因而观察受到影响。采用双人炮塔的有联邦德国的“黄鼠狼”、美国的M2和苏联的BMP-2等，由于车长的位置在炮塔内，故观察条件较好，并能超越炮手操纵武器射击。此外，步兵战车也可根据需要选配不同武器的炮塔。

步兵战车是坦克的“保护神”，因为它的车载武器极为强大，由火炮、反坦克导弹和并列武器等组成，和步兵携带的各种轻型武器一起，构成一个既能对付地面目标，又能对付低空目标，既能对付软目标，又能对付硬目标的远、中、近程相结合的火力系统。

火炮为步兵战车主要的车载武器，多为20～30毫米的机关炮。20世纪70年代，步兵战车装备的火炮中以口径20毫米的居多。为了进一步加强步兵战车的火力，20世纪80年代装备的火炮一般为25～30毫米口径。上述机关炮均能高平两用，俯角范围为-5度～-15度，仰角范围为+45度～+75度，用以对付轻型装甲车辆、武装直升机和步兵反坦克武器，有效射程为2000米左右。配用的弹种有榴弹和穿甲弹，一般采用单向或双向单路供弹，采用双向单路供弹的目的在于根据目标威胁程度不同，能迅速更换弹种。除机关炮外，也有少数步兵战车采用低压滑膛炮，口径为73毫米，这种火炮较轻，而且射程较近，仰角亦小，难以对付低空目标。反坦克导弹多为红外半自动制导的第二代反坦克导弹，主要用于对付4000米以内的主战坦克，破甲厚度约为600毫米，有的改进型导弹可达到800毫米甚至更多一些。也有一些步兵战车没有配备反坦克导弹，或取消发射架以降低成本，但如有需要，仍可临时安装。并列武器一般均为一挺7.62毫米机枪，用以杀伤1000米以内的软目标。

为使步兵战车具有夜战能力，步兵战车一般都配有昼夜合一的瞄准镜，夜视部分多数采用微光夜视仪，少数为主动红外或热像仪。动力装置大都采用水冷柴油机，功率为200～400千瓦，使车辆单位功率达到14～26千瓦/吨。传动装置以液力机械传动居多，也有采用机械传动的，配备液压机械传动的只有美国的M2。悬挂装置多为扭杆式。公路最大速度，履带式为65～82千米/时，轮式为85～105千米/时。多数车辆具有浮渡能力，借助履带划水或喷水推进器在水中行驶。为增加浮力，有的还可采用围帐或气囊等浮渡装置，水上最大速度一般为6～8千米/时。

“莱茵钢铁”之星
——德国“黄鼠狼”步兵战车

举国之力：德国两大兵工集团的合作产物

一般说来，步兵战车是为坦克而生的，大名鼎鼎的“黄鼠狼”也不例外。20世纪60年代，德国“豹”式坦克亮相。为解决原有武器系统与“豹”式主战坦克协同作战能力的不足，1960年1月，联邦德国与两大集团签订了设计与制造履带式步兵战车的合同。这两大集团分别是由莱茵钢铁·哈诺玛格公司、鲁尔钢铁公司、威顿-安楠（Witten-Anenn）公司和布诺·沃内格公司等四家企业组成的莱茵钢铁集团和由亨舍尔工厂与瑞士莫瓦格两家公司组成的另一集团。

1960年，两大集团研制出第一批七辆样车，其中莱茵钢铁·哈诺玛格公司三辆，亨舍尔工厂与莫瓦格公司各两辆。1961～1963年间，它们又研制出第二批样车八辆，其中莱茵钢铁·哈诺玛格公司四辆，亨舍尔工厂一辆，莫瓦格公司三辆。后来由于优先发展反坦克炮和多管火箭炮，该车的研制工作曾一度停滞。

1966年，恢复研制工作，军方正式提出设计要求。1967年，根据这些要求，两大集团开始第三批和最后一批样车的制造，共计十辆。莱茵钢铁·哈诺玛格和莫瓦格两家公司各三辆，亨舍尔工厂四辆。

★自身重量超乎寻常的德国“黄鼠狼”步兵战车

1964年，亨舍尔工厂被莱茵钢铁集团兼并，自此，研制工作大部分由该集团完成。

1967～1968年间，莱茵钢铁集团预生产10辆，并于1968年10月作为首批车辆交付联邦德国陆军进行部队试验。试验于1968年10月开始，1969年3月结束。1969年4月正式批量生产，同年5月命名为"黄鼠狼"步兵战车。1969年，德国陆军确定莱茵钢铁集团为主承包商，马克公司为子承包商。这两家企业现在已分别改名为蒂森·亨舍尔公司和克虏伯·马克公司。早期的生产合同规定，莱茵钢铁集团的产量为1926辆，马克公司的产量为875辆。

1974年莱茵钢铁集团又续订了生产210辆的合同，马克公司的生产总数也增加到975辆。到1975年，该车预订的产量已全部完成，但底盘仍在莱茵钢铁集团的亨舍尔工厂继续生产，用于改装罗兰德（Roland）2型防空导弹发射车，直到1983年才结束。

特色战车：迅猛的"黄鼠狼"

★"黄鼠狼"步兵战车性能参数★

车长：6.790米	**发动机：**6缸水冷柴油机
车宽：3.240米	**功率：**600马力
车高：2.985米	**单位功率：**20.5马力
战斗全重：28.2吨	**最高公路速度：**75千米/时
武器装备：1门20毫米机关炮	**乘员：**3人
1挺7.62毫米并列机枪	**载员：**6人

"黄鼠狼"步兵战车，是一种很有特色的步兵战车。最突出的一点，它是世界上最重的步兵战车之一，战斗全重达到28.2吨，比后来装备部队的美国M2、英国"武士"、日本89式、俄罗斯BMP-3和瑞典CV90等步兵战车都要重。在世界步兵战车家族中，只有以色列"阿奇扎里特"步兵战车（44吨）比它重。不过，"阿奇扎里特"步兵战车是由坦克改装的，是一个特例。

在总体布置上，"黄鼠狼"步兵战车的驾驶员席位于车体前部左侧，有一扇向右开启的舱门，三具潜望镜中的中间一具可换为被动式夜间观察镜。驾驶员后边坐有一名乘员，他也有一扇向右开启的舱门和一具360度旋转的潜望镜。驾驶员的右侧是动力舱，装有发动机和变速箱等。中部为战斗室，装有双人炮塔、20毫米机关炮、并列机枪等，车长位于炮塔内右侧，炮长位于左侧，各有一个顶部舱门。后部为载员室，有两条长椅，六名载员背靠背而坐。

由于采用了遥控射击方式，"黄鼠狼"步兵战车的炮长和车长可以不坐在炮塔里，这样，炮塔便可以做得很小，减小了中弹的概率，这是"黄鼠狼"步兵战车的优点之一。

“黄鼠狼”步兵战车的火炮口径偏小，只有20毫米，因此威力显得不足。这也是德国军方一度想研制“黄鼠狼”2步兵战车的原因之一。

“黄鼠狼”步兵战车的动力装置为戴姆勒·奔驰公司制造的MB833Ea500型6缸水冷涡轮增压柴油机，最大功率600马力。这使“黄鼠狼”步兵战车的单位功率高达20.5马力/吨，最大速度达到75千米/时，这在当代步兵战车之林中是出类拔萃的。

协同作战：“豹”式主战坦克的左膀右臂

“黄鼠狼”步兵战车因“豹”式坦克而声名鹊起，又因其良好的机动性而成为“豹”式坦克的左膀右臂。

“豹”式主战坦克一经问世，便占据了世界武器谱的顶端位置，它火力强大，速度迅猛，其炮塔的设计力求使其具有较好的防弹外形，但因其防护装甲较薄，防护能力有明显缺陷。所以，“豹”式主战坦克在实战中需要其他一些战斗车辆提供支援，“黄鼠狼”步兵战车以其优越的性能成为与“豹”式主战坦克协同作战的不二之选。

因要与“豹”式主战坦克协同作战，研制方在“黄鼠狼”步兵战车上采用了与轻型坦克相同的装甲。另有自动灭火装置，可二次使用。

“豹”式主战坦克与敌军主力决战时，“黄鼠狼”步兵战车则在其两翼高速穿插，发射曳光穿甲弹和榴弹摧毁敌方的反坦克轻型装甲车，其携载的7.62毫米机枪还可以摧毁敌方的步兵反坦克火力点，为“豹”式主战坦克清除伏击威胁。同时“黄鼠狼”步兵战车还可以高速迂回，摧毁敌方的有生力量和低空飞行目标，为地面战扫清障碍。

攻击中最大的难题是对付先进步兵战车的主装甲，“黄鼠狼”步兵战车发射的曳光穿甲弹，能在1000米的射击距离上击穿32毫米厚的钢装甲，对付轻型装甲车辆绰绰有余。但对付先进步兵战车的主装甲则显得力不从心，此时“豹”式主战坦克的威力就得以体现，这种协同作战有效利用了“黄鼠狼”装甲步兵战车的机动性，使机械化兵团的战场生存能力得到了大幅度提升。

进入20世纪80年代，“黄鼠狼”装甲步兵战车遇到了危机，因为装在“黄鼠狼”身上的20毫米机关炮已显得火力不足了。于是，联邦德国陆军提出新的要求，要求利用新型的25毫米机关炮取代莱茵金属公司的MK20Rh202型20毫米机关炮。每种兵器都有这样的时刻，如果不改进，就会被人们淘汰。

为了满足上述要求，莱茵金属公司毛瑟公司研制了一门25毫米机关炮，装在稍加改进的“黄鼠狼”装甲步兵战车的原炮塔上并进行了试验。为了增加“黄鼠狼”在战场上的威力，德国陆军将大名鼎鼎的LWT-3炮塔装在了“黄鼠狼”身上。LWT-3炮塔是一种三向稳定的轻型武器炮塔，火力十足。

1985年，“黄鼠狼”装甲步兵战车的底盘配备了法国新型的FL-20炮塔，主炮为法国地面武器工业集团105毫米的105G1火炮，火炮装有炮口制退器和热护套。可发射该集团定装式尾翼稳定脱壳穿甲弹、曳光破甲弹、榴弹、烟幕弹和照明弹。

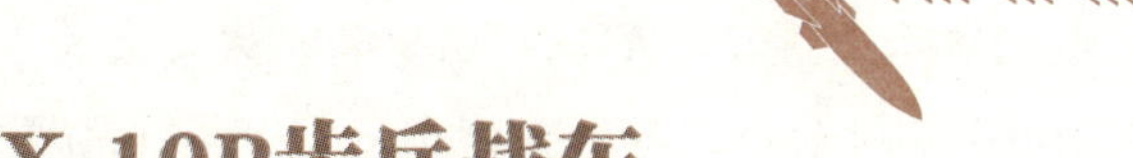

百变战车——法国AMX-10P步兵战车

步兵之翼：法国的新式步兵战车

在法国人眼里，步兵战车就是负责保护坦克的，其任务是协同坦克作战。因此，在第二次世界大战之后，法国在步兵战车方面下足了工夫。1965年以前，法国陆军协同坦克作战的主要车辆是由霍奇基斯公司生产的AMX-VCI步兵战车，该型战车一直是法国陆军的主要装甲战车，并曾出口多个国家。但随着法国主战坦克的不断更新，导致AMX-VCI步兵战车的协同作战能力明显滞后于同时期的主战坦克。

1965年，按照法国陆军的要求，法国AMX制造厂开始着力研究新型步兵战车，以取代老式的AMX-VCI步兵战车。

★老式的AMX-VCI步兵战车

1968年，第一辆AMX-10P步兵战车研制成功，它采用的是伊斯帕诺·絮扎多种燃料发动机，功率达到184千瓦（250马力）。

1972年，法国罗昂制造厂开始生产AMX-10P步兵战车，首批车辆于1973年交付法军使用。该批战车除装备本国军队外，还大量出口，采购最多的国家为沙特阿拉伯。

此外，在该型号车的基础上，法国又研制了多种变型车辆。如AMX-10P步兵战车、AMX-10P25机械化步兵战车、AMX-10P海军陆战装甲车、AMX-10P120毫米自行迫击炮、AMX-10PTCM-81火力支援车、AMX-10P90PAC火力支援车等等，多达20余种。截至1985年初，AMX-10P步兵战车及其各种变型车已生产了1630辆。由此可见，AMX-10P可谓是一种“百变战车”了。

性能一流：铝合金焊接车体独树一帜

★AMX-10P步兵战车性能参数★

车长： 5.788米

车宽： 2.780米

车高： 2.570米

战斗全重： 12.7吨

武器装备： 1门20毫米机关炮

1挺7.62毫米并列机枪

发动机： 1台HS115多种燃料发动机

功率： 221千瓦（300马力）

单位功率： 15.21千瓦/吨

最高公路速度： 65千米/时

最大公路行程： 600千米

乘员： 3人

载员： 8人

从外观上看，AMX-10P步兵战车的车体采用铝合金焊接而成，发动机前置，驾驶舱位于车体前部左侧。采用的塔坎（Toucan）Ⅱ双人炮塔位于车辆中央偏左，炮手在左，车长靠右。也可采用塔坎Ⅰ单人炮塔、GIATCapre20和其他类型的炮塔。如果需要，除炮塔外还可在车顶两侧各安装一个米兰（MILAN）反坦克导弹发射架。载员舱在车体后部，人员通过车后跳板式大门出入。车门用电操纵，门上有两个舱口，每个舱口上各有一个射孔。另外，载员舱顶部还有两个舱口。

AMX-10P步兵战车的主要武器为一门20毫米的M693机关炮，全长2.6米，不带炮口制退器，射管长2.1米。采用双向单路供弹，并配有连发选择装置。当车辆安装米兰反坦克导弹发射架时可携带导弹10枚。

AMX-10P步兵战车的观瞄仪器有炮手的OB40昼夜瞄准镜，昼间放大倍率为6倍率，视场为10度，视距为2100米；夜视部分采用三级串联像增强器，放大倍率为5倍率，视场为7

★多用途的AMX-10P步兵战车

度，视距为1500毫米，OB40昼夜瞄准镜也可用406昼间瞄准镜和OB37微光瞄准镜取代。前者有2倍率和6倍率两个放大倍率；后者只有一个放大倍率。车长使用的M371瞄准镜有1倍率和6倍率两个放大倍率。另外，车长和炮手还有便于环形观察的7个潜望镜。在驾驶舱盖的前方3个潜望镜中，中间的一个可换作微光驾驶仪。

AMX-10P步兵战车的动力装置采用一台HS115多种燃料发动机，缸径110毫米，排量8.208升。排气道在车体右侧，进出气道的百叶窗均位于车体顶部，整个动力装置的更换可在两小时内完成。

AMX-10P步兵战车的传动装置为综合式，将变速箱、离合器与转向装置组合在一起。该装置采用带液力变矩器与闭锁离合器的自动变速箱。离合器由电液操纵，转向装置为三级差速转向机构。

为便于水上行驶，AMX-10P步兵战车车体后两侧各有一个喷水推进器，车体底部有两个排水泵，一个在动力舱内，三防装置位于车体右侧，烟幕弹发射器每侧两具。

从发展趋势看，AMX-10P步兵战车现装的221千瓦（300马力）的发动机有可能被257千瓦（350马力）的发动机取代，传动装置也将更新。

AMX-10P步兵战车可进行城市巷战或者反恐，或与坦克进行一对一配合，或者协同步兵作战，在步兵的引导下攻击，或独立作战，打击掩藏在坚固建筑物内或者高度在8000米以内的反武装直升机。弥补步兵战车火力的不足，打击小型、分散目标，为步兵和步兵战车提供持续火力打击，掩护步兵和坦克的进攻。

除了在城市巷战、山地作战和野战攻坚，AMX-10P步兵战车还可以单独或者配合坦克、步兵战车或单兵作战，还能够执行城市巡逻、反恐和护卫后勤补给车队的任务。

2003年，法国陆军在后勤补给车队中配置了一定数量的AMX-10P步兵战车。实战中，最前面的AMX-10P步兵战车用于开路和侦察；中间的AMX-10P步兵战车用于迂回巡逻，随时支援；最后面的AMX-10P步兵战车用于戒备，一旦车队遭遇袭击，AMX-10P步兵战车便能迅速作出反应。

中东铁骑
——以色列“阿齐扎里特”步兵战车

战争产物：由T-55坦克改装

“阿齐扎里特”步兵战车是为了战争而生的武器。1973年，“赎罪日”战争爆发，战争中以色列装甲部队的损失相当惨重。以国防军战后总结发现，阿拉伯国家装备的苏制AT-3“塞格”反坦克导弹是以色列坦克和装甲车辆的第一杀手。

★防弹能力较强的M-113装甲车

为了对付反坦克导弹，以色列开始研究对抗措施，在1982年爆发黎巴嫩战争中，以色列坦克都披挂上了拉菲尔公司研制的“布拉泽”M-113系列装甲车反应装甲。在战争中，“布拉泽”发挥了奇效，以军以60辆坦克为代价，击毁了巴勒斯坦解放组织和叙利亚军队的500辆坦克，而以色列坦克乘员无一伤亡，而且在被击毁的60辆坦克中有一半经战场维修后又投入了战斗。

但是由于第一代“布拉泽”反应装甲过于笨重，致使M-113系列装甲车无法加挂，所以以色列机械化步兵伤亡惨重。除此之外，以色列陆军还发现部队极度缺乏工程车辆，如战场障碍清除车辆、扫雷车辆等。

20世纪70年代中期，以色列陆军中大约装备有5900辆M-113系列装甲车，短期内不会退役，以色列人知道在新型步兵战车研制的同时必须设法提高M-113的防护能力。

于是，在20世纪70年代末，以色列开发了一种名为TOGA的简易装甲。它由穿孔钢板、支架、夹具和螺栓组成。TOGA装在M-113主装甲前250毫米处。由于弹头或弹片穿透TOGA装甲后速度降低，方向也会改变，威力自然就会减弱。TOGA于1982年开始服役。M-113整车加装这种装甲后重量虽然增加了800千克，但却能挡住14.5毫米穿甲弹的打击。TOGA还能作为间隔装甲对付破甲弹，但是效果有限。TOGA装甲在当时只是权宜之计，后来以色列又在M-113上加装了轻型复合反应装甲。这种多层爆炸反应装甲的第一层和“布拉泽”反应装甲类似，第二层是橡胶。这种装甲可以有效抵挡破甲弹，但由于价格过于昂贵而没有装备部队。

以色列拉菲尔公司后来改装M2“布雷德利”战车用于替换M-113，将M2的炮

★正在战区执行任务的M-113装甲车

塔拆除，加上了重装甲。不过因为改装后的车辆超重，原悬挂系统无法承受，只能放弃。

而此时由于新型战车的研制还没有着落，以陆军只能在现有装备里找出路。在“梅卡瓦”坦克服役不久后的1985年，以色列陆军中就有一些连队将几辆“梅卡瓦”改装成了重型运兵车。士兵将它们称为“虎”。但当时“梅卡瓦”坦克的需求量巨大，没有多余的底盘来制造重型步兵战车，这条路显然也走不通。

无奈的以色列陆军只能从旧坦克上想办法，将退役的T-55坦克炮塔拆除，改装成重型运兵车和工程车辆，并称之为“阿齐扎里特”。“阿齐扎里特”步兵战车在20世纪80年代初装备部队。

早期量产型“阿齐扎里特”步兵战车采用的是美国底特律柴油机公司研制的8V-71TTA柴油机，最大输出功率为478千瓦，传动系统为艾力逊公司的XTG-411-4。它和M109自行榴弹炮的动力系统一样，单位功率为10千瓦/吨。

2000年，NIMDA公司改装了200～300辆“阿齐扎里特”步兵战车，以陆军装甲部队的每个装甲输送连队装备36辆。该车的任务是运输士兵穿梭于大马士革和戈兰高地之间的危险地带，不过它真正的优点是在与巴勒斯坦以及黎巴嫩的小规模冲突中显现出来的。

★具有较大功率的“阿齐扎里特”2步兵战车

2002年，以军在巴勒斯坦地区陷入巷战。M-113和其他装甲车的机枪手在开舱射击时伤亡惨重。巴解组织狙击手在隐蔽角落击毙了多名以色列装甲车的射手，而“阿齐扎里特”步兵战车的机枪手因为可以在车内遥控射击，所以几乎没有伤亡。

2002年3月，以色列发动了“防卫墙”军事行动，在以色列陆军装甲集团围攻阿拉法特官邸的战斗中，“阿齐扎里特”步兵战车充当了战斗先锋，为这次行动的成功贡献了自己的力量。

防守超强：以色列军中的防卫之王

★“阿齐扎里特”-2步兵战车性能参数★

车长： 6.2米

车宽： 3.6米

车高： 2米

战斗全重： 44吨

武器装备： 一挺7.62毫米机枪

发动机： 8V-92TA/DDC Ⅲ 柴油机

功率： 655千瓦（870马力）

单位功率： 14.2千瓦/吨

乘员： 3人

载员： 7人

从车重上看“阿齐扎里特”步兵战车总重44吨，其中改装部分重达14吨，车身高2米，是世界上最重的步兵战车之一。原T-55的炮塔拆除后，增强了装甲防护能力，同时增加了战车内部的通信设备的数量，发动机也改为以色列国产型号。车辆前方座舱从左至右分别为驾驶员、车长和炮手，驾驶员和炮手都配备有潜望镜和周视镜，车长没有配备任何观测器材，只能开舱观察。中舱是步兵舱，左侧有一长凳，右侧则为四个折叠式座椅，可以搭载七名步兵。尾舱的左侧为发动机舱，旁边留出了一条狭小的通道，以安装供步兵出入车舱的蚌壳式舱门，舱门下面是传动箱。

“阿齐扎里特”步兵战车是以色列陆军中防护能力最好的一种步兵战车。据NIMDA公司介绍，该车的装甲能够抵御125毫米动能弹直接命中的打击，油箱在车体后部右侧位置，车尾装有TOGA装甲，在TOGA装甲和车体之间留有较大的空间，可以放置水箱和横木，这样在一定程度上增强了车体后部的整体防御能力。车辆内部装有自动灭火抑爆装置，内有海龙灭火剂，可在60毫秒内抑制并扑灭油气混合气体的燃烧并阻止爆炸。车外有两具CL-30303烟幕发射器，每具烟幕发射器有六个发射管，该发射器还具有施放热烟幕的能力。

“阿齐扎里特”步兵战车原先准备装备三个炮塔，其中两个使用7.62毫米机枪或者12.7毫米机枪，一个炮塔使用40毫米榴弹发射器，不过由于预算紧张，只装备了一个炮塔、一

★世界上最重的战车之一——“阿齐扎里特”-2步兵战车

挺FN公司的7.62毫米M240机枪，炮塔全重160千克。炮手可以在车内遥控射击，也可以出舱手动操纵。遥控射击时，炮手通过一具视场为25度、放大倍率为一倍的潜望镜观察，炮手右侧还有一个周视镜。紧急情况下“阿齐扎里特”步兵战车能够在车身枢轴式枪架上架设三挺7.62毫米机枪，不过如果没有炮塔防护，该车还可以携带一门60毫米迫击炮。

神甲奇兵
——美国M2型“布雷德利”步兵战车

美国王牌：冷战催生的闪电奇兵

古往今来，战争有两种形式：一是战场上真刀真枪的较量，比的是军事实力和交战国背后的实力；二是冷战形式，交战双方比的是军备和武器。所以在第二次世界大战结束后，世界各国的武器研发并没有因战争的结束而停止。以美国为首的西方国家，其军队的机械化进程尤为迅猛。在20世纪60年代初，美国提出了对于发展机械化步兵战车的要求，以提高其军队的快速反应能力。

★外形精美的XM765步兵战车

1965年，美国太平洋汽车与铸造公司研制出的XM701型步兵战车，亦称MICV-65型，当时一共制出五辆样车，但经过试验，发现其潜力不大，且不能用C-141军用运输机空运，故停止发展。

1967年，美国食品机械化学公司军械分部研制出XM765型步兵战车，共制出两辆样车，虽未被美军采用，但该公司决定自行投资，继续发展并将其命名为AIFV装甲步兵战车。后该装甲步战车在荷兰、菲律宾和比利时的军队中装备，而且还被土耳其选中，特许生产。

1974年，美国食品机械化学公司军械分部按美军的要求研制出XM723型步兵战车。1974年11月，美军与该公司签订了工程与预生产合同，其中包括设计、研发和制造3辆样车、1辆弹道试验车和12辆生产试验车以及相关系统工程、生产保障和试验设施等在内，所有样车均于1975年夏完成。

1976年8月，美军机械化步兵战车特别小组对整个XM723计划进行了单独验证，以确定该样车是否符合美军的要求。经过验证，特别小组提出了许多建议，1976年10月，其中有些建议被美军采纳，这些建议主要是：由于装甲侦察搜索车辆方案已取消，最好是研制一种既可以供步兵作战又能作为侦察搜索使用的通用车辆；该车应采用TBAT-Ⅱ型“陶”式丛林之王双人炮塔，炮塔使用“陶”式反坦克导弹和25毫米机关炮；“陶”式双管发射架应安装在炮塔左侧，使车辆具有反坦克能力；射孔应保留；车辆应能水陆两用；装甲防护力应予以改进；如果装备陆军，配备方案应为每排4辆，每连13辆，每营41辆。根据上述建议，美军将整个计划改名为FVS战斗车辆系统，由两种车辆组成，即XM2步兵战车和XM3侦察战车。

★XM723步兵战车

1978年12月，美国食品机械化学公司向美军交出两辆XM2样车，其余6辆于1979年3月完成。1978年12月，XM2和XM3被正式命名为M2型和M3型步兵战车，又统称为“布雷德利”（Bradley）战车。首批生产车辆于1981年5月交付使用，1983年3月，M2型正式装备美军。

火力强劲：M2可以挑战主战坦克

★M2型“布雷德利”步兵战车性能参数★

车长： 6.45米

车宽： 3.2米

车高： 2.56米

战斗全重： 22.6吨

武器装备： 1门25毫米机关炮

1座反坦克导弹发射器

发动机： 8缸涡轮增压柴油机

功率： 336千瓦

单位功率： 16.20千瓦/吨

最高公路速度： 66千米/时

最大公路行程： 483千米

乘员： 3人

载员： 7人

M2型“布雷德利”步兵战车是美国研制的一种步兵战车，它以美国五星上将布雷德利名字命名。它是一种履带式、中型战斗装甲车辆，既是一种伴随步兵机动作战用的装甲战斗车辆，又可以独立作战，也可协同坦克作战。

M2型“布雷德利”步兵战车有多种型号，以原型车M2A0为例，车长6.45米，车宽3.2米，车高2.56米，战斗全重22.6吨，乘员3人。

M2型“布雷德利”步兵战车的主要武器是一门25毫米机关炮，在战车炮塔上还装有一挺并列机枪。车体采用轻金属合金装甲焊接结构，能抵御穿甲弹和炮弹攻击，车底装有附加装甲，能防御地雷攻击。因此“布雷德利”步兵战车具有较好的防护能力。

★M2A1步兵战车

★正在执行任务的M2A2步兵战车

★M2A3步兵战车的导弹发射一瞬

自从M2型“布雷德利”步兵战车出现后，经过不断改进，出现多种改进型，主要有M2A1、M2A2、M2A3等型号。如M2A1型装备有“陶2”反坦克导弹，并配有新型炮弹；M2A2型采用新的防护装甲，换装了大功率发动机，改进了火控系统；M2A3型采用前视红外传感器，并配装激光测距仪和车载导航设备，提高了战车的识别能力和命中率。

可以这么说，M2型“布雷德利”战车首先是先进的武器平台，其次才是步兵的运载工具。它的25毫米机关炮可以发射带贫铀弹芯的25毫米穿甲弹，不仅可以击穿BMP-1/2战车的主装甲，连续射击时还可击穿T-55战车的主装甲。同时，“布雷德利”战车上的“陶”式反坦克导弹在其射程内还可击穿T-72主战坦克的装甲。

扬威伊拉克：美军的远征战车

M2型“布雷德利”步兵战车曾经两次出现在伊拉克战场，并立下赫赫功勋。

在1991年海湾战争中，美军的2000辆“布雷德利”步兵战车伴随着主战坦克M1A1，风驰电掣般在沙漠里行驶，成为“沙漠军刀”军事行动中的一把利剑，重创了伊拉克共和国卫队。在海湾战争期间，由于“布雷德利”战车上的热成像瞄准镜的远程目标识别能力

★M2型“布雷德利”步兵战车部队

★正在执勤的M1A1坦克

比M1A1坦克的识别能力还要强，以至于常常发生“布雷德利”战车的乘员向M1A1坦克的乘员报告伊军远程目标方位，然后再由M1A1乘员坦克根据“布雷德利”战车乘员的情报进行攻击的事情。

1990年8月2日凌晨1时，伊拉克10万大军越过伊科边界向科威特发起突然进攻，在短短10小时的时间内，科威特人就完全丧失了主权。在接下来的数月内，虽然国际社会不断介入调停，但均是无果而终。

1991年1月17日凌晨2时30分，伴随着“战斧”巡航导弹在伊拉克首都巴格达的爆炸声，以美国为首的多国部队开始了对伊拉克长达38天的轰炸、空袭，数十万架次战斗机的

★诺曼·施瓦茨科普夫

空袭，数百枚巡航导弹的狂轰乱炸，高达20万吨以上的爆炸当量，使伊拉克变成了美军的实弹演练场，在毫无还手之力的情况下，伊拉克军队几乎丧失了一半以上的有生力量。

之后，以美国为首的多国部队兵分三路，对伊拉克军队发起地面决战，以求彻底打垮摧毁萨达姆的军队，将伊军赶出科威特。至此，震惊世界的“沙漠军刀”行动在多国部队总指挥——美国中央司令部总司令诺曼·施瓦茨科普夫上将的指挥下拉开帷幕。在这次行动中，多国部队共集结了地面部队约60万人，坦克3700辆、装甲车3000辆，大中口径火炮、火箭炮1600门，这其中就有美军的2000辆“布雷德利”步兵战车。

2月24日凌晨4时，战争首先在东线打响，美军陆战队第一师在115毫米榴弹炮的掩护下，由M-60坦克和“眼镜蛇”直升机打头阵，在夜幕的掩护下进入科威特边界，近万名陆战队士兵乘坐“布雷德利”步兵战车快速跟进，迅速突破了伊军的第一、第二道防线。凌晨5时30分，该师深入科威特境内32千米，击溃伊军第七、第十四步兵师，俘虏伊军8000人。

在东线发起攻击的同时，西线的法军第6轻装甲师和美军第82空降师也穿越伊拉克边界，并在行进途中击溃伊军第45机械化步兵师，并夺取了塞勒曼机场。同时，西线的美军第101空降师实施军“拔钉子”战术，摧毁了前进途中的伊军据点。而美军第24机械化步兵师更是以“布雷德利”步兵战车为依托，以每小时40～80千米的速度向北推进，午夜时分已深入伊拉克境内120千米，向幼发拉底河谷大纵深穿插迂回，试图切断伊军退路。

2月25日凌晨，中路攻击集团开始发起主攻，雄厚的兵力和精良的装备，使其一路势如破竹，长驱直入，所遇伊军毫无还手之力，尽如齑粉。

2月26日上午11时，伊拉克总统萨达姆命令伊军在24小时内撤出科威特，并发表了“荒谬绝伦”的演说：“伊拉克要记住，从去年8月2日开始，直到这次撤军前，科威特曾是伊拉克国土上的一部分。”

这次挑衅性的演说彻底激怒了多国部队，他们对伊军发起更猛烈攻击，并依托“布雷德利”步兵战车在内的各型战车的强大输送能力，对撤退的伊军地面部队完成合围。之后，多国部队动用地面和空中力量，对撤退中的伊军进行了毁灭性的攻击，被炸毁的伊军车辆散落在6号公路上，长达36千米。

同时，多国部队继续扩大战果，最终逼迫伊拉克妥协，至此“沙漠军刀”行动以多国部队的压倒性胜利而结束。

在2003年伊拉克战争中，“布雷德利”系列战车再度出现在伊拉克战场，它随美军主战坦克入侵伊拉克，并突破巴格达的“红色警戒区”，闯进伊拉克首都巴格达，帮助推翻了萨达姆政权，这次行动使其再次扬威伊拉克。

东洋铁骑
——日本89式装甲战车

日本的高价步兵战车：“89式装甲战斗车”

89式步兵战车，是日本最先进的步兵战车，日本国内称它为“89式装甲战斗车”。89式步兵战车的出现是日本陆上自卫队装甲运输车辆历史上的一次重大飞跃。89式步兵战车的配备使得日本装甲部队在与坦克协同作战上配合更加紧密，机动能力、防护能力、打击能力都得到了极大的提高。

20世纪70年代，各国陆军部队特别是在欧洲、中东战场上作战的陆军部队，都进一步加快了步兵战车的研制和装备速度，美国“布雷德利”、德国“黄鼠狼”等先进战车均属其列。

日本在这方面的研究实际上早就开始了，但是由于国民对战争的反感，并且将“和平宪法”的口号挂在嘴边，新一代步兵战车研制计划因此未能达到由办公室转入工厂的程度。

为了适应现代地面作战，以及协同90式坦克作战，89式步兵战车的研发于1980年被提上日程，同年开始研制。

1981年，日本防卫厅提供了发展车体和炮塔样机的资金。1984年，日本投入6亿日元用于研发四辆新型履带式步兵战车，日本三菱重工业公司制成了第一批两辆样车，同年完成第一次试车。之后至1986年，其间各种试验测试密集进行，其中包括技术试验和部队的使用试验。原打算于1988年设计定型，并定名为88式步兵战车。然而，由于研制进度略为延迟，直到1989年才设计定型，88式也就变成了89式步兵战车，日式名称为“89式装甲战斗车”。

89式步兵战车的配备极大地提高了陆上自卫队作战能力，它的综合性能达到了世界一流水平。但是由于价格过高，每年的采购量有限，89式步兵战车在1993～1997年的采购单价为6.68亿～7.1亿日元，相当于500多万美元一辆，比美国的M1A2主战坦克（440万美元）还贵。据日本媒体的统计显示，1993年，采购了7辆；1994年，6辆；1997年，7辆。至今，日本陆上自卫队装备的89式步兵战车仍数量有限，目前仅有限地装备了日本最精锐的北海道第七师团以及富士教导团。

颇具实力：性能优良、火力强大的89式

★ 89式战车性能参数 ★

车长：6.7米	**功率：**441.2千瓦
车宽：3.2米	**单位功率：**17.65千瓦/吨
车高：2.5米	**最高公路速度：**70千米/时
战斗全重：25吨	**最大公路行程：**400千米
武器装备：1门35毫米机关炮 1挺7.62毫米并列机枪	**乘员：**3人 **载员：**6人
发动机：水冷涡轮增压柴油机	

从外观上看，89式步兵战车的基本布局比较传统，车体前部左侧为动力室，右侧为驾驶室，炮塔位于车体中部，车体后部为载员舱。驾驶室有一扇可以向右开启的舱门盖，驾驶员前方布置有三具潜望镜，不仅能在白天使用，其中一具也可更换为被动式夜视镜，在驾驶员位置上方有一具可旋转的潜望镜。

89式步兵战车的车体中部为战斗室，安装有大型双人炮塔，在炮塔上还安装了一种可探测敌导弹攻击的激光探测器。这种探测器在日本装甲车辆上广泛应用，一旦探测到激光

★89式步兵战车的前侧视图和正面视图

★装备精良的89式步兵战车

束，车辆就可以做规避运动。双人炮塔两侧各安装有三具烟幕弹发射器。车体两侧各装有一具79式激光制导反坦克导弹发射器，其有效射程4000米，并配有五枚导弹。

89式步兵战车的炮塔前方还装有大型潜望瞄准镜，外部左右两侧各安装了导弹发射器，后面有备用物品箱。导弹前方下部各安装了4具烟幕弹发射器，主要武器是35毫米机关炮和7.62毫米并列机枪。

89式步兵战车的车体后部的载员舱可容纳六名士兵，共有六具潜望镜供载员使用，保证了士兵的外部视场。载员舱上面有开向左右两侧的舱盖，士兵可探身到车外进行压制周围火力的战斗，但是这样会妨碍大型炮塔的转动，限制其使用，因此在载员舱内部设置了射击孔，士兵通过这些射击孔可进行范围较广的射击，这也是89式战车先进的地方。

研制89式步兵战车的目的是协同90式坦克作战，所以其机动性比73式更加受重视，发动机的选用就是有力证明。

89式战车装备日本三菱SY31WA水冷四冲程直列式六缸柴油发动机，只有该发动机没有继承日军装甲车辆采用风冷发动机的传统，是第一辆真正采用水冷发动机的履带式装甲车辆。由于水冷发动机的采用，发动机得以小型化，这样整体动力装置也能容易布置在车辆前方，才能为空间的有效利用带来便利。89式步兵战车战斗全重为25吨，单位功率达到了17.65千瓦/吨，超过了美国M2型“布雷德利”步兵战车。从数据上来看，其速度达到70千米/时，也较M2型“布雷德利”步兵战车占有优势，其实际能力与“布雷德利”步兵战车基本属于同一水平。

89式步兵战车的主要武器是瑞士厄利空公司生产的KDE35毫米机关炮，由瑞士直接提供技术、在日本按许可证自行生产。该炮与87式自行高炮及L90牵引式高射机关炮上使用的KDA35毫米机关炮属于同一系列，在降低重量的同时，射速也降低到200发/分，身管为90倍口径，重量51千克。它不仅可以对地面目标射击，还可对空射击，但是由于没有配备有效的瞄准装置，仅限于自卫作战。

89式步兵战车装备的机关炮口径大于美国“布雷德利”步兵战车的25毫米机关炮和英国“武士”步兵战车的30毫米机关炮，虽然其口径更大、火力更猛，但是由于不能进行点射，而且没有配备稳定机构，所以无法进行行进间射击。现在超过89式战车的35毫米机关炮口径的车辆为数不少，比如装备40毫米机关炮的瑞典CV9040步兵战车和安装本国仿制瑞典40毫米机关炮的韩国K21步兵战车，俄罗斯BMP-3步兵战车更是同时装备了100毫米机关炮和30毫米机关炮。不过，总的来说，在同时代研制的步兵战车中，89式战车的火力可谓首屈一指。

协同作战：步兵下车战术的继承者

协同坦克作战是89式步兵战车的研制思想，协同坦克行动的基本任务就是完成坦克难以承担的重要、详细敌情的搜集以及对敌目标摧毁和障碍物清除等任务。

★日军演练时的89式步兵战车

89式战车一旦遇到攻击敌人坚固阵地或武器配置不明的阵地时，战车搭载的步兵需要下车，紧密配合坦克和步兵战车、车载武器作战。在夺取阵地后，为了确保此阵地不失，也应展开与以上所述相同的战斗行动。这是对步兵战车来讲最为困难的进攻阵地作战，这种步坦协同作战如果得以实施的话，其他战术行动的配合就会更加容易。

敌军迫近时89式战车会一边准备战斗，一边选定适当的跃进方法前进。跃进方法分为：逐次跃进和交替跃进。各种跃进的距离根据支援坦克或者步兵战车的有效射程、地形、目标物和视界等情况确定。逐次跃进是指在不明情况下，有可能会突然遭受敌人射击，因此有必要慎重前进，此时采取逐次跃进的方法；交替跃进则指必须迅速前进，而且需要判断前进路线的状况，这时采取交替跃进的方法。

当实施攻击任务时，步兵战车和坦克组成的步坦组（队）通常采用如下的编制实施攻击：步兵连+坦克连或坦克排，或者坦克连+步兵排。这种组合可最大限度地发挥步兵和坦克各自的威力，取长补短，作为有机结合的战斗分队行动。

步坦组的攻击要领分两种：同坐标轴，适用于接近目标路线适合展开机动之时，采取此方法较易实现步坦综合战斗力的发挥与突击调整；异坐标轴，适用于步坦各自合适的接近路线出现不同情况之时，采用此方法可充分发挥步兵战车和坦克的威力，而且会造成两个对敌战斗的局面，但是两者配合需引起重视。

攻击中最大的难关也是最重要的阶段，就是突进阶段。乘车突击，在地形适合坦克、步兵战车展开机动时，并能事先排除阵前的反坦克障碍物以及取得击毁、压制敌反坦克武器的支援火力时，可实施乘车突击。要领是进攻并继续通过突击线，突进至有友方武器支援的敌阵地。这时，通常是步兵战车紧跟坦克前进，以保护坦克的侧面和后面。在这种情况下，89式步兵战车绝对能发挥威力，这也是其明显区别于以往装甲输送车的重要一点。

亚瑟王的神剑——英国“武士”步兵战车

后来者居上：“武士”战车的荣耀

在人类历史上，每每有“后来者居上”的佳话。在武器方面也有这种传奇，英国“武士”步兵战车便是其中最有代表性的武器之一。

英国军方关注步兵战车是比较晚的。直到1967年，英国陆军才开始考虑下一代装甲输送车的方案。这时英国军方考虑的还是装甲输送车，而不是步兵战车。

★正在执行任务的MCV-80机械化战车

1968～1971年，英国国防部对这一方案进行了可行性研究。1972～1976年，用了近五年的时间，才完成了方案的论证，并制订了实施计划。

1977～1978年，经过方案优化对比，英国军方决定由GKN桑基公司为主承包商，并由该公司开始第二轮方案论证。在这期间发生了一件"大事"，即美国军方研制出了M2步兵战车的样车——XM2步兵战车。英国人对美国人的动向一直予以格外关注。1978年，英国军方详细考察了XM2步兵战车，并进行了多方面的试验，这对英国军方研制步兵战车是一个极大的促进。

1979年，英国军方和GKN桑基公司正式开始了装甲战车的全面研制工作，开始建造几个关键性的试验台，研制期间将其命名为MCV-80机械化战车，意思是"80年代的机械化战车"。直到这时，英国军方仍然称它为"机械化战车"，英国人的固执由此也略见一二。

1980年，GKN桑基公司制成了三辆样车，同时对冷却系统、减振器和悬挂装置等关键部件进行了架台试验。1984年，英国国防部同GKN桑基公司签订了首批生产供货合同。

到1984年，GKN桑基公司共制造出10辆样车，先后在英国本土和海湾地区进行了部队试验和沙漠适应性试验，都取得了良好的结果。在沙漠试验中，MCV-80共跑了850千米，其中650千米是用两天的时间跑完的，这说明MCV-80的可靠性相当不错。1985年，英国军方将它正式命名为"武士"（Warrior）步兵战车。

1985年6月，英国军方和GKN桑基公司签订了生产供货合同，总数为1048辆，分三批供货，包括备件和训练器材在内，合同金额为7.25亿英镑。第一批290辆车于1986年12月

★雪地中的“武士”步兵战车

完成，其中的170辆为步兵战车，120辆为各种变型车，并于1987年5月正式装备英军驻德国莱茵部队。

由于国际局势剧变，“武士”步兵战车的订货数量也有所减少，英军最终的装备数量为789辆。由于海湾战争中“武士”步兵战车的出色表现，1993年8月科威特军方订购了254辆“武士”步兵战车，GKN桑基公司于1997年底交货完毕。

这样，“武士”步兵战车（含变型车）的生产总数达到了1000辆。目前，“武士”步兵战车的生产线处于关闭状态，但可以根据订单随时恢复生产。

强化型的战场“TAXI”：不注重攻击力的“武士”

从整车的总体布局看，“武士”步兵战车的车体前部是驾驶室和动力舱，驾驶员席在左侧，其上方有一扇驾驶舱门，向后开启；驾驶舱门上安装一具广角潜望镜，夜间驾驶时，可换为微光夜视潜望镜或热成像潜望镜。动力舱在右侧，包括发动机和变速箱，主动轮在前。这也是步兵战车通常采用的总体布局方式。车体中部为双人炮塔，炮塔的中心线稍稍偏左，这是因为右侧布置了动力舱，为了保持整车的横向平衡，才将整个炮塔稍稍左移。车长在右，炮长在左，二人的位置基本平行。他们各有一个向后开启的舱门。载员舱在车体后部，七名载员面对面而坐，右侧为四名，左侧为三名，载员就位

★ “武士”步兵战车性能参数 ★

车长： 6.34米
车宽： 3.034米
车高： 2.791米
车底距地高： 0.49米
战斗全重： 24.5吨
武器装备： 1门L21A1型30毫米“拉登”机关炮
1挺7.62毫米并列机枪

发动机： 1台8缸柴油机
功率： 404.2千瓦
单位功率： 16.5千瓦/吨
最高速度： 75千米/时（公路）
最大行程： 660千米（公路）
乘员： 3人
载员： 7人

后，要系好安全带。这种布局方式不利于载员乘车战斗，但布局比较紧凑。载员的个人物品可放在坐椅底下，载员用的弹药也放在坐椅底下。载员的坐椅在不乘坐时可用皮带吊起，以增大载员室的空间。车内有两具食品加热装置。车内所携带的食品和饮用水，可满足乘载人员48小时连续作战的需要。车体的最后有单扇后门，向右开启，载员主要

★军事演习时的“武士”步兵战车部队

通过后门上下车。载员舱顶部有两扇左右开启的舱门，载员既可以从这里上下车，也可以打开顶部舱门向外射击。车体左侧还有一扇扁而宽的舱门。不过，加上附加装甲后，这扇门就“此路不通”了。

在总体布局上，“武士”步兵战车的最大特点是取消了射击孔，一个也不保留。在近年来新设计的步兵战车中，有减少射击孔的趋势。在这一点上英国人倒是有先见之明。其载员以下车作战为主，车上的机关炮起火力支援作用。有的军事专家认为，“武士”步兵战车是一种强化型的战场“TAXI”。这一观点尽管偏激，但也有一定道理。

“武士”步兵战车的主要武器是一门L21A1型30毫米“拉登”机关炮。火炮全长3.15米，身管长2.438米，全重达到了110千克。单从火炮的口径来看，“武士”步兵战车比M2、“黄鼠狼”和AMX-10P步兵战车的机关炮口径要大，但不如日本的89式和瑞典的CV90步兵战车。这种“拉登”炮利用后坐力来实现自动装弹，每三发为一组，火炮可实现单发、六连发射击，最大射速80发/分，弹药基数为250发，这两项指标比一般步兵战车要低些。火炮的最大仰角为+45度，这表明这种机关炮可用来打击低空飞行的飞机。不过，由于没有对空射击的瞄准器，对空射击的命中率肯定不高。火炮的最大俯角为-10度，最大射程为4000米，有效射程1000米。火炮发射的弹种有：曳光脱壳穿甲弹、曳光燃烧榴弹、曳光训练弹、曳光二次效应穿甲弹（APSE-T）等。发射脱壳穿甲弹时，在1500米的射击距离内，可击穿45度倾角的40毫米厚的钢装甲。也就是说，“武士”步兵战车可用来攻击敌方的步兵战车和轻型装甲车辆，但用来攻击敌方的主战坦克就显得威力不足。战车的辅助武器为一挺7.62毫米并列机枪，安装在火炮的左侧，弹药基数2000发。

★等待执行任务的“武士”步兵战车

★驰骋的“武士”步兵战车

“武士”步兵战车上未装反坦克导弹发射器，这是它的第二个最大的特点。英国军方认为，与敌方的坦克作战，是坦克和专门的反坦克导弹发射车的任务，步兵战车只是用来对付敌人的步兵和轻型战车。

“武士”步兵战车的车长和炮长各有一具昼夜合一式瞄准镜。这种瞄准镜有三种工作状态：昼间八倍率、夜间两倍率和六倍率可来回切换。昼间的探测距离为5000米，识别距离为3000米；夜间的探测距离为2500米，识别距离为1000米。此外，“武士”步兵战车还具有观察潜望镜。由于武器系统不带稳定装置，使“拉登”炮不具备行进间射击的能力，炮塔旋转为电动控制，而火炮的高低俯仰为手动操作。

“武士”步兵战车的动力装置为珀金斯·康达公司生产的CV8TCA型V型八缸柴油机，最大功率404.2千瓦，论单位功率（不带附加装甲时），和M2步兵战车相差不多。

“武士”步兵战车的传动装置为阿里逊公司的X300-4B液力机械式全自动变速箱，由英国特许生产，有四个前进挡和两个倒挡。变速杆有七个挡位：倒1、倒2、空挡、1～4挡、1～3挡、1～2挡、非常1挡。在选择的范围内可自动换挡。举例来说，如选择1～4挡，则车辆可以根据路面状况自动地由1挡换至4挡。非常1挡仅用于极端困难的路段。转向装置为双差速式静液无级转向装置。驾驶员的脚踏板自右至左分别为：油门踏板、紧急停车制动器踏板、一般制动器踏板。

“武士”步兵战车的行动装置采用扭杆式悬挂装置。第1、2、6负重轮处装有减振器。每侧有六个负重轮、三个托带轮，主动轮在前，诱导轮在后。履带为销耳挂胶式，有橡胶垫块。战车的最大速度为75千米/时，最大行程达到660千米，最大爬坡度为31度，最大涉水深度为1.3米。总的看来，“武士”步兵战车的机动性和M2、“黄鼠狼”、89式等是在一个档次上的。

“武士”的车体为铝合金装甲全焊接结构，炮塔为钢装甲焊接结构。据说，“武士”炮塔的上部采用了“乔巴姆”复合装甲。主要部位装甲可抵御14.5毫米穿甲弹和155毫米榴弹破片的攻击，车底可抗击九千克反坦克地雷的攻击。一般认为，“武士”步兵战车的防护性比M2和“黄鼠狼”要稍强些，体现了英国重视战车防护性的传统。海湾战争和伊拉克战争期间，参战的“武士”步兵战车在车首及两侧都加装了附加装甲，提高了对破甲弹和反坦克导弹的防护能力。

横行海湾：“武士”两次出征伊拉克

冷战中后期，在世界各地的局部战争中，能够参加实战的战车可谓是凤毛麟角。在实战中，战车往往需要和坦克协同作战，互为犄角，互为矛盾。所以，20世纪末，能够参加较大规模战争的坦克和步兵战车并不多。英国的“挑战者”主战坦克和“武士”步兵战车，都是经过两次实战考验的装甲战斗车辆。

★飞速前行的“挑战者”主战坦克

★在天空中翱翔的A-10攻击机

“武士”步兵战车自1987年装备英国陆军以来，多年默默无闻，甘当坦克这个陆战之王的幕后英雄。有趣的是，“武士”步兵战车的成名之路，开始于两次误伤事件。

1990年8月，海湾战争爆发，美国人恃才傲物，狂妄一时。美军最先进的A-10攻击机也堪称骄兵，从不把别国的武器看在眼中。于是戏剧性的一幕出现了，美军A-10攻击机在执行任务时误将两辆“武士”步兵战车当成伊拉克的苏制BMP-2步兵战车。于是，A-10的“小牛”导弹和机关炮一齐开火，导致两辆“武士”被击毁、九名英军士兵死亡。这也成为那场战争中最重大的误伤事件之一。祸不单行，不久之后，一辆英军自己的“挑战者”坦克用一发120毫米碎甲弹击中了一辆“武士”的侧装甲，幸亏其加装的“乔巴姆”复合装甲有效地抵挡了这次误击，结果只损坏了一块装甲板，导致一人受伤。

“武士”步兵战车经历这两次事件后，并没有一蹶不振，反而在海湾战争后期的战斗中表现得极为抢眼。

1991年2月初，海湾战争进行到了最关键的时期。归美国第七军指挥的英军第一装甲师接到命令，要比原计划提前15个小时投入战斗。然而，英军装备“挑战者”主战坦克和“武士”步兵战车的两个装甲旅，原计划是用重型装备运输车运到突破口后，再以战斗队形开进。此刻，他们只得在沙漠公路上紧急地进行履带行军。这不仅对“挑战者”主战坦克是个考验，对“武士”步兵战车也是个考验。

2月25日，英军第一装甲师沿着美军第一步兵师工兵在伊军防线上开辟的通路突入了科威特。夜晚11时，英军第一装甲师与伊军坦克部队遭遇，将敌歼灭。第二天，英军已横跨科威特城，到达“滑铁卢”目标地区。次日，该师奉命继续东进，歼灭新目标。28日晨，该师攻到巴士拉至科威特公路上的一个代号为“牛津”的地区。

在100个小时的地面作战中，“武士”步兵战车作战使用非常有效，而且可靠性高，给专家留下了深刻印象。英军参战的90辆“武士”步兵战车在地面作战开始时可利用率达100%，在作战中也保持着95%的可利用率。其中，69辆“武士”在经过96小时的300千米行军之后，所有车辆均能投入战斗。在战争中，共有三辆“武士”损坏，但其中有两辆是被美军A-10攻击机所误伤，只有一辆是被伊军击伤的。实战表明，“武士”步兵战车较好地配合了“挑战者”主战坦克快速机动、持续进攻的行动。

在这场惨烈的海湾战争中，英军共出动300多辆“武士”战车，它们随着英军坦克长距离行军，连续作战，经受了战火考验，这使它名声大振。

2003年的伊拉克战争中，英军的坦克换成了“挑战者”2型，而步兵战车仍然是“武士”步兵战车。“武士”两次披挂上阵，表现不俗。英军的“挑战者”2主战坦克和“武士”步兵战车经历了比美军M1坦克和M2步兵战车更严峻的考验。在围攻巴士拉的战斗中，英军的装甲战车遭到伊拉克军队的顽强抵抗，坦克和步兵战车也损失了几辆，但最终还是攻下了巴士拉（伊拉克第二大城市，也是伊拉克最大的港口城市），为美军的北上扫清了道路。

“武士”战车异常活跃，它出没在城市街头，推倒萨达姆塑像，到处炫耀英军武力。可以设想一下，如果巴士拉被牢牢控制在伊拉克军队手中，那么，它将起到很大的牵制作用，美军的M1主战坦克断然不敢“昼闯巴格达”，伊拉克战争的结束（正规部队交战），也就还要拖上一段时间。

在这两次战争中，参战的“武士”步兵战车都加装了附加装甲，这对增强步兵战车的防护性、减少损失起到了很好的作用。

“红色猛兽”——俄罗斯BMP系列步兵战车

战车“三兄弟”：最早的履带式战车

在步兵战车历史上，苏联步兵战车“三兄弟”的名声可谓是如雷贯耳，大名鼎鼎。这“三兄弟”分别是BMP-1、BMP-2和BMP-3步兵战车，它们同属于BMP步兵战车家族。

★BMP-1步兵战车

★BMP-2步兵战车

BMP-1步兵战车是世界上最早装备部队的履带式步兵战车。但是，由于它的73毫米低压滑膛炮的有效射程仅有1000米，炮弹初速低，易受横风干扰，再加上防护标准较低，因此在苏军入侵阿富汗的战争中吃尽了苦头。

BMP-2步兵战车的武器在连射性及射击精度上虽然都有了提高，但30毫米机关炮的威力仍然有限。而且，导弹打完后，装填下一枚导弹时乘员要钻出炮塔，增加了乘员的危险。为了克服BMP-1/2的不足，苏联军方决定研制新型步兵战车。这一任务交给了位于库尔干地区的图拉设计局，总设计师为A.尼科诺夫，研制的项目代号为688项目。

★BMP-3步兵战车

由于有了BMP-1/2步兵战车的设计经验及685项目、2K23武器站预研项目的技术储备，688项目进展得相当顺利，到1981年就制成了几辆样车。

经过在库宾卡战车试验场等处的广泛的性能试验和军方的使用试验后，尽管有各种议论，但是，在1987年前后，苏联军方还是正式命名688项目为BMP-3步兵战车，并开始装备苏军。

火力超强：拥有100毫米低膛压线膛炮

★ BMP-3步兵战车性能参数 ★

车长： 7.14米

车宽： 3.230米

车高： 2.450米

战斗全重： 12.7吨

武器装备： 1门2A70型100毫米火炮
1门2A72型30毫米机关炮
3挺7.62毫米机枪

发动机： 1台10缸汽冷四冲程柴油发动机

功率： 367.5千瓦

单位功率： 25千瓦/吨

最高速度： 70千米/时（公路）

最大行程： 600千米（公路）

乘员： 3人

载员： 7人

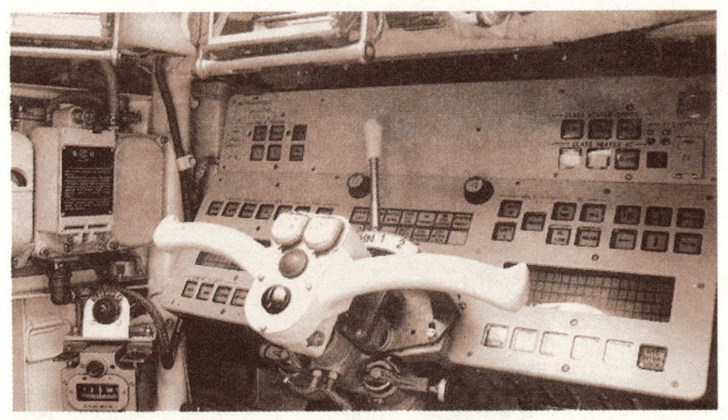

★BMP-3步兵战车的驾驶室

BMP-3步兵战车前部中央为驾驶员位置，驾驶员两侧各有一名载员，车体两侧各装有一挺7.62毫米机枪，位于车前部的载员或驾驶员均可操作。炮塔位于车体中央，车长和炮长分别位于炮塔左、右两侧。车长和炮长上方设有一个向前开启的舱门，车长指挥塔舱门上装有五具周视潜望观察镜和一具昼/夜瞄准镜，瞄准镜上方装有一具红外探照灯，为瞄准镜提供夜间照明。炮长除配备瞄准镜外，还有一具潜望观察镜。

★BMP-3步兵战车的内部仪表结构

BMP-3步兵战车的炮塔顶部后方设有小型椭圆窗盖，这是火炮射击后自动抛出弹壳的窗口，车长指挥塔舱门前也设有一个椭圆型窗盖，以便乘员从车外补充弹药。在炮塔两侧各装有一组三联装81毫米烟幕弹发射器，由车长以电击发方式发射。烟幕弹的散布范围为炮塔的前半部。可容纳三种武器的火炮基座十分紧凑，配有双向稳定器，火炮能在行进间射击，俯仰角为-5度～+60度，以利于对空中及高位目标射击。该车的载员室内设有5～7个载员位置，通常情况下载员室内只容纳五名步兵（每侧两名，中央一名），位于载员室内的步兵可通过车体后部的两扇对开式舱门上下车，载员室顶部有两个对开式长方形舱盖，舱盖前部还各有一个窗口，舱盖关闭时步兵仍可从窗口探出头来观望。必要时，载员室还可加入两名步兵，当然，一般情况下不会这样做，因为载员室的宽度有限，这样会使步兵感到很不舒服。载员室的两侧各设有两个射击孔和观察镜，左侧的单扇舱门上设有一个射击孔，必要时，搭载的步兵可以通过射击孔向外射击。

BMP-3步兵战车的动力传动装置位于车后部，发动机位于右侧，液力机械变速箱位于左侧。在车体的后部右侧设有进气口和冷却器，进气口和散热口延伸至车顶，左侧为油箱。发动机排气口位于车体右后侧，必要时可将燃油直接喷入排气口中，产生所需要的烟幕以隐蔽自己、模糊敌人视线。

BMP-3步兵战车的火力超强，其搭载的2A70型100毫米低膛压线膛炮，在世界步兵战车之林中，可以说是“只此一家，别无分店”。这种火炮带自动装弹机和双向稳定器，可发射杀伤爆破弹和炮射导弹。

BMP-3步兵战车的最主要的缺点：动力传动装置后置带来的载员上下车不便。解决的办法有两条：一条是采用高度较低的动力装置，发动机的高度只有650毫米，一般步兵战车是做不到的；另一条是两扇后门打开时，车体后部的顶舱盖也要打开，这样，载员就不用毛腰或爬着进出战车了。

比坦克更有效：阿富汗战场上的反游击战

苏军历来把坦克作为攻击的主力，但是在阿富汗战场的经验证明，步兵战车比坦克更有效。20世纪70年代，苏联入侵阿富汗，苏军主要使用T-55、T-62型坦克。由于中亚不是苏联军队的主要作战方向，所以苏军临时动员了几个三类摩步师参战。这些部队平时只有军官和骨干，装备也很陈旧，这样的部队本来是为打大规模常规战争准备的。在实战中，苏军大量的坦克对游击队作战效果并不好，在山地条件下，由于苏军坦克炮俯仰角太小（-4度～+10度），不能进行有效射击。而且由于坦克在山地磨损大，故障率高，油耗大，反而成了苏军的负担。所以后来苏军逐步把大部分坦克部队撤回国内，留下的坦克主要用于火力支援。轮式装甲输送车（主要是BTR系列，以BTR-80为主）只有14.5毫米口径机枪，装甲只能抵挡枪弹，其火力和防护都很薄弱，发动机在山地还有过热问题。伞兵战

★正在作战的BMP-1步兵战车

车（BMD系列）虽然火力较强，但由于车体较轻，防护薄弱，所以穿越山间激流时非常危险。这两种战车战斗舱都在车体前部，利于乘车突击，但乘员在敌火力威胁下下车非常危险，所以这些战车用于山地反游击战都不理想。

苏军的BMP系列步兵战车火力很强，特别是BMP-2型采用的30毫米自动炮仰角大，有效射程达4000米，弥补了BMP-1步兵战车的73毫米滑膛炮射程不足的缺点。BMP系列步兵战车的正面装甲防护可抵抗23毫米穿甲弹，足以抗击游击队常用的大口径机枪，后期还特别加强了炮塔前部和车体侧面的装甲。而且载员舱在车后，步兵下车安全。基于上述优点，步兵战车逐渐成为山地反游击战的主要突击力量。侵阿战争后期，BMP-2步兵战车还取代了部分伞兵战车，用来装备空降部队。BMP系列步兵战车的缺点是车内空间狭小，在阿富汗的苏军士兵大部分时间宁可坐在车顶上行军。BMP系列步兵战车对于士兵来说，更像一个流动的补给站和火力支援点。

在山地清剿作战中，苏军改变了所谓“勇猛冲击”的惯用战术，改为“交替跃进、相互掩护”，不再强调乘车突击，而是越来越多地采取步兵下车作战、战车火力支援的战法。在很多山间弯道上，步兵反倒要上前为战车探路，因为每一个转弯都有可能隐藏着极大的危险。对于山间的溪流，苏军战车也不敢轻易涉入，因为游击队常常使用意大利制造的塑料壳水雷和老式的英国铁壳反坦克地雷封锁水道。

★正在行进的BMP-2步兵战车部队

“夺命标枪”——意大利“标枪”步兵战车

装甲部队现代化计划：“标枪”装备亚平宁陆军

自古以来，所有的军事强国都不太喜欢受别国要挟，尤其是在武器制造方面。

第二次世界大战以后，意大利在坦克和战车研制方面比较落后。但是，在历史上，意大利的微型坦克也曾经有过辉煌的时期。所以，为了适应新的战争模式，意大利人在1982年启动了著名的“陆军再装备计划”。

意大利国防部给陆军增加了大量的采购经费，意大利人也深知“最强的无疑永远是自己造出来的”这个道理，所以，意大利陆军放弃了原定购买“豹”2坦克和其他国家先进步兵战车的计划，决定自主研制成套的装甲战车。由此，意大利坦克和装甲车辆进入了发展的重要时期，其特点是以赶超世界先进水平为目标，建立完整的陆军装备体系。

仅用了十年左右时间，意大利就相继研制出了“公羊”主战坦克、“半人马座”轮式装甲车、“美洲豹”轮式装甲车和“标枪”步兵战车。它们构成了意大利陆军“装甲部队现代化计划”的核心装备。

★“标枪”VCC-1步兵战车

★“标枪”VCC-80步兵战车

“标枪”步兵战车其实是VCC-80步兵战车的发展型。在20世纪80～90年代，意大利陆军先后研制成功VCC-1和VCC-80步兵战车。虽然VCC-1名为装甲步兵战车，但实际上只能算是美式M113装甲输送车的改进型。因为两者不仅外形上十分相像，而且连战斗全重和主要武器也差不多。

20世纪80年代末期意大利推出的VCC-80步兵战车要好得多。它才称得上是意大利陆军第一辆真正意义上的步兵战车。20世纪90年代研制成功的“标枪”步兵战车（音译为“达多”或“达尔多”步兵战车）则为VCC-80的进一步改进型。

2000年，“标枪”步兵战车开始生产，意大利陆军于2002年装备第一辆“标枪”步兵战车。在之后几年，“标枪”步兵战车陆续装备意大利陆军部队。

一鸣惊人：火控系统非常先进

从外形来看，“标枪”步兵战车并不吸引人，因为其采用传统布局方式，意大利人就是喜欢站在巨人的肩膀上。“标枪”步兵战车的一大特点是炮塔兼容性好，可以满足安装25毫米、30毫米、35毫米甚至60毫米火炮的要求。它的驾驶舱布置得非常舒适，可极大地减轻驾驶员的驾驶疲劳感。别的步兵战车内驾驶员一侧的视野几乎全部被发动机舱盖挡住，而“标枪”在设计时充分考虑了驾驶员开窗驾驶时的视野，其左右两侧均无遮挡，视野开阔。

★ "标枪"步兵战车性能参数 ★

车长： 6.705米	**发动机：** 1台水冷涡轮增压柴油机
车宽： 2.980米	**功率：** 382千瓦
车高： 2.3米	**单位功率：** 17.65千瓦/吨
战斗全重： 23吨	**最高速度：** 70千米/时（公路）
武器装备： 1门25毫米机关炮 1座"陶"式反坦克导弹发射器	**最大行程：** 500千米（公路）
	乘员： 3人
	载员： 6人

在动力方面，"标枪"步兵战车也有着良好的表现，它采用依维柯·菲亚特公司的MTCA6V直接喷射式水冷涡轮增压中冷柴油机，额定功率382千瓦，单位功率达17.65千瓦/吨。强劲的功率使它有很高的机动性能，其最大公路速度超过70千米/时。它的炮塔采用了楔形设计，正面投影小，再加上炮塔高度降低，因此有较好的隐形能力，不易被对方探测到。"标枪"车体采用复合材料装甲，可防御12.7毫米穿甲弹和155毫米榴弹破片的打击。

"标枪"步兵战车的武器除主炮和"陶"式反坦克导弹外，炮塔两侧各有四具一排的76毫米烟幕弹/榴弹发射器。在其炮塔上进行炮换机枪等武器的拆卸和安装非常简便，甚至不需要借助特殊的工具。它配备的数字化火控系统在当今世界步兵战车中也是非常先进的。综合作战能力和技术先进程度使"标枪"战车跻身于世界最先进的步兵战车之列。因此意大利陆军在很短时间内摘掉了装甲武器陈旧落后的帽子，一跃成为拥有世界一流装甲车辆的陆军。因此它的自主装备发展之路也引起了世人的注意。

未来构想：意大利装备完整的战术族群

大多数的军事强国，他们之所以强，是因为他们懂得如何将一件武器的价值发挥到最大。意大利人在"标枪"步兵战车上所下的工夫便验证了这句话。

意大利的战车设计师奥托·梅莱拉和依维柯·菲亚特仍在对"标枪"进行深入的研究开发，以求进一步提高其性能。其一是要采用液气悬挂装置，并已在一辆"标枪"步兵战车上进行了试验，效果令人满意；其二是加强火力，将来打算采用奥托·梅莱拉公司的60毫米高速炮，这已经开始装车进行试验；其三是有可能重新安装车长周视热像仪。如果这些改进计划最终得以实现，那么"标枪"将成为世界上最先进的步兵战车。

★正在执行任务的“标枪”VCC-80步兵战车

冷战中后期的步兵战车都有这样的一个特点：车族化。“标枪”也不例外，在对“标枪”步兵战车性能进行改进提高的同时，奥托·梅莱拉和依维柯·菲亚特公司还计划采用达多底盘来发展多种变型车，如步兵战车、侦察车、装甲输送车、自行高炮、120毫米自行迫击炮、105毫米轻型坦克歼击车、指挥车、救护车等。至此，由VCC-80到现在的“标枪”，经过了20年的风雨历程，意大利轻型履带式装甲车族终于迎来了灿烂的春天。

俗语说，知己知彼，百战百胜。意大利人在“标枪”步兵战车上所作的努力，终于赢得了巨大的回报。

2006年，意大利陆军总指挥和众参谋围在一起，紧盯着面前的指挥屏幕。据情报显示，一伙武装恐怖分子正准备翻越边境地区的山脉潜入意大利进行恐怖活动。这些人属于一个自称“游猎者”的恐怖组织，曾经在欧洲各地制造过几起重大的恐怖事件，恶名昭著。因此，接到情报后，意大利国防部立即下令让其机动部队的一个机械化步兵营、一个特战小组和一个武装直升机连迅速前往围歼。

参加行动的机械化步兵营是一支有着很强作战能力的部队，曾多次参加联合国维和行动，其装备也非常精良。接到命令后，该营立刻整装出发。常年的高度战备状态使该营已经习惯了这种突发事件，因此官兵们迅速登上战车向指定目标火速开进。此时，特战小组早已经对恐怖分子可能渗透的路线进行了严密监控，并且不断将信息传递给后方指挥所和正在赶来的机步营。

恐怖分子沿山谷向两侧高地和洞穴奔跑，机步营和其他单位完成对恐怖分子的合围后，开始发起攻击。步兵战车上的25毫米机关炮打出的密集火力压得恐怖分子抬不起头。

为了摆脱困境，几名恐怖分子悄悄迂回到机步营的侧翼，妄图用随身携带的老式火箭筒偷袭步兵战车群，以制造混乱、趁机逃出包围圈。但是还没等这几人找好发射站位，就被负责侧翼警戒的一辆步兵战车发现了，只见其炮塔一转，一串25毫米机关炮弹如疾风暴雨般冲出炮膛，瞬间就在几名恐怖分子身边炸开，旋即腾起的烟尘将他们吞没了。

参战的步兵战车在崎岖的山地表现出了良好的机动性能，起伏的地形根本不能阻挡机步营的行进。恐怖分子在合围圈中面对空地一体猛烈的火力打击只能狼奔豕突，死伤惨重。在最后一个山洞火力点被步兵战车发射的“陶”式反坦克导弹摧毁后，残余的恐怖分子见大势已去，只好举起双手投降……

一场漂亮的反恐演习结束了。演习场上尚未散尽的硝烟笼罩在步兵战车周围，使这些威武的铁骑更增几分杀气，这种步兵战车就是意大利陆军刚刚装备不久的“标枪”步兵战车。

可以这么说，“标枪”步兵战车摘掉了扣在意大利人头上的落后帽子。战争史就是这样，一车有时可以改变一军，意大利人自然看到了“标枪”步兵战车精湛的设计和优良的性能，这让他们底气十足，因为他们终于拥有了与盟国同等水平的步兵战车。

“标枪”以及在其之前服役的C1坦克和B1坦克歼击车，使意大利陆军的装甲武器在很短时间内摘掉了陈旧落后的帽子，使意大利陆军一跃成为拥有世界一流装甲车辆的陆军，其厚积薄发的能力让人刮目相看。

铁血雄狮
——德国“美洲狮”步兵战车

“黄鼠狼”替代者：“美洲狮”

随着德国“豹”式主战坦克的飞速发展，与之协同作战的“黄鼠狼”步兵战车无论是在火力、防护力还是机动性等方面都略显不足，为了弥补“黄鼠狼”步兵战车的这些缺陷，德国军方迫切需要一款新型步兵战车，以适应战争的需要。

2005年10月12日，克劳斯·玛菲·威格曼公司和莱茵金属公司地面系统分公司的卡塞尔工厂正在为德国陆军研制第一辆“美洲狮”步兵战车的演示样车，随后进入测试阶段，该车的测试获得了巨大的成功。2005年末，克劳斯·玛菲·威格曼公司和莱茵金属公司先后生产了五辆预生产型“美洲狮”步兵战车，于2006年底到2007年5月交付德国陆军，经费3.5亿欧元。另外根据军方需求，两大公司于2007年开始全面生产“美洲狮”步兵战车。

★供陈列参观的“豹”式坦克

“美洲狮”步兵战车将至少服役30年，其设计具有延长装备时间的能力。据悉，德国陆军首批将装备30辆“美洲狮”步兵战车，而根据计划，德陆军于2011年左右将装备1100辆该型步兵战车。不久的将来，它将完全替换20世纪70年代装备的“黄鼠狼”步兵战车。

全新设计：拥有先进的瞄准系统

★ “美洲狮”步兵战车性能参数 ★

车长：7.35米，

车宽：3.7l米

车高：3.05米

战斗全重：31.45吨

武器装备：1门毛瑟30毫米MK30-2型火炮

1挺MG4式5.56毫米同轴机枪

发动机：MT-902V-10型柴油发动机

功率：800千瓦

单位功率：25.4千瓦/吨

乘员：3人

载员：8人

从外观上看，“美洲狮”步兵战车的车体采用了一种全新的设计，并非旧系统的衍生型。莱茵金属公司负责底盘和车体模块化的设计。车上乘员为三名（车长、炮长和驾驶员），每名乘员都有自己的观察设备。“美洲狮”的态势感知能力优于现役车辆。后部的载员舱可运载八名全副武装的士兵，士兵通过后部的电控跳板门上下车，载员舱内没有射击孔。

“美洲狮”步兵战车的布局采用传统的方式，驾驶员位于车辆的左前方，动力组件安装在右前方，车长和炮长并排坐在车辆的中部（车长在右，炮长在左）。采用模块化设计的车辆能够由A-400M运输机空运。车辆配有三防系统，空调、火灾探测与灭火抑爆系统。生产型“美洲狮”将装备战场敌友识别系统，指挥、控制与通信系统。此外还将配备功能强大的内置式测试设备。车辆每侧各有五个钢制的负重轮，安装在独立悬挂装置上。设计中设计者不仅考虑了车辆的高度机动性，还注意了减少噪声和振动的问题。

“美洲狮”步兵战车采用MTU公司生产的世界上结构最紧凑、重量最轻的MT-902V-10型柴油发动机。这种发动机属于MTU公司MTU890系列的新型发动机，输出功率800千瓦，可给“美洲狮”步兵战车提供25.4千瓦/吨的单位功率（C级防护时略有降低）。MTU公司自1953年以来就一直不断为战斗车辆研制发动机，MTU890系列则是该公司研制的第四代柴油发动机。新型发动机尺寸较小，能够保证坦克和战车有增加装甲防护的余

★功能较多的德国“美洲狮”步兵战车

★在营区停放的“美洲狮”步兵战车

地，提高战场生存能力。与之匹配的是伦克公司HSW284C自动传动装置，该装置使车辆具有低噪音和低振动的优良特性。克劳斯·玛菲·威格曼公司负责车辆的液气悬挂装置的研制。履带则由迪尔公司研制生产。

根据进一步的发展计划，可在“美洲狮”步兵战车的底盘上开发出各种用途的变型车辆，如指挥控制车、迫击炮车、防空车、反坦克导弹车、直瞄射击武器平台等。而且，这也是众多典型先进战车的共同发展模式。

“美洲狮”步兵战车的另一个优势是拥有最先进的瞄准系统。“美洲狮”项目的研制大纲里明确要求：“在战场上的目标识别距离要超过2500米。”这个识别距离就好像你能够在两米开外用眼睛识别出一只蚊子是公是母一样，难度可想而知。车上每名乘员都有自己独立的观察设备。具体包括车长用的独立周视潜望瞄准镜、炮长用的光电瞄准系统，还有驾驶员使用的潜望装置。工程师在车体上总共布置了12具潜望镜，这些潜望镜可以保证乘员能360度周视观察。另外，布置在车体后部的四个尾部摄像机和一个驾驶员用的倒车摄像机也提高了乘员战场上的态势感知能力。在白天，乘员可以直接利用潜望瞄准镜进行观瞄，由于“美洲狮”安装的是遥控无人炮塔，炮塔潜望镜的位置与乘员的位置有大约一米的距离，这段距离借助于一根柔性光缆来连接，它由600万根玻璃纤维组成，因此完全可以满足有关分辨率方面的要求（甚至在振动时也能满足）。

“美洲狮”步兵战车车体的中部安装一个由克劳斯·玛菲·威格曼公司研制的可360

度旋转、电控的武器站，配备的武器是采用双供弹方式的毛瑟30毫米MK30-2型火炮，它的射界为-10度～+45度。车内的布置充分应用了人机环境工程学技术，以确保每位乘员具有充裕的独立空间，也为乘员之间的相互通话创造了条件。另外，乘员配备有周视潜望镜，提高了车辆的观察、监视能力。同时，车辆可根据需要选择三种级别的防护，在紧急部署到前线以后，可通过安装大型的附加装甲模块来提高防护能力，其挂带C级装甲后，防御能力与坦克相比有过之而无不及。

陆战神兵：迅猛无比的“美洲狮”

“美洲狮”步兵战车不同于一般的传统步兵战车之处在于，它速度更快，火力更强，装甲更厚，战场运用也更广泛。

“美洲狮”步兵战车可以协同“豹”2主战坦克作战。步兵战车发展到现在，各国一个传统而普遍的模式就是步兵战车协同主战坦克作战。德国的“豹”2主战坦克性能卓越，而“美洲狮”步兵战车加入坦克编队后，也使得德国的机械化兵团更加无懈可击。由于“豹”2在当时的西方国家中率先使用了120毫米口径的主炮、1102.5千瓦的柴油发动机，虽然其火力、速度在当时是无与伦比，但仍可能遭到反坦克火箭弹和反坦克地雷的攻击。然而“美洲狮”步兵战车在最高防御级别下，速度依然称王，它可以快速穿插，消灭单兵反坦克力量，从而保障“豹”2“在行进中结束战斗”，大大提高了战斗效率。“美洲狮”步兵战车与“豹”2的协同战术类似于“黄鼠狼”步兵战车，但速度、装备、防御却不可同日而语。

“美洲狮”步兵战车可以机动出击，快速解决局部争端。一旦局部战场需要，“美洲狮”步兵战车可迅速出击，并可临时加载120毫米迫击炮系统、防空武器等多种重型武器，加上自身发达的信息联络系统，形成对敌立体、全面、多角度的打击。其作战能力可与坦克相媲美，而且速度更快，机动性更好，能迅速消灭敌方有生力量。同时，“美洲狮”步兵战车还可搭乘A400M运输机赶赴前线，其高度的战斗机动性使其“狮王”本性显露无遗。

“美洲狮”步兵战车注定将成为未来战场上的战神“阿瑞斯”。这种世界上火力最强的战车仍在改进之中，

2008年，德国联邦防务技术采购局授予PSM公司一份订单，为联邦国防军采购新型步兵战车“美洲狮”，而且将在该车上集成多功能轻型导弹系统MELLS。集成工作包括安装一部发射器，用于发射炮塔内的两枚导弹。“长钉”导弹上还装备了一部光学传感器，能将图像通过光纤传送到车内的计算机监视器上，士兵可通过火控系统的用户界面控制导弹。装备该导弹后，“美洲狮”捕获重型装甲地面目标和直升机、掩体内目标的能力也将得到提高，该导弹还具有自动跟踪目标能力。

2009年，德国EADS防务电子公司的多功能自动防护系统（MUSS）将安装在德国陆军的新型“美洲狮”装甲步兵战车上。MUSS将被安装在车辆的遥控炮塔顶部，该炮塔上装有30毫米“毛瑟”MK30-2式自动炮和5.56毫米MG4机枪。“美洲狮”将是把软杀伤防护系统作为标准装备的西方首款生产型装甲步兵战车。

根据当前配置，MUSS可探测、跟踪和压制反坦克导弹，覆盖范围360度，其导弹告警设备安装在“美洲狮”装甲步兵战车的炮塔两侧，用于探测反坦克导弹的热信号。当告警探测器探测到激光测距仪和激光目标指示器时，该系统通过烟幕榴弹可阻挡某些激光威胁，并向中央处理器发送信息。详细威胁信息将显示在车长的平板显示器上，允许车长手动或者系统自动触发合适的对抗措施。红外干扰仪安装在炮塔顶部，能够干扰来袭导弹，同时位于炮塔后部的榴弹发射器能够快速发射多谱段烟幕。安装在德国陆军的“豹”2主战坦克上的MUSS样品已经成功地探测和防御了许多反坦克导弹。

先进的两栖突击车——美国EFV远征战斗车

海上别动队：负责三栖登陆作战的“EFV”

早在20世纪80年代，美海军陆战队就已提出超越现有水平的三栖登陆作战概念，即在敌方海岸守备部队的视距外、海岸雷达的侦测距离外，进行换乘和向岸突击。此概念提出的主要原因之一，就是为了应对反舰导弹的普及化，当时世界许多国家都能获取和自行研制反舰导弹，而反舰导弹让传统的靠近海岸进行以两栖机动为主的登陆作战变得十分危险。

在这个阶段，美海军主要以由两栖突击直升机母舰搭载的CH-46运输直升机、1986年开始量产的LCAC气垫艇为主。在两栖登陆战车方面，其中LVTP7A1水陆坦克虽也能以10千米/时的巡航速度在海上航行7小时，但若欲横跨近40千米的近岸运动距离，一车陆战队员就必须在海上颠簸4小时，这样不仅影响到士兵战斗力，而且在这4小时中可能会产生太多的变数。

为进一步提高战斗力，实现21世纪美国海军陆战队“从海上机动作战”的概念，美海军陆战队一方面筹划飞得更快、更远的MV-22倾斜旋翼机，以取代老旧的CH-46直升机；另一方面，为弥补上一代两栖登陆载具性能的不足，计划筹备一种海面高速、地面优异机动、强大火力与高存活率，并整合指挥功能的两栖作战平台，即“先进两栖突击车”。这也是现今美国海军陆战队最先进的地面装备研制计划，即AAAV计划。该计划由通用动力公司陆地系统部门负责。

2003年9月10日，AAAV计划正式更名为“远征战斗车”（EFV）。计划中的EFV共有两种型号，即EFVP人员运输型与EFVC指挥控制型。

EFVP是基本的步兵机动车，可搭载3名乘员和17名全副武装的海军陆战队队员，完成地面或水上任务。EFVC将用为营级和旅级机动部队指挥人员的战术指挥车，该车将装备现代化的指挥、控制、通信、计算和情报系统，以满足2008~2030年之间海军陆战队的装备需求。

2004年，EFV开始投产，并进行作战测评。测评项目包含可靠度、存活率和战斗能力。2006~2008年，EFV开始陆续装备美国海军陆战队。而新一代全功能的EFV已经于2008年开始部署服役，总数为1013辆的EFV，预计将于2018年生产完毕，以取代现役的1322辆EFVP和78辆EFVC，整个计划的经费高达76亿美元。

在EFV量产服役前，美海军陆战队现有的AAV两栖装甲突击车将进行“可靠性—妥善性—可维修性/标准性能重建”计划，计划将680辆现役两栖装甲突击车陆续送厂翻修，以延长其服役年限。

在21世纪不久的将来，MV-22倾斜旋翼机、LCAC气垫登陆艇和EFV“远征战斗车”将成为美海军陆战队执行两栖作战任务的三大法宝。

高科技的结晶：先进的“EFV”

★ EFV远征战斗车性能参数 ★

车长： 10.57米（水上模式）

车体长： 9.3米

车宽： 3.638米

车高： 2.8米（水上模式）

战斗全重： 34.5吨

武器装备： 1门30毫米机关炮
1挺7.62毫米并列机枪

发动机： 1台4程12汽缸柴油发动机

最高公路速度： 72千米/时

最高水面速度： 46千米/时

最大公路行程： 480千米

最大水面行程： 120千米

乘员： 3人

载员： 17人

EFV远征战斗车的外形就如同大型盒状履带装甲车，其履带系统的驱动轮在前、辅助轮在后，有七组路轮与两组回带轮，并搭配先进的液气动力系统。在地面行驶时具备良好的稳定性，车体上方装有一座MK46炮塔。驾驶席位于车体左前方，炮塔右侧为车长席、

★正在进行军事演习的EFV远征战斗车

炮塔左侧为射手席，而陆战队指挥官的座位位于车体右前方。其中，车长与射手的潜望镜均拥有360度的全向视野，驾驶员与陆战队指挥官各自的潜望镜视野均为120度。另外，两人还共用1具视野为270度的潜望镜，而驾驶员前方地面视野死角为10米。

由于EFV远征战斗车的车体前段与中段的中央部分需安装炮塔与动力系统，可供运用的装载空间较现役两栖装甲突击车的载员舱狭窄许多，因此，车上搭乘的17名陆战队员就需要坐于车体尾段以及中段的两侧，每位载员所处位置都设有独立的折叠座椅，而不再如以前是一条长板凳。车尾有液压控制的跳板可供载员进出，跳板上部还开有一个可供载员进出的舱门。载员舱顶部还有两片滑动式舱盖可供载员在紧急状况下进出。虽然EFV车尾部供士兵进出的跳板车门尺寸较小，且车内走道空间狭小，但经试验测试，17名全副武装的陆战队彪形大汉，仍可在18秒内全部冲出车外投入战斗。

依航行状态不同，EFV远征战斗车可分为以下三种操作模式：

一是海上高速机动模式。在海上高速机动行进时，车首原先折收的弓形滑板会向前撑开。由液压控制的履带将略微回收，而原本内收在车体下方、左右各一的车脊滑板则将向外翻，盖住履带下缘。履带前方也会有对盖板将其挡住，以避免高速航行时履带与海面接触产生巨大阻力。原本收置于车尾上方的横梁滑板也会放下，在高速航行时可发挥撑起车尾的功用。也就是说，在海上机动行进时，EFV整车将会变成一个大型海上冲浪板，再加上转向喷水推进器，EFV就可以46千米/时的高速在海上机动行驶。

★整修期间的EFV远征战斗车

二是海上过渡模式。指的是EFV由低速转高速或高速转低速时，各部位滑板收放的过程。以登陆前的最后航行阶段为例，其履带盖板、车脊滑板、车尾横梁滑板必须先行收起，以利登岸后履带的操作。由于此时履带伸出并与海水直接接触，阻力增大，发动机马力也缩减，其航行速度将降至19千米/时左右，但仍比现役两栖装甲突击车快许多。

三是陆地模式。即所有滑板收起，履带伸出的地面行驶模式。陆上行驶模式是指在地面行驶时，各部位滑板回收过程。这时所有滑板都收起，车辆呈陆上行驶状态，最大公路速度达72千米/时。

EFV远征战斗车使用一具MTU公司的MT883Ka-523型4冲程12汽缸柴油发动机。为适应海上与陆上不同动力的需求，MT883Ka-523发动机具有以下几种功率输出模式：陆地模式、海上过渡模式、海上高速机动模式。

EFV远征战斗车的传动系统采用艾利森公司的动力传动装置。在三级海况下，EFV仍可以46千米/时的高速在海面航行，航行速度可达现役两栖装甲突击车的3～4倍。在37千米/时的航速时，其回转半径为85米，在46千米/时的航速时，其回转半径为100米。EFV远征战斗车并且能在75米的距离内，紧急停止。

EFV远征战斗车可装载1382升燃油，可供其在海上航行120千米或在陆地上行驶480千米。若以两栖作战观点来看，当其在海上航行40千米后，仍可在陆上行驶近320千米。

值得一提的是，EFV远征战斗车装有辅助动力系统，包括22.05千瓦水冷式柴油发动机与10千瓦发电机。现役两栖装甲突击车的驾驶员在停车警戒时，常需启动主发动机数小时来为电池充电。而EFV在寂静监视模式中，则可整夜安静地待在伏击位置，而必要时可在不惊动敌人的情况下，利用车上加装的APU安静地为电池充电，以维持车上电子与热影像仪等系统的正常运作。

EFV远征战斗车在车身前段上装有MK46双人操作电动炮塔，炮塔上的主要武器为一门ATK公司的MK44Mod，30毫米机关炮，以及1挺M24，7.62毫米机枪。在电力系统的驱动下，武器系统可快速转向，朝360度全方位射击，火炮的俯仰角度则为-10度～+45度。

EFV远征战斗车上备有50发穿甲弹、150发高爆弹，另外还储备有100发穿甲弹和300发高爆弹。30毫米机关炮炮管拥有高达20000发的射击寿命，该炮在测试时曾持续射击共计37000发的炮弹，期间未出现过锁栓或供弹方面的故障。30毫米机关炮适合对付的目标种类包括：步兵与反战车导弹发射阵地、轻型装甲车辆、近岸海上战场，以及碉堡、城镇和一般物质目标。必要时，30毫米机关炮只需更换5个零件，就可以轻易地换装上40毫米炮管，这只要花费相当低的成本就可以大幅增强EFV的火力，且车上储存炮弹数量与先前相同且不会降低。

★在水面飞速前行的EFV远征战斗车

在观测与火控系统方面，MK46炮塔上装有由GDLS发展而来的模块式瞄准具，其整合有第二代前视红外仪、日间光学系统、护眼激光测距仪等。火控系统则是由M1A2主战车上的火

★穿梭于陆海之间的EFV远征战斗车

控系统衍生而来。30毫米机关炮与火控装置均装有二维稳定系统，可在移动状态下射击，在射击移动目标时拥有相当高的第一发命中率。

EFV远征战斗车是以2519-T87铝合金焊接而成，可承受距离300米处的14.5毫米重机枪穿甲弹射击，或距离15米处爆炸的155毫米榴弹破片。必要时还可附挂模组化陶瓷装甲，此种陶瓷装甲可承受相临地点多发命中弹的冲击，而一旦损坏或未来有性能更佳的装甲出现时，也能方便地加以更换。除防护装甲外，EFV远征战斗车还装备有自动火警侦察与扑灭系统、核生化防护功能的环控超压系统。另外还设有多具烟幕弹发射器，其中16具位于炮塔，16具位于车身。未来EFV远征战斗车将引进各种主动/被动干扰装置，并强化各项隐身效果，以提高全面整体的存活率。

战事回响

未来战斗系统：“黑骑士”无人装甲概念车

进入21世纪之后，随着电子导航技术的发展，英美等国开始研制无人装甲车。

2007年1月，在美国肯塔基州的诺克斯堡，英国宇航公司举行的“未来战斗系统”开发成果演示会上，一款名为“黑骑士”的无人装甲车首次登场亮相，并模拟了与“布雷德利”先进技术演示车配合交战的过程。

首先，由“布雷德利”战车探测、获取目标信息，并率先向目标开火。随后，“黑骑士”迅速进入交战区域观察目标状况，评估毁伤情况，并将数据传回“布雷德利”战车。由“布雷德利”车长评估毁伤情况后，指示“黑骑士”对残存目标进行补充火力打击，最终在一串30毫米炮弹的爆炸声中将“目标”完全摧毁。以美国为代表的西方军队已经成为主导、发展未来作战理论的先行者。经过第一次海湾战争、科索沃战争、阿富汗战争、第二次伊拉克战争和当前正在进行的反恐战争，美军的作战理论、具体战术随着作战对象、环境和自身军事技术的不断发展而发展。

面对日益复杂、残酷的城市游击战，美军一直在大力开发，研制无人作战系统，代替传统有人驾驶的作战平台，来执行高风险的作战任务，以大幅度降低战争成本和减少伤亡，以加速战争的进程。“黑骑士”无人装甲车是美国陆军“未来战斗系统”（fcs）的重要组成部分，主要用于前线火力侦察与监视等作战任务。

与以往只承担作战辅助性任务、功能相对单一的小型战场无人武器平台相比，“黑骑士”体现了目前作战用机器人技术的最高水平。“黑骑士”是个名副其实的大家伙。它近十吨的自重、30毫米速射火力系统、全地形通过能力、先进的全频谱感知器组，以及完备的战术数据链，在加装通用导弹发射装置等重武器后对载人的主战坦克都有一拼之力，其实战化色彩远远超过全球正在服役的各类无人平台。

“黑骑士”的外观酷似一辆缩小的主战坦克。它采用传统布局，每侧五个负重轮的底盘，方方正正的堡垒形炮塔颇有美式装备的风格。炮塔正前方装备一门30毫米“大毒

★“黑骑士”无人装甲车

蛇”链式机关炮和一挺并列机枪，采用自动装填和全电动炮塔，在发射过程中30毫米弹壳通过防盾前方的抛壳口抛出，这很容易让人联想到电影中的机器战警。今后“黑骑士”还可能采用“布雷德利”先进技术演示车上的通用导弹发射系统。

★野外执勤的“黑骑士”无人装甲车

由于无须载人，“黑骑士”无人车并没有传统意义上的内部舱室，只有为了维护及拆卸模块化设备而在车身的底盘、后部及上部预留的开口和舱室空间。其尺寸比M1主战坦克、M2步兵战车以及M3骑兵侦察车等有人车辆大幅度缩小，全车长约4米，宽2米，高2.3米，设计灵巧、紧凑，只比“悍马”系列机动车略大。

“黑骑士”的标准重量为9.5吨，但其装甲表面附有连接点，必要时可根据作战地域的威胁等级加挂模块化装甲，按最高威胁等级加挂全部装甲后总重为12吨。之所以将“黑骑士”的净重限制在10吨以下，是为了满足美国陆军全球快速部署的需求，因为这样载重约20吨的C-130战术运输机一次可空运两套“黑骑士”战斗系统。

按美国陆军的设想，在未来低强度作战行动中，“黑骑士”的智能作战能力将分两个阶段逐步完善以接近或达到实战要求，而这两个阶段也对应它的两种作战模式。

一是半自动作战模式。这种模式是第一阶段，在不久的将来就可能实现的，即由1～2辆“布雷德利”战车搭载数名无人作战平台操作手，率领数辆“黑骑士”组成战斗编组。“布雷德利”战车通过增强型高速战术数据链与“黑骑士”联网，联合进行侦察、监视并遥控“黑骑士”进入交战。由于目前“布雷德利”战车遥控“黑骑士”的极限距离只有三千米，如要执行搜索作战任务，一辆“布雷德利”战车最多只能组成宽约六千米的搜索、攻击群。因此，在必要时，战车上搭载的操作手必须下车，通过手持式控制器监控“黑骑士”的作战行动。在搜索前进时，“黑骑士”会自动搜索目标，人工智能将自动识别目标威胁性质和等级，并通过战术数据链将监测到的信息传回“布雷德利”的指挥舱或手持式控制器的显示屏上，最终由操作人员决定打击方式和程度。二是全自动作战模式。这种模式是“黑骑士”发展的第二阶段，也就是在未来完善机器人人工智能、远程控制、先进混合驱动系统以及可靠性等基础上实现的。根据构想，“黑骑士”将在指挥控制中心的遥控下，依据事先制定的行进线路、交战规则和任务模式，自主地进行作战巡逻。这一阶段，战争机器人将拥有自主扣动扳机的权力，真正实现未来的机器人战争。

目前，关于“黑骑士”的种种构想只存在于人们的头脑之中，但正如苏联革命领袖列宁所指出的那样：“战术是由军事技术水平决定的”。决定作战方法的因素是多方面的，其中武器装备是由生产水平、经济条件和科学发展水平集中体现出来的它直接决定作战方法。但武器技术的发展都是由低到高，循序渐近的过程。

虽然目前以“黑骑士”为代表的无人作战平台还很不成熟，但它却很可能代表着未来地面战争的发展趋势。随着这些概念和技术的逐渐完善，必然会对已有的战术、装备产生重大的影响。

世界著名步兵战车补遗

伞兵坐骑：德国“鼬鼠”空降战车

“鼬鼠”空降战车是德国空军为装备特遣空降部队而研制的，1983年制成样车。因安装的武器不同，出现了机关炮型和导弹型两种样车。

★装备了机关炮的“鼬鼠”空降战车

“鼬鼠”机关炮型空降战车的炮塔上装有一门机关炮，火炮与弹药箱之间有双弹链输弹结构，导弹型空降战车安装了反坦克导弹发射装置。发动机为大众公司五缸四冲程水冷涡轮增压柴油机，传动装置采用带液力变矩器的自动变速箱。行动装置采用扭杆悬挂和液压减振器，每侧四个负重轮，主动轮前置，最后一个负重轮的直径比其他负重轮大，兼作诱导轮。

“鼬鼠”机关炮型空降战车的车体为钢装甲焊接结构，装甲只能防7.62毫米枪弹。战斗室内有手动灭火装置，乘员配备“三防服”。它的变型车有：通信指挥车、战场侦察车、抢救车、防空导弹发射车、侦察车、救护车、装甲输送车、反坦克导弹发射车、布雷车等。

大韩之星：韩国KIFV步兵战车

KIFV步兵战车是由韩国大宇重工业有限公司投资，在美国食品机械化学公司（FMC）的AIFV装甲步兵战车基础上发展起来的，但较AIFV有许多改进，特别是在机动性方面。在研制过程中，KIFV步兵战车采用了一些其他国家的部件，诸如英国阿尔步板材有限公司的铝装甲、联邦德国MAN公司的柴油机、英国自动变速箱公司的T-300液力机械传动装置。

AP精密液压公司设计和制造了全套动力操纵的制动和转向系统，并供应了由发动机驱动的泵和后部跳板式大门上的小门控制线路。制动与转向系统中使用了卡钳型盘式制动

★复合钢装甲的KIFV步兵战车

器。1985年开始列装，到1988年中期已有200辆交付韩国使用。

KIFV步兵战车的车体采用铝合金焊接结构，并有间隙式复合钢装甲，用螺栓固定在主装甲上。间隙内填充有聚胺酯泡沫塑料，这样，既便于减轻车重，又能提高浮力。

KIFV步兵战车的驾驶员位置位于车体左侧，前面有四具M27昼间潜望镜，中间的一具可换成被动式夜间驾驶仪。车长在驾驶员的后面，有五具潜望镜，四具为标准的M17昼间潜望镜，一具放大倍率为一倍率和六倍率的M20A1潜望镜，如果需要，该镜也可换成被动式潜望镜。

KIFV步兵战车在车长右侧有一个指挥塔，能旋转360度。塔内有1挺12.7毫米的M2HB机枪，并有防盾，其两侧与后部也有装甲防护。此外，还有数具能保证车长进行环形观察的潜望镜。在车长位置上的辅助武器为一挺7.62毫米的M60机枪。发动机为一台MAND2848M柴油机，位于驾驶员右侧。

战车车族：瑞典90式步兵战车

瑞典90式战车主要用来装备机械化步兵营，担负抗击空降的轻型装甲车辆、武装直升机，近距离支援空中飞机等任务。1988年制成样车。

瑞典90式战车的车体为钢装甲焊接结构，装有附加装甲。炮塔位于车体中部，装有一门机关炮，一挺并列机枪，机关炮配用尾翼稳定脱壳穿甲弹、曳光多用途弹、Ⅱ型近炸引信榴弹和曳光训练弹。火炮既能单发射击，又能以60发/分和300发/分的射速连发射击。动

★瑞典90式步兵战车

力传动装置为整体式，包括一台“斯堪尼亚”DS114型涡轮增压柴油机和一台五速自动变速箱。行动装置采用扭杆悬挂和旋转摩擦式减振器。车上装有十个橡胶浮囊，浮渡时用涡轮增压器的排气充气。履带宽0.55米，在深雪地和沼泽地上有良好的通行能力，并且该车装有三防装置。

瑞典90式战车的变型车有：PBVL装甲输送车、LVKVA2自行高射炮车、STRIPBV装甲指挥车、EPBV装甲观察车、BGBV抢救车、GRKBV迫击炮车，形成一个战车车族。

2

第二章

装甲运兵车

身披盔甲的战场运输车辆

兵典
THE CLASSIC
WEAPONS

沙场点兵：战场机动运载工具

装甲运兵车，又称装甲输送车，是设有乘载室的轻型装甲车辆，分履带式和轮式两种。顾名思义，装甲运兵车主要用于战场上输送步兵，也可输送物资器材。装甲运兵车具有高度机动性，有一定防护力和火力，必要时，可用于战斗。在机械化步兵（摩托化步兵）部队中，装甲运兵车装备到步兵班，每辆装甲运兵车可以运载一定数量的步兵，将其送到前线地区，为军队调动作出极大的贡献。依靠自身坚实的装甲，装甲运兵车也可以作为战场上的主要力量。本身配备的轻型武器对付步兵绰绰有余，一些车型甚至可以用来防空。它独特的结构设计使得车里的步兵可以从车内向车外攻击，并且保护车里步兵的安全。

装甲运兵车造价较低，变型性能较好，但火力较弱，防护力较差。步兵战车出现后，有的国家认为步兵战车将取代传统的装甲输送车，但多数国家认为两种车的主要用途不同，应同时发展。虽然争议颇多，但装甲运兵车的发展却一刻也没有停止过，迄今为止，仍然是各国武器装备中不可或缺的一员。

兵器传奇：在争议中发展的装甲运兵车

第二次世界大战伊始，在德国闪电突击战术的运用下，装甲部队被认为是突击力量的先锋和主力。为了弥补坦克数量的不足，德国军队高层和一些军事专家展开激烈辩论，最终他们决定制造一批装备有轻型装甲的半履带车辆，用于步兵、炮兵或工兵等辅助力量行动，其中步兵必须有一种装甲车辆供其乘坐，伴随坦克行动。

1939年6月，SD.KFZ.251型半履带式装甲输送车开始投产，该型装甲输送车是用博格瓦德（Borgward）公司3tHLKL6型半履带式运输车底盘改造而成的，主要用来输送人员，1939年～1945年间该车型在德军中服役，包括各种变型车在内，其生产总量高达1.6万辆，这些数量庞大的战争机器，充当着纳粹德国的爪牙，吞噬了亿万生灵。

1939年，美国研制了M3半履带式车，该车大量装备盟军，在与纳粹德国的较量中立下赫赫战功。

第二次世界大战之后，各国军队开始陆续装备装甲运兵车，苏联BTR-80装甲运兵车出世即震惊世界；瓦利德轮式装甲人员输送车在中东战场上大显身手，所向披靡；M113装甲运兵车从运送步兵到搭载小型核武器，用途极为广泛，从越战到伊拉克战争无处不见M113的身影，其产量之大，使用寿命之长，令人叹为观止。

由于自身存在的巨大争议，装甲运兵车的发展不如其他战斗车辆快，甚至有人认为，

★SD.KFZ.251型半履带式装甲输送车

在未来步兵运输上，单一功能的装甲运兵车已经不再合适战场需要，所以在未来的步兵运输上，将被具备了步兵运输、火力打击和反坦克功能的重型履带式步战车所取代。

未来的战争是什么样的，我们无从知晓；未来的战场是否还需要装甲运兵车，我们更是无法窥知，但至少在今天，它们仍作为武器大家庭的一员，起着举足轻重、不可替代的作用。

慧眼鉴兵：解构装甲运兵车

装甲运兵车由装甲车体、武器、推进系统（动力、传动、操纵、行动装置）、观瞄仪器、电气设备、通信设备和三防（防核、化学、生物武器）装置等组成。

车上通常装有机枪，有的装有小口径机关炮。多数装甲输送车的战斗全重 6～16吨，车长4.5～7.5米，车宽2.2～3米，车高 1.9～2.5 米，乘员2～3人，载员8～13人，最大爬坡度25～35度，最大侧倾行驶坡度15～30度。

履带式装甲输送车在陆上最大速度55～70千米/时，最大行程300～500千米。轮式装甲输送车在陆上最大速度可达100千米/时，最大行程可达1000千米。

履带式和四轴驱动轮式装甲输送车越壕宽约 2 米，过垂直墙高 0.5～1 米。多数装甲输送车可水上行驶，用履带或轮胎划水，最大时速5千米左右；装有螺旋桨或喷水式推进装置的，最大速度可达10千米/时。

第二次世界大战刽子手——德国SD.KFZ.251装甲输送车

开山之作：第二次世界大战德军的装甲运兵车之巅

第二次世界大战爆发前，在德国重整军备的过程中，装甲部队被认为是突击力量的主力。作为其组织者之一的古德里安认为，为了弥补坦克数量不足，必须装备有轻型装甲的半履带车辆，用于步兵，炮兵或工兵等辅助力量行动，其中步兵必须有一种装甲车辆供其乘坐，伴随坦克行动。

1939年6月，SD.KFZ.251装甲输送车开始生产。SD.KFZ.251装甲输送车是用博格瓦德（Borgward）公司3tHLKL6型半履带式运输车底盘研制的，主要用来输送人员。

★SD.KFZ.251装甲运输车的驾驶室

SD.KFZ.251系列装甲车在装备部队后，立即参加了1939年9月德军对波兰的入侵，在第二次世界大战中，它几乎参加了德军的每一次军事行动。1939年～1945年间，SD.KFZ.251装甲输送车有22种变型车，其生产量共1.6万辆。

构造独特：前部为轮式，后部为履带式

★ SD.KFZ.251装甲输送车性能参数 ★

车长： 5.8米	**发动机：** 梅巴赫HL42TUKRM
车宽： 2.1米	**最高公路速度：** 55千米/时
车高： 1.75米	**最大公路行程：** 320千米
战斗全重： 8.5吨	**乘员：** 2人
武器装备： 2挺7.92毫米机枪	**载员：** 10人

SD.KFZ.251装甲输送车的战斗全重达到8.5吨，被列为中型半履带式装甲输送车。车内配备两名乘员，即驾驶员和车长，还可容纳10名载员。

SD.KFZ.251装甲输送车车长5.8米，车宽2.1米，车高1.75米，车底距地高0.32米，车上武器有两挺7.92毫米机枪，分别装在车体顶部的前面和后部。该车的发动机与SDKFZ250装甲输送车的相同，也置于车体前部，以便在车体后面开设尾门。但为使驾驶员有宽阔的视界，特意加大了发动机室顶部的倾斜度。传动装置有8个前进挡和2个倒挡，行动部分的前部为轮式，后部为履带式。

SD.KFZ.251装甲输送车的车体每侧有6个负重轮，主动轮在前，诱导轮在后，负重轮交错排列。履带为带橡胶垫的金属履带，履带接地长1.8米，履带宽280毫米。该车的转向方式和SD.KFZ.250装甲输送车一样，在公路上行驶时，用前轮来转向。在越野时用“科莱特拉克”转向机构来转向，最小转向半径为6.75米。

SD.KFZ.251装甲输送车的装甲防护与SD.KFZ.250装甲输送车的相似，装甲厚度为7毫米～12毫米，可防枪弹和炮弹破片的攻击，但车体顶部也是敞开的，车内人员易遭枪弹的袭击。

装甲主力：第二次世界大战德军机械化步兵的座驾

SD.KFZ.251装甲输送车在装备部队后，立即被派往前线，参加了1939年9月德军对波兰的入侵，在闪击波兰的战役中，德军利用SD.KFZ.251系列装甲车配合德国陆军主战坦克，在

★二战期间的SD.KFZ.251装甲车

空军的掩护下，火速越过波兰防线，几乎未遭到有效抵抗，只用了一周左右便结束战斗。

在第二次世界大战中，SD.KFZ.251装甲输送车几乎参加了德军的每一次装甲作战，特别在侵苏战争中，德国的SD.KFZ.251系列装甲车是其陆军机械化部队的主要运兵车。

SD.KFZ.251装甲输送车是第二次世界大战德军机械化步兵的重要装备，尽管比起“虎王”、“虎”式、“豹”式、“猎虎”、“猎豹”等重装备，SD.KFZ.251似乎不是那么起眼，但是在第二次世界大战欧洲、非洲历次大规模战斗中，SD.KFZ.251和它的一系列变型车起到了极大的作用，可以说是第二次世界大战德军机械化步兵团的典型标志，甚至到了战后仍然延续了很长一段时间的服役。

在第二次世界大战德军机械化步兵的各种装甲车和运兵车中，SD.KFZ.251稳坐头把交椅，是机械化步兵团的主力座驾。

在第二次世界大战中，德国的“装甲掷弹兵”使用机枪、步枪、手榴弹、火箭筒等轻武器，乘坐SD.KFZ.251系列轮履合一装甲车或步行作战。SD.KFZ.251装备2挺MG34型机枪或小口径机关炮，越野性能接近坦克，能使步兵跟上装甲兵的前进速度，并与其配合作战。SD.KFZ.251系列装甲车搭载的步兵可以使用车上的固定武器和自带的各种轻武器伴随坦克部队作战，也可下车独立战斗，因此这种德国SD.KFZ.251系列运兵车可以说是现代步兵战车的祖先。

第二次世界大战运兵车中的王者
——美国M3型半履带装甲运兵车

车轮与履带结合的产物

第二次世界大战期间是使用半履带式车辆的高峰时期，像德国与美国都曾经生产数量众多的半履带式车辆担任运输或者是作战任务。

半履带式车的设计是针对早期履带式与车轮式两种传动系统的缺点。履带车辆的越野能力较好，但是乘载重量受到限制，同时履带的寿命，尤其是在越野的环境下较短。生产成本上，履带式也比轮式车辆要高。虽然车轮的寿命也高于履带式，轮式车辆能够搭载的重量较大，可是使用车轮的车辆在高乘载重量时所能够通过的地形非常有限，并且在恶劣天候下的行走能力也远不如履带式车辆。于是，就出现了半履带式车辆。这些车辆的共同点是前方采用车轮，后方则是履带推进的部分，德国曾经试制过机车型态的半履带车辆。除了提升越野与载重能力之外，这些半履带车的驾驶方式与一般卡车接近，比较容易找到驾驶人员。

1937年，美国采用M2非装甲半履带式车底盘，匹配M3A1侦察车体制成T7车，T7车定型后称为M2半履带式车。1939年，美国又研制了M3半履带式车，车体比M2稍长，从而有较大的承载力。

★正在执行任务的美国M3型半履带装甲运兵车

1940年，阿德莫尔汽车公司、金刚石T汽车公司和怀特汽车公司都同美国陆军签订了生产半履带式车的合同。这些车辆都采用怀特公司的160AX型汽油机、斯皮舍（Spicer）公司的传动装置和提姆肯·底特律公司的车桥。

注重战场实用性的M3运兵车

★ M3半履带式装甲运兵车性能参数 ★

车长： 5.962米

车宽： 2.221米

车高： 2.692米

战斗全重： 8.89吨

武器装备： 1挺7.62毫米机枪

发动机： 6缸直列汽油机

功率： 94千瓦

单位功率： 10.57千瓦/吨

最高公路速度： 64千米/时

最大公路行程： 280千米

乘员： 3人

载员： 10～12人

M3半履带式装甲运兵车采用传统的总体布局，发动机在前，3名乘员居中，载员室在后。为了方便车辆越过壕沟，车前装有一个圆辊，部分车上用拉力为44.5千牛的绞盘代替。

美国M系列各型半履带式车均采用制式汽车部件，区别仅在于发动机，M2和M3及其变型车采用怀特公司的160AX型水冷汽油机，而M5和M9及其变型车采用万国收割机公司的水冷汽油机。动力室前部是装有装甲的百叶窗，用于保护散热器，且可在驾驶室操纵。

★战场实用性较强的M3半履带式装甲运兵车

★正在进行军事演习的M3半履带式装甲运兵车

M3半履带式装甲运兵车传动装置包括机械式四速齿轮变速箱、两速传动箱、万向轴、全浮式半轴和汽车型前后车桥等。车辆转向用方向盘操纵，配有脚制动器和手制动器。

M3半履带式装甲运兵车车体为半敞开式，采用轧制钢板，用螺钉连接制成。乘员室前是由12.7毫米厚的不碎玻璃制成的挡风玻璃窗，作战时可以去掉，放下带有两个观察孔的装甲前窗。两侧车门可向前打开，侧门上半部有一个滑动盖防护的观察孔，为扩大视野，门的上半部可向外打开。

载员室后部有一个向右打开的车门。必要时载员室顶部可架设弓形支架和帆布盖。载员室前部装有机枪支架，但各型车装备不同。M2和M2A1、M9和M9A1车装2挺12.7毫米机枪，M3和M5仅有1挺7.62毫米机枪，而M3A1和M5A1则装7.62毫米和12.7毫米机枪各1挺。

M3半履带式装甲运兵车前轮采用多层加强型外胎，内装防弹填料。两条履带各有一个主动轮和一个带张紧装置的诱导轮，有8个小负重轮，主动轮的动力直接由半轴传递。

M3半履带式装甲运兵车的履带悬挂是螺旋弹簧联动，采用防滑挂胶履带，无水上浮渡能力，也无三防装。

战场大巴：从第二次世界大战驶到中东战场

1940年，M3半履带式装甲运兵车服役之后，在战场上发挥了很大的作用。为进一步扩大生产，美国又在M3半履带式装甲运兵车的基础上，生产了M9和M5半履带式车，两车采用M3半履带式装甲运兵车的许多汽车部件，但性能与M3车部件相当。

★二战期间协同作战的M3半履带式装甲运输车

在第二次世界大战后期的每一场战斗中，都能看见M3的影子，它是第二次世界大战中应用最广的战斗车辆之一，有“战场大巴”的美誉。M3及其改进型车辆几乎装备了盟军的所有机械化部队，在盟军的大反攻中保证了军队的快速反应能力，一举压制德军，取得了战争主动权。

1944年年中，诺曼底登陆进行得如火如荼。德军虽然已成溃败之势，但他们的“虎”式坦克和88毫米炮仍然十分具有威胁。盟军的坦克陷入了鏖战的深渊，坦克进军速度太快，其结果导致坦克和步兵脱节。没有步兵保护的坦克就在敌人的火炮和步兵的双重打击之下惨遭涂炭。

这时M3半履带步兵战车的威力就显现出来了。因为M3为半履带式，区别于其他轮式运兵车，德军工兵简直拿它没办法。就像很多传奇一样，M3的传奇故事开始了。它掩护坦克穿越德军的战线，它的7.62毫米机关枪向德军扫射，德军士兵成排倒下。德军无奈，只好派出轰炸机，欲给M3以致命的打击。M3良好的机动性使其在诺曼底丘陵地带仍然能保持60千米的时速，轰炸机投下的炸弹都是徒劳无功。德军飞机只能降低飞行高度，欲歼灭M3装甲车群。M3也不是省油的灯，7.62毫米机关枪再次派上用场，它们在三人机枪小组的操作下，向德军飞机进行猛烈的射击，这同时也造就了装甲运兵车打飞机的神话。

到1944年，美国连续生产半履带式车总计42000辆，这其中最主要的车型就是M3半履带式装甲运兵车。在第二次世界大战中，M3半履带式装甲运兵车大量装备了盟军，缅甸的中国远征军也曾装备M3半履带装甲运兵车，大大提升了军队的机动性，在与日军的作战中，发挥了极大作用。

战后，M3半履带式装甲车装备了很多国家，这其中包括阿根廷、喀麦隆、哥伦比亚、多米尼加、希腊、以色列、日本、毛里塔尼亚、墨西哥、摩洛哥、尼日尔、巴拉圭、塞内加尔、泰国、多哥和扎伊尔等。M3也不断地被改装，衍生出多种车型，这包括：M3半履带式车的各种涂装样式，M2A1、M2～M4型81毫米自行迫击炮车，M4A1、M13型多用途炮车，M21型81毫米自行迫击炮车，M16型多用途炮车，M15型多用途炮车，M17型多用途炮车。

如今，装甲运兵车呈现出高科技的趋势，但M3仍然在服役。在中东战场上也屡见其踪影，最为传奇的是，M3仍然是以色列陆军的标准运兵车，要知道，以军以高科技装备闻名于世。

惊动世界的运兵车——苏联BTR装甲输送车

冷战战车：BTR在对抗中出世

第二次世界大战后，世界进入冷战时局。为了抵抗美国等西方国家先进的运兵车辆系统，苏联先后研制了若干种轮式装甲车。由于它们造价低，因此装备数量不断增加。最初的两种车型是利用卡车底盘制造的BTR-40（4×4）和BTR-152（6×6）装甲车。这两种车没有炮塔，结构也比较简单，可以描述为敞篷卡车式装甲车。

★冷战时期的BTR-40装甲车

苏联及欧洲各国江河纵横，中小河流的密度很大，因此克服水障碍，保持部队进攻和防御时的连续机动性，显得尤为重要。20世纪50年代，苏联开始研制装甲输送车的指标中，很重要的一条是具有浮渡能力。而BTR-152轮式装甲输送车却不具备浮渡能力，这样，BTR-50浮出水面。

由于重视浮渡性能，装甲输送车的研制工作和PT-76轻型水陆坦克的研制同步进行，便是顺理成章的事。1950年，研制工作正式开始。承担研制工作的是车里雅宾斯克拖拉机工厂的科金设计局，总设计师为M·巴卢基，研制代号为750项目。1954年，正式定型为BTR-50装甲输送车，在1957年的十月革命节的阅兵式上正式亮相。

由此，BTR系统装甲输送车开始登上历史的舞台。20世纪60年代中期至今，苏联/俄罗斯继续开发BTR系统，又研制出四种BTR系列装甲车，它们分别是BTR-60，BTR-70，BTR-80，BTR-90。

BTR-50：并不完美的两栖装甲车

★ BTR-50P装甲输送车性能参数 ★

车长：7米

车宽：3.14米

车高：2.3米

战斗全重：14吨

武器装备：1挺7.62毫米机枪

发动机：V型6缸水冷柴油机

最大功率：240马力

最高时速：44.6千米/时

水上最高时速：11千米/时

公路最大行程：260千米

水上最大航程：70千米

乘员：2人

载员：18～20人

★BTR-50P装甲运输车

在BTR-50系列装甲输送车中，最著名的是BTR-50P型装甲输送车。BTR-50P车体为箱型轧制钢装甲板焊接结构，顶部敞开。车长位于车体前部左侧，有一个向前开启的舱门和三具潜望观察镜，驾驶员位于车首中央，有一个单扇舱门和一具潜望观察镜，前部还有三具潜望观察镜。驾驶员的右侧为搭载步兵的班长或分队长，有一具潜望镜。载员室在车体前部，有横放的长条凳，可乘20名载员。车体前部的防浪板，由驾驶员操纵竖起。当竖起防浪板时，驾驶员前部中央的一具观察镜可以升起。车体后部为动力舱，装有动力传动装置。车体的最后为喷水式水上推进装置。该车有3个柴油箱，均布置在动力舱内，油箱容量为250升。

★BTR-50P装甲运输车

★BTR-50P装甲运输车内部的发动机

BTR-50P为多用途车，除在战场上运送人员外，还可以运载一门85毫米火炮和25发炮弹，三门83毫米迫击炮，120枚地雷和12名载员。也可运送总重为2000千克的军用物资。

BTR-50P的车上没有固定的武器，但有的车上装有7.62毫米机枪，弹药基数为1250发，每250发装一个弹药箱。在改进型的BTR-50PA上，装一挺14.5毫米重机枪，由车长操纵射击。

BTR-50P动力装置为V型6缸水冷柴油机，最大功率240马力。该车装有发动机加温器，以利于在严寒的冬季起动发动机。

BTR-50P的传动装置包括：干式摩擦离合器、五挡机械式变速箱、转向离合器、向喷水推进器传递动力的分动箱和侧减速器等。BTR-50P的悬挂装置为扭杆弹簧式，每侧6个负重轮，主动轮在前，诱导轮在后，无托带轮。履带为小节距履带，每侧96块。第一和最后负重轮处有筒式液压减振器。诱导轮在前，主动轮在后。而一般的履带式装甲输送车多采用动力传动装置前置、主动轮在前的结构形式。该车的最大速度为44.6千米/时，最大行程为260千米，水上最大航程为70千米。

BTR-50P的水上推进装置为喷水式，与PT-76坦克的相同，喷水推进器由进水套管、壳体、减速齿轮、尾部套管、倒车水道、驱动装置、密封盖等组成。为了防止水草等杂质混入，还装有防护格栅和可开关的盖板。喷水推进器的主要工作件是四叶片的叶轮，即泵轮。水上最大航速达11千米/时。为排除车内积水，在底甲板处装有电动排水泵。

BTR-50P的车体为钢装甲全焊接结构，整体密封性好。车体各处的装甲厚度为：首上甲板11毫米（倾角80度），侧面上部垂直装甲板为14毫米，其余部位为10毫米。

BTR-50P车内装有R113无线电台和车内通话器。另有专用的装卸装置，绞盘的最大拉力为15千牛。蓄电池和发电机的工作电压为24伏。BTR-50P装甲输送车装备苏军不久，即发现了结构上不合理和使用不便等诸多问题。最大的问题是，BTR-50P的舒适性太差。18名全副武装的士兵拥挤在狭小的载员室内，很容易造成疲劳。由于车体后部没开车门，载员上下车很不方便。再说，载员室内安排18名载员，比一个步兵班多，比两个步兵班少，有点“高不成，低不就”。苏联的摩托化步兵连由三个排组成，每个排有三步兵班，每班10~12人。这种搭乘一半班的做法，实在是不便于指挥。

另外BTR-50P还有一个重大的缺点，浮力储备较小。水上航行时，干舷（车体侧面露出水面的高度）仅20厘米，抗风浪的能力较差。 由于这个重大的缺点，到了20世纪60年代，随着BTR-60轮式装甲输送车和履带式BMP-1步兵战车的相继问世，苏军中的BTR-50P便逐步退出现役。

BTR-60：全面超越BTR-50的新一代战车

★ BTR-60PBM装甲输送车性能参数 ★

车长：7米

车宽：3.14米

车高：2.3米

战斗全重：11.608吨

武器装备：1挺14.5毫米KPVT机枪

1挺7.62毫米PKT机枪

发动机：2台GAZ-49B6缸汽油发动机

1台KamAZ-7403 V-8涡轮增压柴油发动机

最大功率：191千瓦

最高时速：100千米/时

水上最高时速：9千米/时

公路最大行程：600千米

水上最大航程：100千米

乘员：2人

载员：18～20人

20世纪60年代，第一批BTR-60装甲输送车开始服役，用以替代浮力储备较小的BTR-50装甲输送车。BTR-60动力装置采用两台GAZ-49B6缸汽油发动机，单台功率为120马力。

相对于BTR-50，BTR-60装甲输送车的最大行驶速度有所提高，达到了80千米/时，行程也达到了500千米。

BTR-60装甲输送车在水上行驶时依靠安装在车体后部的一台喷水推进器，速度为9千米/时。随后出现的BTR-60PB装甲车安装了单人手动炮塔，武器为一挺14.5毫米KPVT机枪和一挺7.62毫米PKT机枪，武器的最大仰角为+30度。升级后的BTR-60PBM进行了多处改进，包括安装了与新型BTR-80系列8×8装甲输送车相同的完整的动力传动装置以及相应的变速箱和传动轴。动力传动装置包括一台KamAZ-7403 V-8涡轮增压柴油发动机，功率为191千瓦，最大行驶速度达到了100千米/时，行程为600千米。

安装了新型发动机后，不仅提升了BTR-60PBM装甲车的速度和行程，换装的柴油发动机也极大地改善了车辆燃油的通用性（当今所有新型装甲战车均采用柴油发动机作为动力）。其原有的炮塔被BTR-80标准型上所采用的BPU-1炮塔替代，虽然这种炮塔所装备的武器与原炮塔相同，但其仰角达到了+60度，从而使车载武器能够对付低速飞行的空中目标或者在城市作战中用来打击高层建筑上的目标。

★外形奇特的BTR-60PBM装甲运输车

通过升级改造，车辆的装甲防护水平得到了改善，并增加了火焰探测和灭火抑爆设备、三防系统和生命支持系统作为车辆的标准设备。原有的通信设备被新型的R-168-25U或R-173系统所代替并安装了Gamma-2地面导航系统。

标准型BTR-60PB的战斗全重为10300千克，而升级后的BTR-60PBM战斗全重为11608千克。该车还可通过安装附加被动式装甲防护来提高成员的战斗生存能力。其他的改进还有新型车长、驾驶员观察设备，新型防弹轮胎，新型喷水推进器以及改良的座椅布局。

BTR-70：BTR-60的进化版

★ BTR-70装甲输送车性能参数 ★

车长：7.535米
车宽：2.800米
车高：至瞄准镜2.320米
至炮塔顶2.235米
车底距地高0.475米
轮距：2.380米
战斗全重：11.5吨
武器装备：14.5毫米T重机枪
7.62毫米机枪
9P54M萨姆-7或萨姆-14防空导弹
反坦克火箭筒

发动机：2台6缸汽油机
最大功率：2×88千瓦
单位功率：14.7千瓦/吨
最高公路速度：80千米/时
最高水上速度：10千米/时
公路最大行程：600千米
燃料储备：350升
攀垂直墙高：0.5米
越壕宽：2米
乘员：2
载员：9人

BTR-70装甲输送车是在BTR-60车基础上改进而成。20世纪70年代末期在苏联陆军部队中服役，1980年11月参加莫斯科红场阅兵式，以取代BTR-60系列装甲人员输送车。该车还在民主德国装备，罗马尼亚也特许生产此车，并定名为TAB-77。

BTR-70装甲输送车的车体由钢板焊接，同BTR-60系列车相比，车头较宽，改进了车前装甲以及车体前部和前轮之间的附加装甲。车长和驾驶员并排坐在车前部，驾驶员在左，车长居右，车前有两个观察窗，战斗时窗口都由顶部铰接的装甲盖板防护。每个窗口有三个前视和一个侧视潜望镜，在侧视潜望镜下面还有一个射孔。车长和驾驶员后面有两个面朝前的步兵。炮塔位于第二轴上方的车体中央位置。载员舱在炮塔之后，有六名步兵背靠背坐着。另外，在车体两侧的第二、三轴之间有向前打开的小门。车后为动力舱。

BTR-70装甲输送车的单人炮塔上装有14.5毫米重机枪和7.62毫米并列机枪各1挺。重

★阅兵时的BTR-70装甲输送车部队

机枪发射曳光穿甲燃烧弹、穿甲燃烧弹或穿甲弹，在500米距离上可击穿32毫米厚的垂直钢装甲，在1000米距离上可击穿20毫米厚的垂直钢装甲。BTR-70还可装备9P54M萨姆-7或萨姆-14防空导弹和反坦克火箭筒。

BTR-70装甲输送车采用两台3M3-4905汽油机，每台汽油机机功率为88千瓦（120马力）。这种装置的缺点是传动装置及所属部件均需配备两套，增加了维修困难。该车的驱动型式为8×8，采用中央轮胎充放气系统，第一、二轴转向采用液压助力操纵。制式设备有三防装置和前置绞盘等。

BTR-70装甲输送车为水陆两用，水上靠车后单个喷水推进器推进。入水前应竖起车前防浪板，当车辆在地面行驶时，防浪板折叠到前上装甲上，而BTR-60车是折叠在车前底部。

BTR-80：堪称完美的水陆两用装甲车

BTR-80轮式装甲人员输送车，是一款四轴、八轮驱动的装甲人员输送车，BTR-80是苏联研制得相当成功的一款装甲输送车，由BTR-70发展而来。从外表看，它与BTR-70车相似，自20世纪80年代中期开始装备苏军，到目前为止，在俄罗斯军队中还有大量装备，每年的红场阅兵式此车型也必定会出现。

★ BTR-80装甲输送车性能参数 ★

车长： 7.650米
车宽： 2.900米
车高： 2.350米
战斗全重： 13.6吨
武器装备： 1挺14.5毫米机枪
1挺7.62毫米机枪
发动机： 四冲程水冷柴油机
功率： 191千瓦
单位功率： 14.05千瓦/吨
最高公路速度： 80千米/时
最大公路行程： 600千米
乘员： 2人
载员： 8人

BTR-80装甲输送车的总体布置与BTR-70相似。驾驶舱位于前部，驾驶员在左、车长在右，并装有供昼夜观察和驾驶的仪器（车长夜视距离为360～400米，驾驶员夜视距离可达60米）、面板、操纵装置、电台及车内通话器等。车长位置的前甲板上有一球形射孔。车长和驾驶员的后面各有一个步兵座位。车长的右前倾斜甲板上还有一个供步兵用的射孔。炮塔位于第二轴上方的车体中央位置。载员舱在炮塔之后，六名步兵背靠背坐在当中的长椅上。车体两侧各有三个射孔。载员舱顶部有两个方形舱盖，盖上各有一个用于对空射击的圆形孔，在车体两侧的第二、第三轴之间开有大门，而不是BTR-70车上的小门。该门上部朝前打开，下部可向下折叠形成台阶，便于步兵上下车辆。车后为动力舱。

BTR-80装甲输送车的单人炮塔上安装一挺14.5毫米重机枪和7.62毫米并列机枪。机枪俯仰范围由BTR-70的-5度～+30度增大到-5度～+60度。炮塔内装昼间瞄准镜一个，观察镜两个。对付地面目标时，14.5毫米重机枪的射程可达1000米，14.5毫米机枪和7.62毫米机枪射速分别为500～600发/分和700～800发/分，弹药基数分别为500发和2000发。车上还装有防空导弹发射架、八支自动步枪、反坦克火箭筒、手榴弹和信号弹，炮塔的后部外侧安装六个烟幕弹发射器。

BTR-80装甲输送车的车体后上部作了少量改动，以便安装一台四冲程8V水冷柴油机，功率为191千瓦（260马力）。传动系统也随发动机的变更而比BTR-70车大为简化。发动机扭矩通过离合器传递到5挡定轴式变速箱，其中二、三、四、五挡均装有同步器。扭矩再从变速箱经中间轴传递到二速分动箱，然后再分流：一股传到第一、三桥，另一股传到第二、四桥。为便于车辆在困难路面行驶，还装有轴间差速闭锁装置。另外，从分动箱还分出一股功率，用于驱动喷水推进器和绞盘。由于该车柴油机的燃油消耗率比BTR-70车的汽油机要少，故在不增加主油箱的容量下增大了车辆行程。发动机在-25℃时不经预热就能启动。车辆安装中央轮胎充放气系统，可随时调整轮胎气压，公路最大速度可达80千米/时。

★水陆两用的BTR-80装甲输送车

BTR-80装甲输送车可水陆两用，水上靠车后单个喷水推进器推进，水上速度为9千米/时。当通过浪高超过0.5米的水上障碍时，可竖起通气管不让水流进入发动机内。此外，还有防沉装置，一旦车辆在水中损坏也不会很快下沉。

BTR-80装甲输送车的车体和炮塔装甲可防步兵武器、地雷和炮弹破片。在核、生、化环境中作战时车体和炮塔可迅速密闭，保证了车内有超压的新鲜空气。炮塔后部有六具烟幕弹发射器安装在专用支架上。在地面风速为2～5米/秒时，一颗烟幕弹形成的烟幕宽为10～30米，高度为3～10米。烟幕持续时间为1分，施放距离为200～350米。

BTR-80装甲输送车还装有灭火装置、伪装器材、生活保障装置、排水设备，还腾出位置用于放置三个饮料桶、十个口粮带、三件救生背心、十个行囊和车辆备用工具及附件。车前装有自救绞盘。

在20世纪80年代的阿富汗战场上，受地形限制，坦克的作战能力受射角的影响很大，无法发挥作用，BTR-80的出现大大缓解了苏联陆军机动性能严重不足的状况，有效降低了苏军的人员伤亡。

在20世纪90年代的车臣战场上，俄军装备的BMP-1/2型步兵战车和BTR-80轮式装甲车本来是用于配合坦克作战的，却由于自身装甲防护力脆弱而在车臣反政府武装火力频繁袭击下千疮百孔，车毁人亡。装甲车自身都难保了，更无力压制、消灭车臣反政府武装的反坦克手。结果，俄军的T-72和T-80U坦克在格罗兹尼街道上、在偏僻的山野荒路上屡遭暗算，大量战损。

BTR-90：俄罗斯的21世纪装甲输送车

★ BTR-90“罗斯托克”装甲输送车性能参数 ★

车长： 7.8米

车宽： 2.92米

车高： 2.580米

战斗全重： 17吨

武器装备： 1门30毫米口径的2A42型机关炮

1具AGS-17榴弹发射器

1套“竞技神”反坦克导弹系统

1挺7.62毫米机枪

发动机： 柴油发动机

最大功率： 约510千瓦

最高公路速度： 100千米/时

最大公路行程： 600千米

乘员： 2人

载员： 108人

2005年，BTR-90“罗斯托克”装甲输送车服役。首批BTR-90“罗斯托克”很快送到车臣，用于非常规作战。BTR-90装甲车总设计师亚历山大·米夏金说，虽然裁减兵员是和平和发展的需要，但地缘政治的千变万化导致地区冲突仍然频繁，这就要求建造高机动性、能够有效地完成现代战斗任务的装甲车。他预料，在21世纪初，BTR-90装甲车将成为俄陆军武器的重要组成部分。

BTR-90型装甲输送车仅重17吨，装有功率为375千瓦（约510马力）的柴油发动机，路面最大行驶速度达100千米/时，在遭到严重破坏的路面上行驶仍可达到50千米/时。BTR-90可随时蹚过水中障碍，在四个轮胎完全损坏的情况下仍具有战场转移能力。它可运送10名全副武装的士兵，每个步兵乘坐的空间比过去的俄制战车增加了50%，这对外观轮廓没有多少增加的BTR-90而言实在是不小的突破。车辆的减振系统得到相当大改善。对俄军官兵而言，在路况很差的俄罗斯外高加索地区行驶，这实在是个福音。

BTR-90装甲车车体用高硬度装甲钢制造，全焊接装甲结构，内有凯夫莱防剥落衬层，并可披挂被动附加装甲。它具有全方位抵御14.5毫米机枪弹的防护力，披挂附加轻质陶瓷复合装甲后，能防RPG-7反装甲火箭弹攻击。整车造型更加简洁流畅。针对车臣战场上经常遇到地雷袭击事件，车体底部和载员座椅采取了有效防反坦克地雷伤害的措施。

BTR-90装置“风暴”K型炮塔。炮塔重2.5吨，采用防弹铝合金材料加附加钢装甲和复合材料的“三明治”结构，能够抵御152毫米炮弹碎片的攻击。炮塔内配有昼/夜瞄准镜的火控系统、前视第二代红外探测器，以利于精确瞄准目标和命中目标。BTR-90配备的武器有一门30毫米口径的2A42型机关炮、一具AGS-17榴弹发射器、一套“竞技神”反坦

★BTR-90“罗斯托克”装甲输送车

克导弹系统和一挺7.62毫米机枪。2A42型机关炮采用双弹匣供弹，可在白天和夜间对2.5千米以内包括坦克在内的各种目标实施精确打击。“竞技神”反坦克导弹前端装有伸缩式探针，专门攻击披挂爆炸反应式装甲的坦克。BTR-90的总体作战效能已超过了现役的轻型坦克。

朴实无华的“战车之王”——美国M113装甲运输车

战车之王：身经百战的“沙场老将”

M113步兵战车是20世纪50～60年代的“战车之王”，它在众多的装甲战车“明星”中并不起眼，它既没有像主战坦克那样有厚重的装甲、凶猛的火力，又没有漂亮或奇特的外观。然而没有哪一种装甲车辆像它这样使用如此之广泛，产量如此之多。M113步兵战车身经百战，历尽沧桑，确实是宝刀不老，以其钢铁之躯长期活跃在世界战车舞台上。

20世纪50年代，美军装备的是M59和M75型履带式装甲输送车。M75是第二次世界大战后不久研制生产的，造价高昂而且不具备水上行驶能力，美国FMC公司于20世纪50年代初研制生产的M59弥补了M75的不足，虽降低了成本，并具备了两栖能力，但是由于单位功率不足，其机动性仍不能令人满意。

为此，美国军方决定在M59和M75型装甲车基础上研制一种新型的装甲输送车。1956年1月，FMC公司开始研制，研制之初有两种可供选择方案：一种名为T117，采用钢制装甲；另一种名为T113，采用铝合金装甲。两种装甲的防弹性能是一样的。然而，美军最终选择了T113，因为采用铝制装甲使车辆全重比T117型轻6%，而且便于制造。

1958年，原型车T113制造出来，1958年被批准投人批量生产。1960年，该型车被命名为M113装甲输送车，一代名车由此诞生。

历史可以证明M113绝对是一款成功的战车，虽然以现在的眼光来看M113的性能并不算出类拔萃的，但它拥有简单实用、价格低廉的特点。因此，M113这些优点使它在许多国家的军队中保持着重要的地位。

性能可嘉：具有两栖能力

★ M113步兵战车性能参数 ★

车长： 4.863米	**悬挂装置：** 扭杆
车宽： 2.686米	**传动装置：** 6个前进挡
车高： 2.5米	**倒挡数：** 1个
车体高： 1.828米	**最大公路速度：** 64千米/时
车底高： 0.41米	**最大水面速度：** 5.6千米/时
履带着地长： 2.667米	**最大行程：** 321千米
履带心中距： 2.159米	**燃料储备：** 302升
战斗全重： 10.258吨	**爬越度：** 60度
发动机： 克莱斯勒75M型V8汽油机	**攀垂直墙高：** 0.61米
功率： 154千瓦	**越壕宽：** 1.68米
单位功率： 15千瓦/吨	**乘员：** 2人
单位压力： 49.05千帕	**载员：** 11人
传动装置： TX-200-2B自动变速箱	

M113是一种轻型两栖履带式装甲输送车。

M113是采用飞机用的铝材质打造，让它可以在更轻重量中拥有与钢铁同级的防护力（总重约10.5吨）和更紧密的结构。它的轻重量相对可以使用比较轻的小功率引擎。例如Detroit制二冲程六汽缸柴油引擎，也能用直升机或定翼机越过原野运输投放。也因为重量

★具有两栖能力的M113步兵战车

轻，它能在不外加漂浮装置的情况下越过一些浅水域，使用履带“游泳”，此点具有战术重要性，因为越南有很多丛林、沼泽、泥路、山野、稻田等地形。

M113设计要求是运送士兵和货物，具有两栖能力，速度较快，在高低不平的地形上具有优良的机动能力。它的主要武器是12.7毫米M2HB“勃朗宁”机枪和7.62毫米机枪。装甲由航空用铝合金制成，在保持一定强度的同时减轻了重量，这使得M113在发动机功率有限的情况下具备了更好的机动性和更大的载重能力，提高了水上行驶性能。全重只有10吨多，可以空运和空投，这无疑提高了部队快速部署的能力。

M113的驾驶室设在车体左前部，顶部有供驾驶员出入的向后开启的舱门，发动机室在驾驶室右侧，车长的座位设在车体前部，上方是车长专用指挥塔，其上装有一挺12.7毫米机枪。车长使用武器时需要打开舱门探出半个身子操作，车体后部的载员舱可以容纳11名全副武装的士兵。M113的车体后门可以向下打开，作为一个大跳板，使士兵可以迅速上下车。

M113使用克莱斯勒75M型水冷8缸汽油机，最大速度达到64千米/时，利用履带划水，水上行驶速度可达到5.6千米/时。使用扭杆式悬挂装置和液压减振器，具有良好的越野性能，行驶时振动小。

转战南北：M113表现不俗

M113系列装甲车辆共生产74296辆，使用十分广泛，有40多个国家和地区的军队装备，有装甲输送车、自行迫击炮车、“陶”式导弹发射车等等。

自M113装甲车诞生以来，在世界上大大小小的战争中几乎都可以看到它的身影。20世纪60年代的越南战争中，新研制的M113大量使用。这种既轻便又结实的装甲车随处可见，穿梭于战火之中，被美国大兵亲切地称为“战场出租车”。然而，M113的防护不足却饱受批评，据称，有的M113被越南军队的12.7毫米机枪子弹从侧面贯穿，而M113的底部防护也难以抵抗各种地雷，以至于大多数时候搭载的士兵都坐在车顶上而不愿坐在车舱内，只有在遭遇敌军时才不得不钻进舱内。

由于中东地区很多国家都装备了大量M113，中东战争、两伊战争、黎巴嫩内战等战争中，M113都有不俗表现。

在20世纪90年代初的海湾战争中，大量M113及其变型车参战，发挥了很重要的作用。伊拉克地区的恶劣沙漠环境，曾迫使海湾战争中英国的M109榴弹炮营放弃他们的弹药补给卡车，而改为使用美军的M548式履带式运输车。

由于它具有重量轻、机动性好、低成本和可靠性高的特点，尤其是巨大的升级和改进潜力，M113得以昂首阔步走入21世纪。在伊拉克战争中，M113再度披挂出征，表现不俗。直到目前仍有不少M113驻守伊拉克，执行巡逻等任务。

★驰骋沙场的M113装甲车

★等待出发的M113A4轻型战术车

未来的装甲战斗车辆需要具有更好的机动性、更大的运载能力和更强的防护能力，并且还要具备满足未来高科技作战的需要。进入21世纪，美军大量的M113仍将继续服役。美国政府和军方目前正致力于M113的现代化改进。M113现代化改进的主要目标是提高生存能力、低可察性（隐身性能）和车载电子设备方面的改进。M113A3+/M113A4轻型战术车辆（MTVL）把M113的车身加长了866毫米，增加了一对负重轮（每侧6个负重轮），预计183辆加拿大的M113也将升级为MTVL。车体的增长使内部空间加大，这样加装机枪塔后仍能搭载较多的士兵。M113A4改进了动力系统和悬挂系统，因此车重增加了四吨，假如加装附加装甲，车重将会进一步增加。M113A4采用凯迪拉克单人电动炮塔，炮塔上可安装一挺12.7毫米机枪或一挺7.62毫米机枪。乘员遥控操纵机枪射击时，不必暴露在车外。车上还装有两组榴弹发射器，可发射烟幕弹、白磷弹和破片弹等。不装凯迪拉克炮塔的MTVL则装有1挺7.62毫米遥控机枪，必要时乘员也可手动操作机枪射击。M113A4乘员仍为两名（车长和驾驶员），可搭载八名以上全副武装的士兵。驾驶员夜视仪和车长像增强器，提高了夜间和恶劣天气下的作战能力。基于MTVL的步兵战车IFVL装有一个高度自动化的单人炮塔，武器是一门25毫米机关炮和一挺7.62毫米机枪。发动机为6V53TIA型，输出功率400千瓦，传动系统为X-200-4B自动变速箱。可以根据任务选择不同的附加装甲，可由C-130空运。

在美国陆军“过渡型装甲车”的竞争中，MTVL也参与了竞争。MTVL和LAV III针锋相对，代表了先进轮式和履带式装甲车之争。经过反复的试验和论证，美国陆军最终选择了LAV III轻型轮式装甲车作为过渡型旅级战斗部队的装备，即“斯特赖克”装甲车。MTVL虽然竞争失败，但它的优点和先进性仍然有目共睹。

战事回响

世界著名装甲运兵车补遗

中东战场的主力：“瓦利德”轮式装甲人员输送车

“瓦利德”1型（4×4）车由埃及纳赛尔汽车厂研制，采用联邦德国玛格鲁斯·道依茨公司的车辆底盘和部件。底盘由纳赛尔汽车厂供应，装甲车体由卡达厂生产并组装。该车无论在外观还是在作用方面都类似于苏联BTR-40型轮式装甲人员输送车，区别仅在于载员舱侧甲板垂直安装，而不是倾斜安装。1981年埃及又生产出“瓦利德”2型车，采用了奔驰公司的部件。该车还出口阿尔及利亚、布隆迪、苏丹、阿拉伯也门共和国等。

★“瓦利德”1型装甲人员输送车

★“瓦利德”轮式装甲人员输送车

“瓦利德”1型的车体由钢板焊接而成。发动机在前，车长、驾驶员位置居中，载员舱在后。驾驶员位于左侧，车长在其右侧，他们前面都有各自的挡风玻璃，作战时可用顶部铰接的装甲盖板防护；各有一扇侧门，门的上部可在外面翻折下来，以便扩大视野。

“瓦利德”1型的敞开式载员舱位于车后，步兵上、下车通过后门，后门上有一个备用轮胎。车体两侧各有三个观察镜或射孔，车后有二个观察镜或射孔。

“瓦利德”1型设有三防装置。轮胎装有充放气系统，无夜视设备，也不具备水上行驶能力。该车还安装有一挺7.62毫米机枪，车顶还可附加其他武器。变型车有地雷敷设车和多管火箭发射车（可发射烟幕弹）。

“瓦利德”1型曾在第一次中东战争中大显威力，但实战中也暴露了一些缺点，在埃及国内，该车已逐渐被性能更优越的法哈轮式装甲人员输送车所取代。

英国皇家运兵车：瓦尔凯轮式装甲人员输送车

1981年，英国维克斯公司同比利时贝赫曼·德默恩公司签订协议，决定联合研制瓦尔凯（4×4）装甲车。该车是由比利时生产的BDXMK2改进而成，有装甲人员输送车和火力支援车两种基型样车。前者车体较高，后者车体较矮。协议决定，英国侧重研制输送车，比利时侧重研制火力支援车。1982年在英国装备展览会上展出了火力支援车，1984年展出了输送车并进行了火力支援车的射击表演。该车除在英国、比利时广泛试验外，还在文莱和阿曼试验过。

瓦尔凯轮式装甲人员输送车车体采用高硬度钢板焊接制造，车体前部能防7.62毫米穿甲弹和距车10米远爆炸的105毫米炮弹破片，其他部位能防7.62毫米普通枪弹。车前挡风玻璃和观察镜也有类似的防护能力，车底装甲还能防杀伤地雷。为提高防护力，该车还可选用披挂式装甲，可防穿甲弹和近距离155毫米炮弹破片。

瓦尔凯轮式装甲人员输送车的驾驶员位于前部中央，他可以通过车体左侧的通道到达后部载员舱。车体左侧有一个供车长和驾驶员出入的侧门，右侧有一个供物资装卸或当安全门使用的侧门，车后有二个大型后门，侧门和后门上方都装有观察镜，必要时还可以开射孔。指挥塔位于车顶左侧和前轮与左侧门之间的上方位置，可以安装多种武器和观察设备。车顶还有一个大的圆形舱盖。

瓦尔凯轮式装甲人员输送车的发动机位于驾驶员右侧后方，为美国通用汽车公司的4-53T水冷柴油机。传动装置为阿里逊公司的AT-545型四挡自动变速箱。该车安装二个翅式水散热器，一个位于发动机顶上，呈水平位置；另一个装在下方，用于冷却车桥和制动器的机油。液压驱动的混流式风扇使冷却的空气流经散热器将热量带走。发动机的进气、出气百叶窗位于车顶，排气管安装在车体右侧上部。发动机前部的功率分出装置为制动、转向、风扇等部件的操纵提供了液压动力。整个动力舱隔声、隔热，并装有火灾探测与报警系统和手动灭火装置。

瓦尔凯轮式装甲人员输送车作为火力支援车时可安装多种炮塔武器系统，包括单人炮塔装双联7.62毫米机枪；单人炮塔装7.62毫米和12.7毫米机枪；单人炮塔装双管20毫米高炮；双人炮塔装7.62毫米机枪和20毫米机关炮或60毫米迫击炮；双人炮塔装90毫米火炮等。

瓦尔凯轮式装甲人员输送车有多种变型车，包括反坦克导弹发射车、指挥车、81毫米自行迫击炮车、抢救车、工程车和英国国内安全车。英国国内安全车可以安装障碍清理装置、机枪、水枪、榴弹发射器和扩音系统等。

美国陆军急先锋："斯崔克"装甲运兵车

根据美国陆军和美国通用动力公司地面系统分公司签订的供货合同，美国陆军将于2011年以前，采购10种车型、总数为2131辆的"斯崔克"轮式装甲车，经费总数高达40亿美元。

"斯崔克"装甲车的基型车为装甲输送车型，战斗全重约17吨，能用 C-130 运输机空运，乘员二人，载员九人，刚好是一个步兵班。尽管它的侧面积较小，车内可用容积仍然达到了11.5 立方米，比较宽敞。车体由高硬度装甲钢制成，全焊接结构，具有全方位抵御 14 .5 毫米机枪弹的能力；外挂轻质陶瓷复合装甲后，可防 RPG-7 反坦克火箭筒的攻击；车体顶部可防 152 毫米炮弹破片。车体底部和载员座椅经特殊设计，能有效防护反坦克地雷的伤害。该车有个体式三防装置。整车采用了降低热信号特征及声音信号特征的隐身化措施。

在"斯崔克"装甲车的整车布置上，车体前部是驾驶舱和动力舱，驾驶员席在左侧，动力舱在右侧。车长席位于车体的中央右侧，位置最高，便于观察。后部为载员室，左右

★“斯崔克”轮式装甲输送车

有两排长座椅，九名载员面对面而坐。车体的最后为尺寸很大的跳板式后门，载员主要通过后门上下车。后门上有一个向右开启的小门。载员舱顶部还有两个方形顶部舱门，可根据需要开启。不过车体两侧及后部似乎没有射击孔。由此可以看出，新式的步兵战车或装甲输送车，有减少或取消射击孔的倾向。

“斯崔克”装甲车采用 8×8 驱动形式，后面四个车轮为主动轮，通过挂上“前加力”挡，可以使前四个车轮也成为主动轮，实现 8×8 驱动。其动力装置为卡特皮勒公司的 3126 型柴油机，最大功率约 260 千瓦（ 350 马力）。传动装置为阿利逊公司的 MD3066P 型自动变速箱，有七个前进挡和一个倒挡。当然，也可以根据需要换装不同型号的动力和传动装置。该车采用半主动液气悬挂装置，不仅增强了越野行驶能力和乘坐的舒适性，还可以根据需要来调节车底距地高。特制的防弹轮胎，除了有优良的防弹性能外，还有轮胎气压中央调节系统，可以根据道路情况调节轮胎气压，提高车辆的通行能力。该装甲车的公路最大行驶速度为97千米/时，最大行程为499千米，最大爬坡度为31度，最大越壕宽为1.98米。

“斯崔克”装甲输送车上的主要武器为 MK19 型 40 毫米榴弹发射器，也可选用 M2 型 12.7 毫米机枪或 MK240 型 7.62 毫米机枪。这些武器装在“康斯伯格”遥控转塔上，车长可以在车内遥控操纵射击。转塔上还有四组烟幕弹发射器。

引人注目的是，“斯崔克”装甲输送车上装有一套车际信息系统和 GPS 卫星定位系统。这可是 M1A2 主战坦克和 M2A3 步兵战车上才有的“新玩意儿”。有了它，车辆之间可以通过文字信息和网络地图来实现数字化通信。在车长的显示屏上，本车位置、敌人目标位置、友邻位置、本车状况等信息一目了然。车长的作战指挥，跟玩电子游戏一样轻

★作战中的“斯崔克”装甲车

松自如。车上的观瞄仪器齐全，有七具潜望镜和一具热成像观察瞄准镜，驾驶员有三具潜望观察镜和一具夜间像增强观察镜。

对于“斯崔克”在城市作战中的总体表现，有这样一组数据：第25步兵师第一“斯崔克”旅在一年多的战斗中，共行驶310万千米，平均每辆“斯崔克”装甲车行驶了10000千米，交火200多次，车辆完好率保持在96%以上。由此可见，虽然存在一些问题，但“斯崔克”装甲车的总体性能还是相当可靠的，这使得美军认为“斯崔克”非常适于城市作战。目前，在伊拉克服役的“斯崔克”估计已经超过1000辆。

不管怎样，城市不是装甲部队的“禁地”，城市作战也不可能脱离装甲部队的帮助。美军在伊拉克的军事行动，也许能够成为装甲部队应用于城市作战的经典教材，为以后在城市作战的装甲部队提供有益的参考。总之，装甲部队只有不断按照城市作战的需求进行改进，才能在城市作战的“旋涡”中始终立于不败之地。

“中东之狼”：以色列“狼”式多用途装甲车

中东强国以色列仅一弹丸之地，却以其出众的军事实力和世界领先的军工技术傲然屹立于阿拉伯世界之中。究其原因，乃犹太民族在其2000多年颠沛流离的苦难中形成的对自己国家无比珍惜和热爱的情愫，位居以色列三大军工巨头之首的拉法尔武器研究所凭借其世界级的科学家和工程师，通过一件件让世人侧目的尖端武器装备，将犹太人的聪明才智和不屈不挠、拼搏创新的民族精神演绎得淋漓尽致。今天，拉法尔的最新精工产品——“狼”式多用途装甲车让我们感受到来自希伯来土地“狼”的力量。

“狼”式多用途装甲车是专为以色列国防军在约旦河西岸执行快速机动任务研制的，可扮演人员输送车、指挥控制车、战场急救车和后勤支援车等多种角色。车全长5.75米，车宽2.38米，车高2.35米，基本型全重8吨。从外形上看线条简洁俊朗，给人以敦实可靠的感觉。该车底盘负载性能突出，除了装载武器及弹药外，还可乘坐至少五名全副武装的士兵和搭载一副可固定式担架。

“狼”式多用途装甲车的动力装置是一台排量达六升的239.04千瓦柴油机，匹配阿里逊公司的五挡自动变速器，能够轻易输送出充足的动力，其专门配置的两种轮胎，一种适合在平路上行驶，一种则适用于越野行驶。另外，“狼”式多用途装甲车出口众多，共有驾驶员和车长用的二个侧门、后部人员舱的二个侧门和二扇后门共六个出口，在必要时顶盖也能成为紧急通道，充分保证乘员快速便捷地出入车体。所有这些，都是为了满足执行快速机动任务的要求。

在以色列人看来，任何情况下，保护作战人员的安全是战车设计考虑的首要因素，“梅卡瓦”坦克发动机前置的独特布局就是一个典型例子。“狼”式多用途装甲车也不例外，它的防护性能在世界同类装甲车中可谓名列前茅，其模块式装甲组件能够为乘员舱（包括车底、车顶、侧面、后部及车窗）、动力装置和车轮提供全方位的防护，其中车窗除采用新型防弹玻璃外，还特别安装了一层格栅式防护罩，以确保万无一失，小口径子弹、炮弹碎片及普通地雷一般难奈其何。

在火力方面，“狼”式装甲车共设置了五个火力点，分别是顶盖处的通用机枪和乘员舱两侧长窗下方各二个的射击孔（乘员用自动步枪射击）。不过顶盖上的火力点需要士兵探出车外射击，这在加沙地带的城市冲突中自然是非常危险的。既要保护人员又要攻击目标，这种“鱼和熊掌兼得”的买卖只有遥控武器站（RCWS）来做了。于是，部分“狼”式装甲车以拉法尔公司的RCWS取代了顶置机枪。拉法尔公司的遥控武器站在世界上可以说是数一数二，这次“狼”式装甲车选用的RCWS包括7.62/12.7毫米机枪或40毫米榴弹发射器、反坦克导弹和视频观瞄组件。这种RCWS的一大特点是采用全无线遥控，通过特殊的电磁装置吸附在装甲车顶部，从而无需凿穿车顶安装。

此外，虽然人员与车外环境完全隔离，但是包括前视窗在内的八块（两侧各三块，前后各一块）观察窗以及后部昼/夜观察照相机能够为车内人员实时提供车外的态势信息。而车内设置的先进空调装置和通信联络系统使乘员在适宜的工作环境下，与总部及友车保持着畅通的信息交流。至于车内座椅的布置数目及位置还可按照用户的要求特别定做。

如此种种，不必赘言。新鲜出炉的“狼”式多用途装甲车，以其简约实用的造型，出色优异的性能必将在轻型装甲车领域占有一席之地。但是，可以肯定的是，今后这匹“狼”必将频频出现在约旦河西岸的加沙地带，我们衷心希望这股“狼的力量”能成为维持和平的使者，而不要成为恃强凌弱者的利器。

★以色列“狼”式多用途装甲车

3

第三章

装甲侦察车

装甲车中的侦察兵

兵典
THE CLASSIC
WEAPONS

沙场点兵：装甲部队的耳目

装甲侦察车是装有侦察设备的装甲战斗车辆，主要用于实施战术侦察，是装甲部队的“千里眼”与“顺风耳”。

在传统战争中，同敌方接触并搜集敌方实力及军事情报的任务通常由骑兵部队完成。随着机械化车辆的出现和部队机械化程度的提高，这项任务便落到了装甲侦察车身上，这对于高速机动和战术瞬变的战场是极为有利的。

20世纪90年代初期的海湾战争中，传统的装甲力量的发展思维已经被颠覆。战争中，联军装备的各种专用侦察车安装有高性能热成像仪、CCD昼间摄像机、激光测距仪和GPS导航系统等设备，在与空天侦测手段的配合下使伊拉克共和国卫队的精锐装甲部队无处遁形。数十万采用传统重装甲装备的伊拉克共和国卫队，面对人数相当的联军装甲部队竟然毫无还手之力。特别是在西线战场上，担任侧翼攻击保护职能的法国第六轻装师，面对伊拉克多个步兵师的防御如入无人之境，其主力装备的AMX10RC大型轮式战斗侦察车和VBL轻型轮式侦察车的突击能力，丝毫不亚于中路装备M1A1主战坦克的美国第一装甲师等重装部队，给人留下了深刻印象，也引起战后大规模发展轮式侦察车的热潮。最终的地面战争只进行了100小时，伊拉克陆军溃败，被迫签下停火协议。

★AMX10RC大型轮式战斗侦察车

兵器传奇：从传统作战到高科技作战

20世纪30年代，包括德国在内的少数国家使用轻型坦克或装甲车进行战场侦察。第二次世界大战期间，许多国家广泛地采用了轮式装甲侦察车遂行地面战斗侦察任务。

从20世纪50年代开始，世界各国都非常重视装甲车的发展。1958年，苏联开始装备BRDM-1轮式侦察车，逐步取代了PT-76水陆两用坦克。

20世纪60年代初，苏联又将BRDM-1改进成BRDM-2轮式侦察车。同期，法国装备了EBR75（8×8）轮式侦察车；美国装备了M114履带式指挥侦察车；英国装备了“费列特”轮式侦察车。

★BRDM-1轮式侦察车

20世纪70年代，各国更加注重对装甲侦察车的研制，提高了机动性，增强了防护能力，加强了火力，还采用先进的光电技术，提高了侦察和观察能力，并且开始注意发展各自的车族系列。

20世纪70年代后期到80年代，世界各主要武器生产国开始独立研制装甲侦察车，采用了先进的侦察技术，使车辆具有良好的观察能力和先进的通信系统。

★BRDM-2轮式侦察车

20世纪90年底至今，地面战争发生了巨大变化，装甲侦察车也不例外。装甲侦察车的传统功能一直是在主力部队之前侦察并搜集有关敌军和前方地形的准确信息。新一代侦察车通常配有先进的侦察系统，包括昼用摄像机、热像仪、人眼安全激光测距机、精确地面导航系统和先进的通信系统。通过这些设备可以把数据实时传递到下一指挥链或高一级指挥层。

当许多国家仍在使用装备精良的装甲平台执行侦察任务时，一些国家已开始装备带有专用传感器组件的小型车辆。未来侦察系统正逐渐演变为传感器平台，该平台与前几代平台最显著的区别是：传感器、通信和导航设备远比平台本身昂贵。

在当今的高科技世界，装甲侦察车仅是与指挥、控制、通信和计算机（C4）网络连接在一起的整个侦察、监视和目标捕获（RSTA）组件的一个组成部分。RSTA组件中还包括：卫星等各种空中传感器平台、各种固定翼和旋翼飞机及无人机（UAV）。由于信息需要很长时间才能传给用户，老式无人机的使用受到限制，但包括雷达在内的各种地面传感器可提供关于敌军转移的信息，或为火炮和火箭系统定位打击目标。

慧眼鉴兵：装甲侦察车的三种发展方式

纵观装甲侦察车的发展过程，有下列三种不同发展方式：

一是以当时现有的装甲车辆为基础进行改进，如苏联的BRDM-1型侦察车是在PTR-40型装甲车的基础上改进的，加强火力、增大功率后形成了BRDM-2轮式侦察车。

二是单独研制装甲侦察车辆，如联邦德国的“山猫”2型轮式侦察车、法国的VBC90轮式侦察车等，有些还在装甲侦察车的基础上发展成完整的装甲车族。

★苏制BRDM-2装甲侦察车

★联邦德国的“山猫”2型轮式侦察车

三是在研制装甲人员输送车或步兵战车的同时，研制装甲侦察车，如美国在研制M2履带式步兵战车的同时，研制了M3履带式骑兵侦察车。

装甲侦察车分履带式和轮式两种。现代装甲侦察车装有多种侦察仪器和设备。装甲侦察车的外廓尺寸小、重量轻、速度快。

在现代化战争中，各国机械化部队同敌方接触并搜集敌方实力及行动情报的任务通常由装甲侦察车完成，这对于高速机动和战术瞬变的战场是极为有利的。然而轮式装甲侦察车辆由于行驶阻力小，行驶装置效率高，速度快，机动性好；油耗低，行程远；工作可靠，寿命长；噪声小，便于隐蔽等优点，深受各国军队的喜爱。

“双头战车”——德国“山猫”装甲侦察车

“山猫出现”：装甲车鼻祖的改进型

第二次世界大战以前，世界各国装备的装甲车辆还不是很多，在各国陆军中承担侦察任务的主要是骑兵部队。虽说骑兵部队在第一次世界大战中就已显露出了颓废之势，但由

★首批“山猫”装甲侦察车投入使用

于它长久以来一直是各国陆军中的“精英部队”，而且侦察行动需要一支沉着冷静、快速机动的力量，因此在随后的几十年中骑兵部队仍能在陆军中占有一席之地，而侦察行动也成了它唯一的用武之地。追本溯源，德国的“山猫”装甲侦察车就是德国骑兵部队演变的产物。在第二次世界大战期间，德军侦察部队一开始装备的主要是四轮汽车，虽然它的战斗力比较弱，但是它能够在闪电战初期利用优越的机动能力，深入敌军战线腹地，进行奇袭、骚扰等活动，引起敌军后方的混乱。可以这么说，闪电战最重要的武器应该是发动机，而侦察车的主要优势就是它快速灵活的机动能力，同时侦察部队的渗透行动构成了闪电战的前提条件。

通过第二次世界大战的几次战斗，德军明确了装甲侦察车的重要地位和作用，开始集中力量研制专门用于侦察的装甲车辆，于是在20世纪70年代，“山猫”装甲侦察车的鼻祖SD.KFZ.234重型装甲车应运而生。SD.KFZ.234重型装甲车除了保持良好的机动性能外，还拥有一定的火力和装甲防护能力，在此基础上，对该车更换了OM403VA型十缸四冲程柴油发动机，并进行了一系列的武器升级，“山猫”装甲侦察车终于诞生。

当时的西德国防部于1964年确定了20世纪70年代军用车辆的目标，其中包括8×8的水陆两用侦察车。1965年成立了联合开发局从事20世纪70年代军用车辆的研制工作。尽管戴姆勒·奔驰公司未参加联合开发局，但已先行开始了同样车辆的研制工作。

联合开发局和戴姆勒·奔驰公司各研制了九辆8×8水陆两用侦察车，并分别于1968年4月和12月交付试验。经过两年的全面试验，于1971年联邦德国国防部决定采用奔驰公司的产品，第一批产品于1975年5月完成，1975年9月交付联邦德国陆军，1978年初停产。

轮式装甲车的设计理念就是结构简单，价格低廉；但是“山猫”装甲车正好相反，它结构复杂，价格昂贵。在20世纪70年代冷战期间，作为高档轮式装甲车还可能被接受，但是现在看来却是另类，使其只为德国生产了408辆就停产了。

功能略显复杂：“山猫”的独门秘籍

★ “山猫”装甲侦察车性能参数 ★

车长： 7.74米	**发动机：** 4冲程柴油发动机
车宽： 2.98米	**最高公路速度：** 90千米/时
战斗全重： 19.5吨	**最大公路行程：** 730千米
武器装备： 1门20毫米机关炮 1挺7.62毫米机枪	**乘员：** 4人

“山猫”装甲侦察车给人的第一感觉是车体大，巨大的八个轮胎给人一种威慑感。该车的一个重要特点就是驾驶舱分设前后两处。当侦察车遇到强势敌人时，为避免与之交火而需要迅速撤离现场，向后退时也需要具备与前进时一样的行走能力，于是后部也设置了驾驶舱。它由独立悬挂的八轮驱动，悬挂系统分设前后二个，可选择四轮或八轮驱动。

另外，该车在八轮转向时可以以最小的半径转弯。右转的时候，前面四个车轮向右，后面四个车轮向左。然而，当行驶速度超过30千米／时，转弯时为了确保安全，需要固定后面的四个车轮。在八轮转向下最小转弯半径为5.75米。“山猫”装甲侦察车还具有很好的浮渡性能，特别是能在没有准备的情况下进入河流里。

“山猫”装甲侦察车采用OM403VA型十缸四冲程柴油发动机，汽缸工作容积15.95升，功率290千瓦。发动机有良好的隔音措施，并装有较大的排气消音器，车辆噪音小。废气在排到车外之前和冷空气混合，以降低热信号特征，从而使车辆不易被探测到。

“山猫”装甲侦察车传动装置为液力机械式，有四个前进挡和四个倒挡。操纵装置有自动和手动两种，为减少驾驶员体力消耗，该车还采用了液压转向机构。车体四周的八个车轮采用独立悬挂，分为前四轮和后四轮两组，可任选前四轮、后四轮或全部八轮转向，最小转向半径为5.75米，而同是8×8的“锯脂鲤”装甲车的最小转向半径为8米。

“山猫”装甲侦察车是在SD.KFZ.234装甲车的基础上改进而成的，车体外形抗弹性能良好。车体安装了普通防弹钢板，车体前部可抵御20毫米炮弹、侧部能抵御12.7毫米子弹的攻击。

“山猫”装甲侦察车可以借助车体后部的螺旋桨推进器在水面上行驶，此外，“山猫”装甲侦察车上还装有FNA4-15车辆导航装置，FNA4-15是一种惯性导航装置，在全球定位系统（GPS）发明之前，它确实是一种非常便利的工具，能够在地图上标示出车辆的行驶路线和位置，但随着GPS的普及，该装置已被替换掉。

“山猫”装甲侦察车上的武器主要用于自卫，而不是去主动攻击敌人。“山猫”装甲侦察车的主要武器是德国莱茵金属公司研制的Rh202型20毫米机关炮，炮口初速1080米/秒，每分钟可发射800～1000发炮弹。该炮虽然也可对空射击，但由于没有安装专门的防空射击瞄准仪，防空效果不很理想。

“山猫”装甲侦察车的辅助武器是一挺MG34A1机枪，可以发射北约标准的7.62毫米子弹。该机枪是第二次世界大战中德军MG42机枪的改进型，现已成为德军的标准机枪。MG34A1机枪安装在车长舱门旁边，车长必须探身车外进行操作，主要用于打击突然接近的敌军步兵。

在核生化防护方面，“山猫”装甲车在车体内安装了换气装置和带气体过滤器的增压装置，可以在核生化条件下将经过过滤的空气输送至战斗室，同时在战斗室中形成超压，以阻止受污染的空气进入车内。

★正在执勤的“山猫”装甲侦察车

★正在野地演习的“山猫”装甲侦察车

说到轮式装甲车辆的防护，不能不提及轮胎的使用。“山猫”装甲侦察车使用了防弹轮胎，即使轮胎被击中仍能依靠坚实的胎壁行驶。履带式车辆的履带如果一旦被地雷炸毁，整车则无法行动。而轮式车辆即使被炸飞了1～2个车轮后，仍能继续机动。“山猫”装甲侦察车在丧失四个车轮的情况下也能继续行驶，这也正是装甲侦察车“伤而不亡”的逃生秘诀。

情报能力强大：“山猫”可作为巡逻车

在进攻作战中，侦察部队是主力部队的眼睛；在相持阶段中，它是防御阵地的前方哨所；在撤退过程中，它又担负起撤退路线的侦察任务。“山猫”装甲侦察车的一大特征是在车体的前部和后部各设置了一个驾驶室，一旦遇到强敌，它可以快速逃离危险地区。

“山猫”装甲侦察车的情报搜集能力很强大。情报搜集能力要求乘员的熟练程度和软件的水平，而“山猫”在此方面的表现极其强大。

“山猫”装甲侦察车可以借助良好的机动性能，快速突破敌人的防线，深入敌后潜伏起来。车长则指挥车辆利用隐蔽地形缓慢前进，悄无声息地接近目标。此时，车辆的低噪音对于任务的成败至关重要。

“山猫”装甲侦察车的车长可以使用潜望镜，或者在条件允许的情况下，将身体探出

★正在观察战区情况的“山猫”装甲侦察车

炮塔用肉眼观察周围的情况，并判断是否有敌军的行动、发动机的噪音大小、附近地形是否适合通过等情况。

侦察中一般要避免参与战斗，但是也要根据情况，实施火力侦察，或者是由几辆侦察车在敌人防线快速来回穿插，以便探明敌军的火力分布情况。特殊情况下，“山猫”装甲侦察车也可以执行巡逻任务。

“亚马孙响尾蛇”——巴西“恩格萨”EE-9卡斯卡维尔轮式侦察车

“响尾蛇”亮相：巴西装甲侦察车的处女作

1970年，巴西陆军计划开发一种轮式侦察车，以此结束巴西没有装甲侦察车的历史。“恩格萨”特种工程公司接受了这项伟大而光荣的任务，经过半年的研制，1970年11月，该公司生产出第一辆样车，经一系列试验后，获得成功。巴西陆军随即订购了10辆，并命名为CRR 侦察车，即“恩格萨”EE-9卡斯卡维尔轮式侦察车。

1974年，“恩格萨”EE-9卡斯卡维尔轮式侦察车开始大批量投产，同年第一批生产型车出厂。生产型车比样车宽些，长些，且轴距也不同。交付巴西陆军的第一批EE-9侦察车装备的是37毫米火炮炮塔，用于出口的则装备法国伊斯帕诺·絮扎公司H90炮塔。20世纪90年代至今生产的“恩格萨”EE-9卡斯卡维尔轮式侦察车装备的是巴西自行设计的配备“恩格萨”EC-90型火炮的“恩格萨”ET-90型炮塔。

“恩格萨”EE-9卡斯卡维尔轮式侦察车的许多零部件与EE-11乌鲁图装甲人员输送车通用，两车的许多机动性部件采用民用标准件。

性能一流：匠心独具的“恩格萨”

★“恩格萨”EE-9卡斯卡维尔轮式侦察车性能参数★

车长： 6.200 米	**发动机：** 6缸水冷柴油机
车宽： 2.640 米	**功率：** 156千瓦
车高： 2.680米	**单位功率：** 11.6千瓦/吨
战斗全重： 13.4吨	**最高公路速度：** 100千米/时
武器装备： 1门90毫米机关炮 2挺7.62毫米并列机枪	**最大公路行程：** 880千米
	乘员： 3人

“恩格萨”EE-9卡斯卡维尔轮式侦察车为全焊接车体，车体为内柔外硬的双硬度装甲钢板结构。车体前部为弧状结构，特别考虑了对陷阱、榴弹和莫洛托夫燃烧瓶的防御。

“恩格萨”EE-9卡斯卡维尔轮式侦察车的驾驶员位于车体前部左侧，斜甲板顶部的三个潜望镜使其视野为120度，驾驶座和方向盘可调。车长位于炮塔左侧，炮长在右侧，他们共用一个后开舱盖和四个潜望镜，炮长使用一个倍率为六倍的主炮瞄准望远镜。炮塔旋转及炮的俯仰可电动，向突尼斯出口的EE-9侦察车装备了改进的火控系统——LRS-5型。

★“恩格萨”EE-9卡斯卡维尔轮式侦察车

“恩格萨”EE-9卡斯卡维尔轮式侦察车的动力舱在车后部，发动机与顶部的两个舱盖接近。车上安装有前后差速器，由分动箱分开驱动，前差速器用螺栓固定在车体上，将动力由主轴传至前轴；后差速器为“恩格萨”飞镖摆杆悬挂的一部分，摆杆可绕中心轮毂自由旋转，通过摆杆中的齿轮将动力传到后四轮上。后悬挂允许后轮的垂直最大行程为0.9米，保证了后轮总是附着地面。泄气保用轮胎可保证车辆在轮胎无气后能行驶100千米以上，装备有中央充放气系统。

“恩格萨”EE-9卡斯卡维尔轮式侦察车的ET-90炮塔上装备EC-90-Ⅲ式线膛炮，可发射榴弹、破甲弹、碎甲弹和烟幕弹等。“恩格萨”还为该车研制了车长指挥塔，指挥塔可360度旋转，并有360度观察镜，向后开启的舱盖前支架上安装一挺12.7毫米机枪。炮塔两侧各装备三具烟幕弹发射器，由车内电控发射。

其中，伊拉克生产的“恩格萨”EE-9卡斯卡维尔轮式侦察车安装了旋转指示仪、倾斜仪、与瞄准系统合一的激光测距仪，改进了乘员座位。主炮发射时由一档板掩护瞄准系统，还在防空架上安装了一挺12.7毫米FNM2 HB机枪。同时该车可选择的装置有空调系统、加温器、激光测距仪、自动灭火装置和被动或主动夜视设备。

转战中东：两伊战争中的多产战车

两伊战争期间，伊拉克装备的“恩格萨”EE-9卡斯卡维尔轮式侦察车为己方提供了大量的军事情报，它们不仅起到了常规侦察作用，还直接、间接地对坦克起到了火力支援

★行进中的“恩格萨”EE-9卡斯卡维尔轮式侦察车

★战场中驰骋的“恩格萨”EE-9卡斯卡维尔轮式侦察车

和侧翼护卫的作用。在1983年利比亚支持的游击队与乍得的战争中，乍得俘获了许多装备H90炮塔的EE-9侦察车。

截至1984年1月，该车已生产2550辆，装备巴西“恩格萨”EE-9卡斯卡维尔轮式侦察车的国家有玻利维亚、巴西、智利、哥伦比亚、塞浦路斯、厄瓜多尔、加蓬、伊朗、伊拉克、利比亚、多哥、突尼斯、乌拉圭、津巴布韦、布基纳法索等。

“恩格萨”EE-9卡斯卡维尔轮式侦察车服役之后，“恩格萨”特种工程公司根据作战需要，又在EE-9卡斯卡维尔轮式侦察车基础上，研发了很多改进型。

EE-9卡斯卡维尔MK1侦察车为其第一个改进型号，装备37毫米火炮，采用梅塞德斯·奔驰（Mercedes-Benz）柴油机和手动传动装置，无轮胎中央充放气系统。

EE-9卡斯卡维尔MK2侦察车用于出口，采用梅塞德斯·奔驰柴油机，自动传动装置，装备法国H90炮塔，无轮胎中央充放气系统，已停产。

EE-9卡斯卡维尔MK3侦察车，装备“恩格萨”ET-90炮塔，采用梅塞德斯·奔驰柴油机，自动变速箱，无轮胎中央充放气系统。

EE-9卡斯卡维尔MK4侦察车，采用底特律柴油机公司的6V-53N柴油机，自动传动装置，装备“恩格萨”ET-90炮塔，有轮胎中央充放气系统。

EE-9卡斯卡维尔MK5侦察车，除采用了梅塞德斯·奔驰OM-352A型柴油机外，其余与MK4相同。

轻捷而凶猛的“大山猫”——南非“大山猫”装甲侦察车

临危受命：南非“大山猫”取代法国“大羚羊”

在20世纪60年代和70年代的大部分时间里，南非国防军使用法国生产的“大羚羊”MK7和MK9轻型装甲车辆作为侦察车，这两种4×4的车辆机动性高，武器系统能够根据需要进行调整，既可配备90毫米速射低压炮，也能安装60毫米后膛装弹迫击炮。

1978年安哥拉内战爆发后，南非卷入战争。面对变化多端的游击战争，装备了16年的“大羚羊”遇到难题，它既没有足够的装甲来保护自己，也缺乏执行搜寻摧毁任务的火力。南非需要一种中型地面车辆，并且要求是轮式装甲战斗车，不能像坦克那样笨重缓慢，但要有和坦克一样的远距离火力。于是“大山猫”就诞生了。

新型装甲车以南非“山猫”命名，它如同真正的山猫一样凶猛。自20世纪80年代以来，“大山猫”就开始替代“大羚羊”，作为南非国防军的高机动战斗车辆参加行动。“大山猫”装甲侦察车能全天候、高机动作战，主要负责战斗侦察和区域安全任务。

★在演习战场上驰骋的南非“大山猫”装甲侦察车

不可多得的上品：迅猛而敏锐的“大山猫”

★ “大山猫”装甲侦察车性能参数 ★

车长： 8.2 米
车宽： 2.9 米
车高： 2.5米
战斗全重： 28吨
武器装备： 1门105毫米的GT7反坦克炮
2挺7.62毫米机枪
发动机： V-10水冷、涡轮增压柴油机
功率： 420千瓦
单位功率： 15千瓦/吨
最高公路速度： 120千米/时
最高越野速度： 60千米/时
最大公路行程： 1000千米
乘员： 4人

“大山猫”装甲侦察车由八轮驱动，使用涡轮增压柴油发动机，传动装置为自动变速箱，有六个前进挡和一个倒挡。驾驶员可以根据地形选择8×8全轮驱动或者8×4驱动。“大山猫”装甲侦察车的前四轮为转向轮，有转向助力装置。悬挂装置的弹性元件为螺旋弹簧，阻尼元件为液压减振器。

★八轮驱动的“大山猫”装甲侦察车

“大山猫”装甲侦察车的快速行驶能力和远程机动能力相当出色，它的最大公路速度高达120千米/时，就是越野行驶也能达到60千米/时，一般的履带式和轮式车辆只能甘拜下风，最大行程达到了1000千米。这几项性能指标都远远超过主战坦克，说它像矫捷的大山猫，还真是“名”副其实。

如虎添翼：越改进越凶狠的山猫

1988年，“大山猫”刚开始服役时，配备一门76毫米炮，备弹48发。1994年，“大山猫”装甲侦察车换装了105毫米的GT7反坦克炮，能够使用北约标准的105毫米反坦克炮弹，射速6发/分。换装口径更大的火炮后，“大山猫”的机动性并未受到过大影响，不同的是美国最新式的“斯瑞克”装甲车装上105毫米火炮后，时速只能达到110千米/时左右，最大行程不到500千米。

“大山猫”装甲侦察车还有两挺7.62毫米机枪，一挺与主炮并列，并受火控系统控制，装在主炮的左侧，备弹3600发；另一挺位于车长位，用于防空和其他目的。

“大山猫”装甲侦察车在防护上动了一番脑筋，它有两组四联装烟幕弹发射器，需要时可以施放烟幕。另外，它的车体和炮塔为装甲钢全焊接结构，可防御24毫米以下弹药的袭击。车体两侧2、3轴之间各有一个安全门，可使乘员隐蔽地离开车辆。

★军事演习中执行任务的“大山猫”装甲侦察车

★穿梭于战场上的“大山猫”装甲侦察车

此外，作为8×8的轮式车辆，“大山猫”装甲侦察车的一两个轮子受损后仍能维持机动能力。它的轮胎为子午线泄气保用轮胎，即使八个轮子全部泄气，也能行驶相当一段距离，到达安全地域。该车还有轮胎气压中央调节系统和自救绞盘，有较强的通行适应能力和自救能力。“大山猫”的车内装有集体过压和空气过滤系统，能够抵御化学和生物武器的袭击。

“大山猫”装甲侦察车可以根据战斗命令得到单位代字，并由此获得侦察单位的当前状态。还可以根据当时敌情、作战地域地形、气象、水文及有关情况作出调整。

“大山猫”装甲侦察车常用的侦察手段有观察、火力侦察、战斗侦察、照相侦察、电视侦察、雷达侦察等。它的侦察范围包括侦察力量、侦察装备和通视范围。

东瀛铁骑
——日本87式装甲侦察车

自卫队的装甲车：起步晚，研制快的87式

第一次世界大战结束后不久，日本便开始了轮式装甲车的研制。但是由于受第一次世界大战中堑壕战、消耗战的影响，轮式装甲车没有受到应有的重视，再加上日本国内的道

★正在执行任务的日本87式装甲侦察车

路情况不适合轮式车辆行驶，因此直到第二次世界大战结束，日本对轮式装甲车的研制一直不是很积极。

第二次世界大战以后，随着美国把日本拉入包围苏联、中国的阵线，日本才开始少量装备美制M8和M20轮式装甲车。之所以装备数量很少，是因为当时日本认为抵御苏军的主战场将在北海道地区，那里更适合使用履带式装甲车，所以日本一直没有发展自己的装甲侦察车。

直到1982年，日本陆上自卫队才开始正式装备轮式装甲车，即82式指挥通信车。87式装甲侦察车就是在82式指挥通信车的基础上发展而来的。

87式装甲侦察车从1983年开始研制，只用了四年时间便研制成功。研制工作之所以能够如此迅速，主要得益于沿用了82式指挥通信车的发动机、变速箱、悬挂装置等。因此可以说，87式装甲侦察车实际上就是82式指挥通信车的另一种变型车。

性能比拼：日本87式与德国“山猫”

87式装甲侦察车代表了20世纪日本装甲侦察车的最高水平，德国“山猫” 装甲侦察车也是同时代装甲侦察车中的佼佼者，我们不妨通过对两者对比来检验一下87式装甲侦察车的性能。

★ 87式装甲侦察车性能参数 ★

车长： 5.99米
最高公路速度： 100千米/时
车宽： 2.48 米
最大公路行程： 500千米
战斗全重： 13.4吨
乘员： 5人
武器装备： KBA型25毫米机关炮

我们先来看一些两车的基本数据。87式装甲侦察车全长5.99米，宽2.48米，体积比"山猫"小。87式装甲侦察车采用前4轮转向，最小转向半径为7～7.5米，在日本使用是绰绰有余了。87式装甲侦察车在公路上行驶的最高时速为100千米/时，而"山猫"装甲侦察车稍稍逊色，为90千米/时，但它在倒车时也能达到这一速度。

活动范围也是衡量装甲侦察车性能的一个重要因素。从公开的数据来看，87式装甲侦察车的最大行程要短一些，约500千米，而"山猫"装甲侦察车为730千米。

★具有较高时速的87式装甲侦察车

对于任何一辆作战车辆而言，仅行程大与活动范围广是不够的，还必须要考虑到乘坐战车的舒适性，因为乘坐作战车辆会对成员的体能与心理产生一定影响。在乘坐战车时乘员们需要长时间待在一个封闭的空间里，而且需时刻关注周围的情况。战车行驶的时间越长，走的路程越远，乘员的疲劳程度也就越大，乘员的侦察效能和战斗效能也会随之降低。一辆舒适性差的战车，会给乘员侦察效能和战斗效能带来巨大的非战斗损耗，而一辆舒适性好的战车会在很大程度上降低这种损耗。

87式装甲侦察车的乘员座椅可以根据乘员的体形和喜好进行调节，而且在行驶过程中车辆的振动和噪音较小，乘员乘坐比较舒适。另外，87式装甲侦察车上可有五名乘员，比“山猫”装甲侦察车多了一人，因此在休整时就多了一份进行车辆维修、放哨、通信和准备伙食的力量。

接下来，我们再来看看两种侦察车与敌交战的能力。

“山猫”装甲侦察车的主要武器是德国莱茵金属公司研制的Rh202型20毫米机关炮，炮口初速1080米/秒，每分钟可发射800～1000发炮弹。该炮虽然也可对空射击，但由于没有安装专门的防空射击瞄准仪，所以防空效果不很理想。该炮采用双弹链供弹方式，可以发射穿甲弹和杀伤爆破弹。发射穿甲弹时，在100米的距离上弹着角为25度时的穿甲厚度为48毫米，在1000米的距离上弹着角为40度时的穿甲厚度为25～35毫米。辅助武器是一挺MG34A1机枪，可以发射北约标准的7.62毫米子弹，该机枪是第二次世界大战中德军MG42

★德国“山猫”装甲侦察车

★阅兵时的87式装甲侦察车

机枪的改进型，现已成为德军的标准机枪。MG34A1机枪安装在车长舱门旁边，车长必须探身车外进行操作，主要用于打击突然接近的敌军步兵。

87式装甲侦察车上安装了瑞士厄里肯公司研制的KBA型25毫米机关炮，炮口初速1335米/秒，最快发射速度为600发/分，单发射速为200发/分。该炮也采用双弹链供弹方式，可以发射曳光脱壳穿甲弹和曳光榴弹。发射曳光脱壳穿甲弹时，在2000米的距离上弹着角为30度时的穿甲厚度为25毫米。同“山猫”装甲侦察车一样，该炮虽然也具备防空能力，但效果也不理想。辅助武器是一挺74式7.62毫米并列机枪，乘员可在车内遥控操作。

此外，两车都安装了烟幕弹发射器。“山猫”装甲侦察车炮塔两侧各有四具，87式装甲侦察车炮塔两侧各有三具。

单纯比较火力而言，87式装甲侦察车有着明显优势。“山猫”装甲侦察车上的机关炮口径小，机枪操作不安全，一旦与敌交火，只能快速逃窜。而87式装甲侦察车则可以枪炮齐射，完全有能力击毁敌人的轻型装甲车。

从防护性能来看，87式装甲侦察车要略逊一筹。87式装甲侦察车与“山猫”装甲侦察车两者的车体都经过了防弹设计，但“山猫”装甲侦察车的设计更为简练有效。“山猫”装甲侦察车是在SD.KFZ.234装甲车的基础上改进而成的，车体外形抗弹性能良好。车体安装了普通防弹钢板，车体前部可抵御20毫米炮弹、侧部能抵御12.7毫米子弹的攻击。

在核生化防护方面，“山猫”装甲车在车体内安装了换气装置和带气体过滤器的增压装置，可以在核生化条件下将经过过滤的空气输送至战斗室，同时在战斗室中形成超压，以阻止受污染的空气进入车内。而87式装甲侦察车则没有安装核生化防护装置。

说到轮式装甲车辆的防护性能，不能不提及轮式装甲车辆的轮胎。87式装甲侦察车和“山猫”装甲侦察车都使用了防弹轮胎，即使轮胎被击中仍能依靠坚实的胎壁行驶。而履带式车辆的履带如果一旦被地雷炸毁，整车则无法行动。而轮式车辆即使被炸飞了1～2个车轮后，仍能继续行驶，像87式装甲侦察车在丢掉两个车轮的情况下也能继续行驶，“山猫”装甲侦察车则可以在丧失四个车轮的情况下继续行驶。

由于“山猫”装甲侦察车配有前后两个驾驶室，因此它在倒退逃生过程中，也具有前进时的机动性能。倒退逃生对于驾驶员的要求比较高，驾驶员要在极短的时间内完成发射烟幕弹、操纵车辆、迅速逃离这一连串的动作。

87式装甲侦察车也为倒退逃生作了一些准备，如在车体后部安装了一部倒车摄像机，驾驶员可以通过后视显示器观察车后的情况，以便迅速撤退。

作为侦察车，其核心性能是情报搜集能力，但是这一性能的优劣不仅仅取决于车本身的侦察性能，还与其乘员的侦察能力有很大关系。拥有一辆先进的侦察车无疑会给侦察任务带来更多的便利，从而更有效地完成侦察任务。

在信息时代，侦察车上的各种传感器、情报处理器必不可少。例如“山猫”装甲侦察车的后继车型“小狐”装甲侦察车，就在车内的伸缩式桅杆上安装了先进的侦察装置，乘员在车内就可以完成侦察任务。然而，在“山猫”和87式装甲侦察车上没有装备这些先进

★正在进行军事演习的德国“山猫”装甲侦察车

★德国新型“小狐”装甲侦察车

的侦察系统，侦察手段仍主要依靠乘员的观察和感觉。“山猫”装甲侦察车上由车长和炮长完成侦察任务；而87式装甲侦察车上有两名专职侦察员，他们可以随时下车，徒步渗透接近敌军，以便能更准确地搜集情报。在这一点上，87式装甲侦察车的情报搜集能力要高于“山猫”装甲侦察车。

此外，两种车都具备夜间侦察能力。87式装甲侦察车上安装了被动式微光夜视仪，供车上的驾驶员和炮长使用；而“山猫”装甲侦察车的驾驶员、车长和炮长都装备有夜视仪，早期是主动夜视仪，现在都已换成热成像夜视仪。

随着信息技术的进步，红外传感器、热传感器、雷达等许多新技术、新设备陆续在军事侦察领域得以应用，通过这些设备获得的情报经过数字化处理，可以利用无线电或激光通信迅速安全地传输，最后再经过计算机的高速处理，还原成真实形象的情报。

由于“山猫”装甲侦察车结构比较复杂，对它进行信息化改进比较困难，因此德国才研制了新型“小狐”装甲侦察车，并最终淘汰“山猫”装甲侦察车。

而87式装甲侦察车的改进余地还很大，对该车进行信息化改进是切实可行经济实惠的，因此87式装甲侦察车拥有较为广阔的发展空间。

通过以上对比，我们不难发现，代表了20世纪日本装甲侦察车最高水平的87式装甲侦察车，与同时代德国的“山猫”装甲侦察车不相上下。这在一定程度上说明日本的装甲侦察车在20世纪就已经具备了相当强的实力。

灵活机敏的侦察车——德国“非洲小狐”轮式装甲侦察车

德荷联制：“非洲小狐”取代“山猫”

上世纪70年代，德军装备了“山猫”轮式装甲侦察车，但它已无法适应当今的作战需要。因此，“非洲小狐”的出现显得非常及时，用以替代“山猫”。

“非洲小狐”轮式装甲侦察车由德国克劳斯·玛菲·威格曼公司和荷兰宇航车辆公司联合研制。非洲小狐是一种生活在非洲沙漠地区的小动物。它的大耳朵除了利于散热外，还能起到会聚声音的作用，使它能够敏感地捕捉到猎物。因此，“非洲小狐”轮式装甲侦察车便套用了这种小动物的名称。

2000年4月，“非洲小狐”的测试和验收工作结束。2001年12月，荷兰订购410辆“非洲小狐”，德国订购202辆“非洲小狐”，总价值5亿多欧元。

2003年7月4日，在德荷联合项目中612辆“非洲小狐”轮式装甲侦察车中的第一辆已在克劳斯·玛菲·威格曼公司举行的仪式上交付给荷兰皇家海军。在这612辆侦察车中，410辆属于荷兰武装部队，202辆属于德国武装部队。

★“非洲小狐”装甲侦察车

2007年，这612辆“非洲小狐”轮式装甲侦察车全部交付完毕。“非洲小狐”将取代荷兰坦克侦察部队和作战旅的M113C+V、“路虎”，以及德国坦克侦察部队的“山猫”自行装甲侦察车。通过采购“非洲小狐”及其变型车，荷兰和德国的武装部队将获得全轮式驱动车辆，由于具有车身低矮、综合防护组件和高机动性的特点，该车将为乘员提供最大限度的防护，如防御地雷和直接性射击。

2008年，比利时、丹麦等国正式对本国使用的“非洲小狐”进行评估。土耳其成为了第一个获得许可生产“非洲小狐”的非研制国家。

机动灵活：战场生存能力强的“非洲小狐”

★ “非洲小狐”轮式装甲侦察车性能参数 ★

车长： 5.71米

车宽： 2.55米

车高： 1.79米

战斗全重： 10.5吨

武器装备： 1挺12.7毫米机枪（荷兰型）

40毫米榴弹发射器（德国型）

“吉尔”中程反坦克导弹（荷兰型）

功率： 179千瓦

最高公路速度： 115千米/时

最大公路行程： 1000千米

爬坡： 60度

涉水深： 1米

乘员： 3人

★外形精巧的“非洲小狐”轮式装甲侦察车

“非洲小狐”轮式装甲侦察车车长5.71 米，车宽2.55米，车高1.79米，战斗全重10.5吨。这使得它可以通过空运、水运或陆路运输，战略战术机动性很强，它跑起来体态轻盈，行动迅速拐弯灵活，越野利落。

因“非洲小狐”有不同的型号，其武器配备也有所不同。如侦察型，荷兰的主要武器是12.7毫米机枪，而德国则装备7.62毫米机枪或40毫米榴弹发射器；反坦克型，荷兰的装备是以色列的“吉尔”中程反坦克导弹。

“非洲小狐”轮式装甲侦察车采用功率179千瓦的发动机和H型传动方式，驱动形式4×4。它配备中央轮胎充气控制系统，可以在行进中调节轮胎气压，以适应不同道路状况。车内空间较大，足以放置工作必须的装备和补给品。一辆“非洲小狐”侦察车可以独自工作五天以上，它具有良好的通用性，可根据任务需要担任轻型多用途武器平台，也可以用做侦察、巡逻、指挥、反坦克、近程防空及特种车辆等等。因为发动机功率强大，所以“非洲小狐”轮式装甲侦察车的最大公路速度可达到115千米／时，公路行程达到1000千米，爬坡为60度，涉水深1米，中央轮胎充气控制系统使驾驶员可以根据不同地形调整胎压，机动性能超过了美军“悍马”车。

“非洲小狐”轮式装甲侦察车车身低矮，车体采用了多种隐形技术，能够有效减小雷达反射面积和车辆红外信号特征。它的装甲防护采用模块化设计概念，能防御穿甲地雷和

★正在休整的“非洲小狐”轮式装甲车

轻武器袭击。车内的“三防”系统与空调系统结合成为一体，除此之外还有自动火警系统和灭火系统。

“非洲小狐”轮式装甲侦察车采用了用于目标侦察的高性能传感器技术、新型夜视设备、导航系统和远程无线电设备。这些系统使操作者可长时间执行多种侦察任务，发送确定的目标位置和自身位置的数据。该车以12.7毫米机枪或40毫米自动榴弹发射器为主要武器，并为乘员提供有效的昼夜自我防护。它先进的侦察系统在当今世界轻型装甲侦察车中可谓“一枝独秀”，它的侦察设备包括新型热像仪、昼间摄像机和激光测距仪等都装置在一个传感器盒里。这个传感器盒安装在车顶部的一根可伸缩的桅杆上。传感器盒最高可以升至距地面3.29米的高度。传感器盒的高低、俯仰角度和方向均可调。传感器盒的工作由车载指挥控制系统控制，并连通战场网络。升降式桅杆的使用可使车辆在隐蔽的状态下仍能保持较好的观察能力。“非洲小狐”侦察系统获得的数据既可以直接处理又可以远距离传送。

“非洲小狐”虽然没有强大的火力和厚重的装甲，但它灵活机动，战场生存能力出色；另外，其良好的通用性使它能成为轻型多用途武器平台，可以广泛用于侦察、巡逻、反坦克、近程防空、指挥车和特种车辆等等。

战事回响

世界著名装甲侦察车补遗

“炼狱火精灵”：德国SD.KFZ.222轮式装甲侦察车

20世纪30年代，《凡尔赛条约》限制了德国发展装甲部队。希特勒上台之后，开始在暗地里发展军备。德军当时使用的SD.KFZ.13型装甲车性能落后，军方迫切需要一种新型装甲车辆。

1934年，新型装甲车SD.KFZ.221研制完成，该车采用HORCH801底盘，使用HORCH3.5发动机，最高速度达到90千米/时。早期型的武器为一挺MG34，后期型则装有28毫米SPZB 41反坦克炮。

SD.KFZ.221一共生产了339辆。1935年，德国陆军在同一底盘上发展了一系列装甲侦察/通讯车辆，其中就包括著名的SD.KFZ.222，又名“毫须”式装甲车，作为战场侦察和巡逻的专用车辆，它是第二次世界大战前德军广泛装备的一种轮式装甲侦察车。

作为SD.KFZ.221的一个改进型，SD.KFZ.222侦察车加装了一个足以容纳一门20毫米机关炮的炮塔，并有防御手榴弹的金属网罩，前装甲增加到30毫米。SD.KFZ.222侦察车搭

★SD.KFZ.222侦察车

载最大功率为55.125千瓦的V8-108型发动机，最高速度达到80千米/时。四轮驱动加四轮独立悬挂系统，赋予了SD.KFZ.222极高的机动性。

SD.KFZ.222从1939年开始广泛使用，在各个战场中几乎都可以看到它的身影。

第二次世界大战爆发后，SD.KFZ.222被编入了德国“大德意志”装甲掷弹师的装甲侦察营。装甲侦察营一般只出现在装甲师级或军级部队，步兵师为侦察连。装甲侦察营的编制为：营部下辖，一个支援高射炮排、一个交通管制连（毕竟装甲师的坦克、装甲车等车辆较多）、一个半履带装甲车侦察连（装备SD.KFZ.250、SD.KFZ.251）、二个轮式装甲车侦察连（装备SD.KFZ.222和VW.82）、一个六轮装甲侦察车连（装备SD.KFZ.232）、一个重型装甲侦察车连（装备SD.KFZ.231或SD.KFZ.234/2“美洲狮”八轮重型坦克歼击车）。

战斗打响之前，SD.KFZ.222的侦察是完成任务的重要保证，尤其是对装甲部队侦察地形地势、通行能力，这对战斗队形展开有很大帮助，还要防止敌人反坦克炮的伏击。像著名的坦克指挥官：魏特曼、卡尔尤斯、肯斯佩尔等都会仔细研究地图，分析情报，然后坐上SD.KFZ.222到前线侦察敌情。

苏军耳目：苏联BRDM系列装甲侦察车

BRDM-1装甲侦察车是第二次世界大战之后苏联研制的新一代装甲侦察车。1956年2月，完成了该车的第一辆样车，并在黑海地区进行试验，于1957年末投产。

BRDM-1装甲侦察车最早服役于1959年春季，之后提供给华沙条约国。20世纪60年代，苏联前线部队的BRDM-1侦察车已全部由BRDM-2侦察车所取代。

BRDM-2两栖装甲侦察车由苏联杰特科夫设计局设计，在BRDM-1装甲侦察车的基础上改进而成。采用4×4驱动，战斗全重7吨，车长5.75米，宽2.35米，高2.31米。车底距地0.43米，轮距1.84米，可跨越1.25米宽的壕沟，最大爬坡度达31度。乘员4人，除车长和驾驶员外，战斗室内有2名乘员。

BRDM-2两栖装甲侦察车的车体采用全焊接钢装甲结构，可防轻型武器射击和炮弹碎片，战斗室两侧各有一个射击孔，为扩大乘员的观察范围，在射击孔上装有一套凸出车体的观察装置。驾驶员在车体前部左侧，车长位于右侧，二者前面都配有装了防弹玻璃的观察窗口。为进一步加强防护力，在防弹玻璃外侧上部加设装甲铰链盖。作战时，铰链盖放下，车长和驾驶员通过水平安装在车体上部的昼间潜望境观察周围地形。车体尾部没有后门，乘员只能通过位于车长和驾驶员身后、车体上部开设的两个圆形舱口出入，舱盖铰接于车体，可向后90度转动。

BRDM-2两栖装甲侦察车的动力装置为GAZ-41 V型8缸水冷汽油机，最大功率为103千瓦。动力舱后置，与乘员舱通过隔热、隔音板完全隔离。在动力舱前部有两扇进风百叶窗，后部有四扇较小的进风百叶窗，排风管道安装在车体两侧。BRDM-2的变速箱为机械式，有四个前进挡和一个倒挡，另有一个两速分动箱，结合时可将变速箱的动力传递至辅助车轮或喷水推进装置，用于越野行驶或水上行驶。它拥有全焊接的钢制装甲车身，而且完全两栖，并有一对链子带动可伸缩的腹轮，对于野地作战提供良好的机动能力。由于单位功率提高，使该车的公路最大速度达95千米/时，水上最大航速达10千米/时，公路最大行程为750千米。

BRDM-2两栖装甲侦察车的炮塔装备有一挺14.5毫米的KPVT重型机枪和一挺7.62毫米同轴机枪。

★正在执勤的BRDM-2两栖装甲侦察车

法兰西精品：法国AMX-10RC装甲侦察车

为了满足法国陆军取代潘哈德（Panhard）EBR重型装甲车的要求，1970年9月，伊西莱穆利诺制造厂研制并生产出了AMX-10RC装甲侦察车。

法国陆军从1979年末开始用AMX-10RC侦察车装备侦察团和步兵师的骑兵团，其中第一集团军的三个军中各有一个团装备36辆，还有二个步兵师各有一个团装备36辆。摩洛哥陆军也于1978年订购了为适应当地环境而改进的AMX-10RC侦察车，于1981年交付的第一批开始用于训练，至1986年初由于资金问题，订货仍未交付完毕。法国地面武器工业集团（GIAT）曾将AMX-10RC推荐给美国陆军装备轻型师。

AMX-10RC装甲侦察车的车体和炮塔为全焊接的铝制结构，可使乘员免受轻型武器、光辐射和弹片的伤害。驾驶舱在前部，炮塔居中，动力舱在后部。

AMX-10RC装甲侦察车的驾驶员在车内前部左侧，座位可调节，向右开的舱盖上有三具潜望镜，中间一具可换为被动式OB-31-A夜视潜望镜。 车长和炮长位于炮塔内右侧，装弹手兼无线电操作员在左侧。装弹手有向前、左、后三具潜望镜。车长有一组由六具潜望镜组成的周视潜望镜组、一具独立的潜望镜、一具带自动投影分划的周视M389望远镜（2倍的用于机枪，8倍的用于105毫米火炮）。炮长有二具潜望镜和一具10倍的M504望

★装备了105毫米火炮的AMX-10RC装甲侦察车

★正在执行任务的AMX-10RC装甲侦察车

远镜。火控系统的主要部件有M504望远镜、射击校正值自动输入电子控制光学补偿器、M550激光测距仪和M553炮膛瞄准镜。

AMX-10RC装甲侦察车的柯达克（COTAC）火控系统由各种传感器向计算机提供激光测距仪测得的目标距离（其精度在400～10000米之间达 ±7密位），目标的水平、垂直速度，车辆倾角的数据。人工输入的数据有风速、海拔高度和车外温度。在典型的射击过程中，由炮长调整瞄准镜搜寻目标，按下测试按钮2～3秒，目标信息便输入计算机，只需1.5秒的射击校正时间便可射击。

AMX-10RC装甲侦察车安装有用于夜间瞄准的汤姆逊无线电（Thomson-CSF）公司DIVT13微光电视（LLLTV）系统。该系统包括主炮左侧防盾内的摄像机，电子系统，控制系统和车长、炮长使用的二个电视屏幕。瞄准分划自动叠加到监视屏幕上。由自动火控系统的计算机计算出射击校正值，并转换成瞄准分划。

AMX-10RC装甲侦察车整体检验系统可迅速查出模块式火控系统中的故障所在并能迅速更换模块，还可检查出故障模块中出故障的集成块并迅速更换。

AMX-10RC装甲侦察车原装备伊斯帕诺-絮扎HS115柴油机，1983年为法国陆军生产的最后两批AMX-10RC侦察车可能更换为博杜安（Baudouin）6F11SRX柴油机，标定功率为221千瓦（300马力），而且具有更高燃油经济性，使车辆最大行程增大至1000千米。动力经过一个带可闭锁离合器的液力变矩器传到变速箱。变速箱可在两个方向上预选四个排挡，并实现对喷水推进器的驱动，还可由输出行星排和液压助力圆盘制动器实现转向。

AMX-10RC装甲侦察车采用默西埃汽车工业（Messier Auto-Industrie）公司的液气悬挂系统，包括平衡臂和悬架总成（连结杆、平衡装置和液压缸等）。液压缸起到弹簧和减振器的作用，并可调节车底距地面高度，最小值为0.21米，公路上为0.35米，越野时为0.47米，两栖操作时为0.6米。带有中央润滑系统，轮胎压力可调。

AMX-10RC装甲侦察车为水陆两用，在水上靠车后部两侧的两个喷水推进器推进。入水前车前的防浪板竖起。车前左侧的透明玻璃窗口便于浮渡时驾驶员观察。炮塔装备了SAMM公司的CH49电液控制系统，包括伺服控制缸、液流分配装置、伺服马达、液压动力源、电子线路盒、炮长的两个控制手柄和车长的一个控制手柄。

AMX-10RC装甲侦察车装备了105毫米口径的半自动火炮，炮闩为立楔式，炮管带热护套和双室炮口制退器。不包括制退器的炮管长为48倍口径，后坐距离为600毫米，后坐力为127.5千牛，炮的左侧有驻退机，右侧有复进机，无火炮稳定器。可发射破甲弹、榴弹及练习弹。原定于1987年生产一种尾翼稳定脱壳穿甲弹，采用地面武器工业集团的90毫米尾翼稳定脱壳穿甲弹，总重13.1千克，弹丸重3.8千克，初速1400千米/秒，可在2000米内穿透北约国三层重型标准靶板。使用新弹时火炮唯一需要改动的是炮口制退器。“三防装置”安装在炮塔的后部，使战斗舱内稍有超压。在寒冷气候下还会安装加温器。

AMX-10RC装甲侦察车可选择的设备有空调、加温器、三防装置、夜间发射控制系统、导航系统和浮渡设备。

战场机动尖兵：法国潘哈德VBL轮式侦察车

1978年，法国陆军提出要研制3.5吨以下的车辆，一是装备米兰（MILAN）反坦克导弹；一是装备机枪供谍报或侦察用。在对五家公司的方案论证后，分别与潘哈德

★法国潘哈德VBL轮式侦察车

（Panhard）公司，雷诺（Renault）公司签订了关于制造三辆样车并于1983年交付法国陆军进行试验的合同，车名为VBL。

1985年2月法国陆军采用了潘哈德公司的VBL车。最初决定购置1000辆反坦克车，2000辆谍报/侦察车。于1984年至1988年间第一批订货600辆，但1985年法国国防预算没有对该车的拨款，1985年仅购买了三辆VBL装备服役于黎巴嫩的法国驻军。

1984年墨西哥订购40辆，1985年初第一批交货。其中八辆装备米兰反坦克导弹。该车还在印度尼西亚、爱尔兰、马来西亚、巴基斯坦、沙特阿拉伯和美国进行了表演。

潘哈德VBL轮式侦察车车体是由克勒索-卢瓦尔工业（Creusot-Loire Industriel）公司制造的全焊接THD钢结构，发动机在车前部，乘员舱位于后部。驾驶员位于乘员舱的左侧，车长居右。上部装有防弹玻璃窗的侧门，每一名乘员前面有带电动刮水器的防弹玻璃窗。驾驶员有一具应急潜望镜。驾驶员和车长顶部各有一处舱盖。

潘哈德VBL轮式侦察车乘员舱的后半部侧面均为斜面，后面有一扇大车门，后面顶部有单扇圆舱盖。车辆经两分钟准备便可入水，在水上由后部的单个推进器驱动。装备米其林（Michelin）军用轮胎，可使车辆在无气情况下以30千米/时的速度行驶50千米，同时安装有标准的轮胎压力调节系统。出口的车辆可选用水陆两用、三防、空调、被动夜视潜望镜、加温器和动力辅助转向等装置装备该车。

4

第四章

装甲架桥车

战场开路先锋

兵典
THE CLASSIC
WEAPONS

沙场点兵：逢山开路，遇水架桥

装甲架桥车是装有制式车辙桥和架设、撤收机构的装甲车辆，多为履带式，通常用于在敌火力威胁下快速架设车辙桥，保障坦克和其他车辆通过反坦克壕、沟渠等人工或天然障碍。

在前线和前沿地区，存在着大量河流、沟渠、雨裂、陡壁、山谷、反坦克战壕以及破坏的公路、桥梁等天然或人工障碍，需要利用不同的军用桥梁系统来克服。军用装甲架桥车则是机动灵活而简单的克服障碍的一种手段。

大部分装甲架桥车需要在敌人的炮火下进行作业，因此大部分是由坦克改装而成，车体装有架桥装备。

军用桥梁是为了保障部队克服江河、峡谷、沟渠等障碍而临时架设的桥梁，由上部结构（桥跨）和下部结构（桥脚等）组成。当前各国装备的军用桥梁主要有冲击桥、舟桥、拆装式桥等。其主要特点是架设速度快、结构简单、作业方便、抢修容易。在伊拉克战争中，军用桥梁为美英联军顺利克服幼发拉底河和底格里斯河两大江河障碍，跨越大量壕沟，确保联军的快速突进立下了汗马功劳，深受联军的青睐。

兵器传奇：三代装甲架桥车

第一次世界大战期间，随着首批坦克问世，在1918年，英国就制造了第一辆MKV装甲架桥车，其桥长7.5米足以克服当时阵地战的战壕，保障坦克在阵地上畅行无阻。

★苏联MTY-20架桥车

1918年，法国也开始研制架桥坦克，用雷诺FT17车的底盘作试验。1938年，法国又制造了一种半履带式架桥车。这几种架桥车为第一代架桥车。桥梁结构基本是翻转式的，最大越障宽度为9米，英国于1944年研制的范伦泰、丘吉尔架桥车都属此代。第一代架桥车虽然很不完善，性能水平不高，但为以后发展奠定了基础。

20世纪50～60年代，随着战后第二代坦克的诞生，架桥车的种类和性能也得到相应的发展和提高。至20世纪70年代，一些国家发展了剪刀式、平推式等结构形式，此时的架桥车属于第二代。基本特点是：桥长在20～22米之间，载重量为50～60吨，如法国的AMX-30架桥车、联邦德国的海猩（Biber）架桥车、美国的M60AVLB和苏联的MTY-20架桥车等。

20世纪80年代以来，架桥车的发展进入一个新阶段，第三代架桥车的研制已初具规模。美国研制了以M1“艾布拉姆斯”为基本的重型突击桥（HAB）样车，该桥自重9吨，桥长32.3米，载重量为70吨。

20世纪90年代，英国也研制了架桥车，在同一辆车上运载两座13.5米长的桥梁，为不同地方的相同沟渠架设两座桥。第三代架桥车的桥体普遍采用了高强度焊接铝合金材料，桥轻但承载力大。如美国的HAB重型突击桥最初设计时桥重为10吨，承载重量却达70吨。

慧眼鉴兵：装甲架桥车的分类与架桥类型

按桥梁结构和架设原理划分，装甲架桥车可分为剪刀式架桥车、平推式架桥车、单节翻转式架桥车、车台（桥柱）式架桥车、轮式架桥车和拖车式架桥车六类。

剪刀式架桥车大多采用坦克底盘，具有相当于坦克的防护能力和机动性。桥体有两节的单折叠式和三节的双折叠式两种。桥节一般是双车辙式，桥节之间用铰链连接。行军时桥节折叠在车上部，架桥时液压操纵架设机构使桥竖起，桥节像剪刀那样张开，最后展开成一直线，并逐渐下降搭落在障碍的两端。这种桥的最大缺点是架设时暴露目标较大，很易被敌人发现和击毁。

平推式架桥车一般采用坦克或卡车底盘，系一种按滑移原理架设的桥。桥体为单节式或双节式，双节式桥在行军时折叠在桥车上部。当车辆驶近障碍时，首先是下半部桥体向前滑动，直到它的末端与上半部桥体的顶端部对齐，然后边锁再一起向前伸出，架在障碍上方。这种桥的优点是架设时暴露的目标较小，但结构较复杂，除需要架设机构外，还需要导梁（或称悬架）等辅助装置。架桥时先将导梁推向对岸，待搭到对岸后再使桥体从导梁上面滑过去，滑到对岸后，收回导梁，然后使桥体近端着地。单节平推式桥的典型代表有巴西的XLP-10装甲架桥车，双节平推式的典型代表有联邦德国的海猩架桥车和中国84式坦克架桥车。

单节翻转式架桥车在行军时桥体斜置在车体前面。架桥时，由发动机驱动绞盘，放松钢绳，使桥翻转扣在要架设的障碍上。该车的缺点是操纵费力，桥长一般不能超过15米，架设时目标也较大；优点是结构简单，架桥和收桥时间短。典型代表有英国VAB维克斯架桥车。

★巴西XLP-10装甲架桥车

车台（桥柱）式架桥车的桥由三部分组成，中间一段固定在车体上，两端部折叠在中间部分上。架桥时桥车要驶入障碍底部，车体支撑在地上，然后两端部像翅膀那样展开构成桥面，搭在障碍两岸组成一座三跨桥。这种桥的优点是结构较简单，展开长度较长；缺点是车辆笨重，桥车驶离障碍底谷较困难。典型代表有英国丘吉尔桥柱式架桥坦克。

轮式架桥车装甲防护一般不如履带式好，通常架桥地点离公路不会太远，而且比较远离火力点，较弱的防护不会影响架桥车的使用。轮式架桥车的特点是可以用单车架设单跨桥，也可用几辆车编成一组架设多跨桥。如鬣蜥轮式架桥车采用一辆VFA型（8×8）越野卡车就可架设一座26米长的桥；日本的81式轮式架桥车用两辆卡车运输桥梁和桥柱可以完成多跨桥的架设。

拖车式架桥车是20世纪80年代出现的架桥系统，桥体装在拖车上，由主战坦克或卡车牵引。拖车备有独立的动力装置，架桥时可以利用拖车本身配备的动力，也可利用牵引车辆的动力。美国新研究的TLB拖式架桥车属此类。

未来架桥车的发展特点和趋势是：桥的结构类型趋向于发展双节平推式和双折叠剪刀式，翻转式和车台式可能将被淘汰；架桥车的桥梁跨距最大将达到30米；重型级桥的载重量将向70吨级发展；桥的结构材料将普遍采用高强度焊接铝合金；桥的断面结构除传统的桁架结构外，还将采用箱形断面，U形、三角形形断面等多种形状。

此外，按架桥车采用的底盘划分，装甲架桥车可分为履带式和轮式2种。另外，装甲架桥车还可分为普通型、两栖（自行）型和拖车（挂车）型3种。

一般说来，架桥车所架的桥分三类：一是冲击桥，二是舟桥，三是拆装式桥。

冲击桥是一种由装甲车辆运载，在车内操纵机械装置、于敌火力下快速架设的单跨桥梁器材，又称强击桥、装甲架桥车、坦克架桥车或架桥坦克。冲击桥主要用于伴随部队机动，保障坦克和装甲车辆在行进间快速通过壕沟等，具有防护能力强、架设速度快、作业人员少等特点，一般只需2–5分钟即可在沟渠障碍上架设一座长约20米、承载能力达70军用荷载级的车辙式桥梁。在伊拉克战争中，美英联军使用的“狼獾”冲击桥、M60冲击桥和“奇伏坦”冲击桥伴随部队铁甲滚滚，在确保美英联军快速机动分进中发挥了重要作用，成为作战部队快速越过伊科边境大量防坦克壕沟和伊境内幅宽较窄的沟渠的主力工程装备。当前，美、英、法、日、印等国军队均装备有冲击桥，其中美军“狼獾”冲击桥是各国冲击桥的典型代表，车上装有21世纪部队旅和旅级以下作战指挥系统模块等数字化装备，是美军数字化机步师的主干工程装备之一。其克障宽度24米，架设时间不超过5分钟，通载能力为70军用荷载级，最高行驶速度达72千米/时。

舟桥是用以架设浮桥和结构门桥的成套制式渡河器材，具有陆上机动速度快、架设和撤收方便、受江河水深和河幅影响较小等特点。当前，外军装备的比较典型的舟桥装备主要有带式舟桥和自行舟桥两大类。带式舟桥的特点是舟和上部结构合为一体，架设速度快，劳动强度低，作业人员少；自行舟桥是将舟、上部结构、运载车辆和水上动力推进装置合为一体的两栖专用车辆，其舟、车合一，入水为桥，出水为车，机动灵活，车、桥转

★美国TLB拖式冲击桥

换迅速，单车入水展开车上的桥节即可成为漕渡门桥，多车相连可架成浮桥。有代表性的带式舟桥有美军改进型四折带式舟桥、俄军PP-91舟桥纵列、法军PFM五折摩托化浮桥、德军FFB2000带式舟桥；自行舟桥的典型代表有德军M3自行舟桥、法军EFA前方渡河器材、俄军PMM-2M自行舟桥等。

舟桥通常自带跳板，架设浮桥和结构漕渡门桥都不需要构筑码头，易于部队实施多点快速渡河，能有力保障部队和装备迅速克服宽大江河障碍。伊战前，美英联军重点配备了大量的舟桥装备，以备克服幼发拉底河和底格里斯河天堑之需。在进攻巴格达的作战行动中，美第三机步师工兵旅在巴格达南部20千米处的幼发拉底河大桥附近架起浮桥，保障了美军随后开进的3000多辆军车过河；英军皇家工程兵部队也在底格里斯河上架起浮桥，使美军车队和物资能够通过浮桥源源北上，有力地保障了围攻巴格达的美军的后勤补给，为联军攻克巴格达奠定了基础。主要战事结束后，为保障第四机步师的快速机动部署，美军第130工兵旅等工兵部队又先后在提克里特附近的底格里斯河上架设了两座长达536米和586米的浮桥，这是第二次世界大战以来在战区架设的最长的浮桥。这些浮桥恰似巨龙飞架两岸，使天堑变通途，确保了部队和补给物资源源不断地输送到前方。

拆装式桥也叫装配式桥，是由预制金属构件组成，以简单件连接，用人力或机械架设，并能多次拆装使用的成套制式桥梁器材。主要用于在战役、战术纵深和后方的中小江河、沟谷等障碍上快速架设交通线桥，修复作战地域内及军用交通线上遭破坏的公路和铁路桥梁。拆装式桥种类繁多，构件互换性好，单个构件重量轻，克障宽度和载重量变化幅度大，适用范围广，一般跨径都在十几米到上百米，承载能力高达上百军用荷载级。比较典型的拆装式桥有美军HDSB重型干沟支援桥和LOCB交通线桥、英军MGB中型桁架桥和通

★法国EFA自行舟桥

用支援桥、瑞典FB48快速桥等。在伊拉克战争中，拆装式桥表现抢眼，如联军采用组合方便、结构灵活的MGB中型桁架桥，在纳杰夫和巴格达南部幼发拉底河被伊军炸坏的桥梁上架设了单层中型桥；在迪亚拉河被伊军炸毁的桥梁上架起了承载能力更强的双层桥，使断桥枯木逢春，迅速恢复使用，为美军快速向巴格达推进提供了强有力的机动保障。目前，世界各国对军用桥梁的研发工作方兴未艾，重点在于采用新材料和新技术，进一步增强冲击桥的伴随机动保障能力，增加克障宽度；提高舟桥器材的承载能力以及对流速及岸坡的适应能力；减轻拆装式桥预制构件重量，缩短拆装时间等等。不难预见，在未来信息化战争中，军用桥梁必将成为作战部队快速机动保障的生力军。

法兰西“铁臂”——法国AMX-30装甲架桥车

AMX-30风雨路：险些流产的经典架桥车

20世纪60年代，在AMX-30主战坦克列装部队以后，法国开始研制AMX-30主战坦克的附属特种车辆，这其中就包括大名鼎鼎的AMX-30装甲架桥车。

经过三年艰苦研制和试验，1965年，法国地面兵器工业集团（GIAT）便在AMX-30主战坦克基础上研制出了AMX-30架桥车。但此时，却传来了噩耗，AMX-30架桥车承包商

★AMX-30架桥车

科德尔（coder）公司因为财政问题破产，导致AMX-30架桥车失去了材料供给。“屋漏偏逢连夜雨”，AMX-30架桥车又因为技术问题被法国陆军否定。AMX-30架桥车项目到了岌岌可危的地步，以致1970～1975年间还未能装备法军。

1975年，法国蒂唐开发公司临危受命，承担起桥体生产任务，到1977年底才为法国陆军生产了12辆AMX-30架桥车。

剪刀结构：与AMX-30坦克同型号发动机

★ AMX-30装甲架桥车性能参数 ★

车长： 11.4米（载桥）
车宽： 3.95米（载桥）
车高： 4.29米（载桥）
战斗全重： 42.5吨（载桥）
最大载重量： 50吨
发动机： 12缸水冷多种燃料发动机
功率： 515千瓦
最高公路速度： 50千米/时
最大公路行程： 600千米
乘员： 3人

AMX-30架桥车最大特点是采用了剪刀式双车辙结构，用于克服20米宽的障碍，相对坡度不大于±30%，侧倾不超过15%的地面都可用。

AMX-30架桥车的所载桥体用铝合金材料制造，两个半桥体是对称结构，用铰链连接。从桥车尾部架设，但可从任一端撤收。桥体上可加装可卸式加宽板和缘板，以便在运输时减小宽度。

AMX-30架桥车的架设机构安装在桥车尾部，主要由桥的翻转托架、梯形架和若干个液压油缸组成。通过操纵液压系统完成桥的架设和撤收。桥车暗炮塔的前部装有两个桥体支架，当桥体收放在桥车上时起支撑作用。

AMX-30架桥车的桥车利用AMX-30坦克底盘改装而成，结构和性能与AMX-30坦克基本相同，车内也配有三防装置，车体装甲可防轻武器和碎弹片。

AMX-30架桥车的底盘与AMX-30装甲抢救车的基本相同，但是采用了AMX-30B2主战坦克的机动部件，包括发动机、传动装置、变矩器和悬挂装置，有车长、挖道工兵和驾驶员3名乘员。

架桥迅速：3名作业人员即可完成任务

AMX-30架桥车的主要任务是修缮道路、清理河岸、准备渡口等。AMX-30架桥车架桥/收桥作业过程是：架桥作业时，桥车先驶近现场，倒车时设支架，然后操纵油缸使桥呈剪刀式展开；桥身安放到对岸后，桥车驶离架桥点，桥梁即可通行。收桥作业可在桥梁任意一端进行，但其作业程序与架桥时相反。架桥时间为5～10分，收桥时间为5～10分，仅3名作业人员即可完成。

AMX-30架桥车的主要工程设备有：推土铲、液压绞盘、液压吊臂、武器装置等。

推土铲装在车体正面，运土和装土能力为250立方米/时，挖土能力为120立方米/时。推土铲下部的背面有6个松土齿，当车辆倒驶时可用于破开深度达200毫米的道路。推土铲全部展开时铲宽3.5米，高1.1米。

液压绞盘的拉力为196千牛，钢绳长80米，缠绕速度为0.2～0.35米/秒（与牵引力无关），自动缠绕速度为0.2～0.4米/秒（牵引力随车速而变化）。车前有供水陆行驶时使用的出绳口的绞盘。

液压吊臂装在车前右侧枢轴上，可以伸展到7.5米，旋转360度，吊臂上有吊钩和钳式吊具。最大起吊力矩为147千牛米。还可装地钻，钻孔直径为220毫米，孔深3米。车上还携带220米长的切割锯和50千瓦液压功率分出装置等标准设备。

在车体中央偏右有一个双人炮塔，其上部有向后开启的整扇式舱口盖，上面有7.62毫米机枪。炮塔后部两侧各有两个电发射的烟幕弹发射器。炮塔下层前部有爆破装药发射管，其两侧各有两个地雷发射管，每根管备有发射箱，每个箱内存放五枚地雷。地雷直径139毫米，重2.34千克，含0.7千克炸药，由发射管发射至60～250米处，在那里只要有重达1500千克以上的车辆经过，地雷就会被触发。地雷在距底装甲500毫米距离处倾角为60度的情况下便能击穿相当于50毫米厚的坦克底装甲板，如果履带碾过地雷，也会炸毁履带。预定时间过后，地雷便自行引爆。爆破装药发射管的口径为142毫米，长800毫米，重17千

★早期的AMX-30架桥车

克，含10千克炸药。发射管系尾翼稳定，前部有弹头触发引信，发射距离为30~300米。AMX-30架桥车的制式设备还有涉渡深水的辅助设备，如进气筒、驾驶员被动夜视潜望镜、三防装置和工兵用的测距望远镜。

浮桥装甲车——德国“鬣蜥”装甲架桥车

外形紧凑：行动敏捷的“鬣蜥”

“鬣蜥”装甲架桥车是由联邦德国的克虏伯有限公司、MAN公司和洛尔公司3家公司于20世纪80年代用将近两年时间联合研制的经典架桥车，在研制过程中借鉴了其他国家架桥车发展的经验，并尽量采用现成的零部件。

什么是鬣蜥，这款装甲架桥车为什么命名为鬣蜥，到底有什么含义呢?

鬣蜥是一种小型陆地爬行动物，属于爬行纲有鳞目蜥蜴亚目。虽然所有鬣蜥科的动物都可以被称为鬣蜥，但通常人们所指的鬣蜥，是那些体形较为庞大的鬣蜥，如绿鬣蜥。鬣蜥主要生活在美洲和马达加斯加、斐济和汤加等地。由于其性情温顺，鬣蜥成为欧美许多人饲养的宠物。

★德国“鬣蜥”装甲架桥车

“鬣蜥”装甲架桥车问世之后，命名之谜便不攻自破了。“鬣蜥”装甲架桥车外形紧凑，行动敏捷，几乎可在任何地形上通行，这点与鬣蜥的特性十分相似，因此被命名为“鬣蜥”。

1987年初，MAN公司与挪威国防部签订了一项合同要求提供14辆这种架桥车另加14座桥体，合同总额一亿马克，该车现已装备挪威部队。

性能先进：被称为全自动架桥车

★“鬣蜥”装甲架桥车性能参数★

车长：13.4米（载桥）
车宽：4.01米（载桥）
车高：3.922米（载桥）
战斗全重：50吨（载桥）
最大载重量：60～70吨
发动机：水冷柴油机
功率：257千瓦
最高时速：60千米/时（公路，载桥）
最大行程：550千米（公路）
乘员：2人

“鬣蜥”装甲架桥车的桥体轮廓低矮，可在最短时间内进行全自动架桥，而且在障碍的任一边能收桥。“鬣蜥”装甲架桥车的优点是跨度大，可达26米，自重不大，但载重量达60吨，可以承载最重的战斗车辆。

★正在执行任务的德国“鬣蜥”装甲架桥车

“鬣蜥”装甲架桥车是采用大型轮式底盘的轮式架桥车，它由运载车、架设机构和桥体3部分组成。运载车是由MAN公司和奥地利汽车制造厂（OAF）生产的VFA型8×8轮式越野车。鉴于渡河架桥地点一般都靠近公路，只是在架桥点才要求车辆的越野性能，故样车无装甲防护，制造厂家计划以后在驾驶室部位安装装甲以使车辆在前沿地域具有一定的防护性能，尤其是能对付地雷的威胁。在加强的底盘上支撑着一个运动架，它能沿底盘长度运动，承载全部架桥机构。

“鬣蜥”装甲架桥车的架桥机构由架设臂、支撑臂和辅助支臂构成。架设臂位于运动架的后端，借助一个导向磙子和齿轮驱动装置使桥体做纵向运动；支撑臂位于前端，用于支撑桥体上半部；辅助支臂支撑后端的桥体上半部。只有两名乘员监视，便可自动进行架桥。

“鬣蜥”装甲架桥车的桥体用标准民用铝合金A1Zn4.5Mg1制造，可允许60吨级车辆通过，它由四根13米长、2米宽专用的轮辙桁梁制成，每根重2.5吨。桁梁构件呈楔形，行军时叠放在车辆顶部，每根桁梁宽1.555米，倾角3.6度。

采用主战坦克底盘的“鬣蜥”履带架桥车

★ “鬣蜥”履带架桥车性能参数 ★

车长： 13.8米（载桥）	**最大载重量：** 90吨
车宽： 5.01米（载桥）	**最高公路速度：** 80千米/时
车高： 3.5米（载桥）	**最大公路行程：** 150千米
战斗全重： 70吨（载桥）	**乘员：** 5人

“鬣蜥”轮式架桥车服役之后，德国又在此基础上研制出了采用主战坦克底盘的履带式架桥车。

“鬣蜥”主战坦克底盘的履带式架桥车被安装在了多种坦克底盘上，例如“豹”1和M1“艾布拉姆斯”坦克。架桥时，70吨军用载重级双节桥梁从坦克前面水平伸出，乘员始终在坦克的装甲防护下作业。

“鬣蜥”履带式架桥车的桥梁完全打开后长达26米，可横跨24米宽的壕沟。桥体用铝制材料制成，重10.9吨。在车体前部，为施放平台装配有一个起稳定作用的驻锄，架桥时用来支撑车体。“豹”1底盘的装甲架桥车，标准装备有三防装备、涉水装备以及装在车底部的抽水机。如果需要，可以安装附加反应装甲和防碎片内衬。使用附加装备后，“鬣蜥”桥梁系统也可作为浮桥使用。

★临河铺路的“鬣蜥”轮式架桥车

架桥时，车辆倒驶向河岸，直至运动架端部离河岸边缘约7.5米远处为止。桥体上半部升起后，悬在旋转支撑臂前部，桥体下半部向前移动，然后降低10%坡度。在前部，桥体由旋臂托住，在后部，桥体由辅助臂架住。之后辅助臂降落，使两半部桥体合龙。然后桥体向后移动，直至其重心位于运载车的两根后轴上方。这时运动架从桥体下面伸出，液压支撑臂降落。桥身完全前移，越过沟渠，直到跳板端部搭到对岸。架设臂从桥体上缩回，端部搭在近岸上。整个架桥过程大约需要8分钟。

世界著名装甲架桥车补遗

苏军重器：苏联TMM重型机械化桥

TMM重型机械化桥是苏联在20世纪50年代KMM轻型机械化桥装备部队后研制成功的。

TMM重型机械化桥主要由架桥车和带桥脚的桥跨两大部分组成。架桥车由214或255越野车改装而成，在架桥车上装配有架桥机械装置、升降架、液压系统、钢索绞盘系统和稳定支腿等。桥跨的上部结构为车辙式钢质焊接薄壁结构，由两块可折叠的车辙板、折叠式

★苏联TMM重型机械化桥

撑材、钢索系材及缘材构成。中间桥脚为钢质架柱式桥脚，主要由冠材、可伸缩的桥脚支柱和础板组成。

20世纪70年代，TMM重型机械化桥底盘车由214越野车改为255越野车，TMM机械化桥改为TMM-3重型机械化桥。架桥车的底盘车在20世纪80年代又改为260越野车。TMM机械化桥仍在改进中。

TMM重型机械化桥的桥体和桥柱整体安装，在运输期间桥柱呈折叠状位于剪式桥下面。架桥之前必须先将桥柱调到准确高度以便桥架好后桥面呈水平状态。车辙道完全展开时桥面宽3.8米。桥柱调好后卡车倒驶向河岸，这时液压架桥桁梁将折叠桥提升至垂直状态，并由绞盘系统和钢绳将桥矫正，使桥体慢慢下降。当桥体下降到指定位置后与桥连在一起的桥柱摆动到位。桥架好后钢索与桥分离，架设桁梁回到行军位置，卡车驶离。上述过程一直重复进行，直到所有的桥组全部架设完毕为止。必要时可以使用四组以上桥梁。撤收作业可从桥的任一端进行。收桥和架桥所需时间相同。

用四组桥跨架设的1座TMM重型机械化桥全长达40米，白天架设所需时间为45～60分钟；夜间架设时间为60～80分钟。为了减少暴露的可能性，该桥还可架设在水面以下，但比正常的架设方法所需时间约长50%。当水障深度超过5米或斜坡太大时可以采用原木或金属板支架，以便支撑桥柱。

1961年，TMM重型机械化桥装备到苏联军队军属工兵旅的工兵营（4套）、桥梁建筑营（16套）、师属工兵营（8套）、团属工兵连（4套）。装备的其他国家还有民主德国、保加利亚、匈牙利、南斯拉夫、埃及等。

TMM重型机械化桥主要用于克服河流、干沟等障碍，在1973年的中东战争中，特别是在叙利亚战场上，发挥了明显的作用。

皇家工程兵：英国奇伏坦克装甲架桥车

奇伏坦克装甲架桥车是由军用车辆工程设计院、精密液压件和管路液压控制件分公司联合研制，从1962年开始研制，以后又对某些部件重新设计。

1971年由皇家兵工厂生产了第一辆样车，1974年开始批量生产，并于同年装备部队，用于取代从1962年起服役的逊邱伦装甲架桥车。为了增加这种车的数量，20世纪80年代初维克斯防务系统公司又将11辆奇伏主战坦克（MK1和MK4）改造成架桥车，称为MK6装甲架桥车，比以前的装甲架桥车重约3000千克。这种车上装有效率更高的液压泵和液压系统，设置了一块端面尖斜板用于安装皮尔逊履带宽扫雷犁系统，在桥悬臂内装有通话系统。第一辆MK6车已于1985年完成，同年底交付首批产品，1986年底11辆全部交付给英国陆军。

奇伏坦克装甲架桥车采用了奇伏坦主战坦克的底盘，车内的布置基本相同，驾驶员在车体前部，配有单扇舱盖和一个潜望镜，车长和报务员在驾驶员后面，发动机和传动装置位于车体后部，采用霍斯特曼悬挂，这是一种平衡式螺旋弹盖悬挂系统。车体每侧有六个负重轮，每两个为一组，每一组与一个平衡肘支架连接。在第一和第六负重轮位置装液压减振器。主动轮后置，诱导轮前置。车体每侧有三个托带轮。在履带外部有裙板。车内还有三防装置。在行军状态时八号桥（或九号桥）呈折叠状态搁置在桥车上。

奇伏坦克装甲架桥车的一个重要特点是一辆桥车配有两种桥，一种是剪刀式双车辙八号桥；另一种是单节跳板式九号车辙桥。八号桥长24.4米，在世界上同类架桥车中居首

★英国奇伏坦克装甲架桥车

位；九号桥长约13.4米。上述两种桥，除了桥长和结构有所区别外，基本作业情况相同。八号桥为剪刀式、双车辙结构，桁梁和架设机构用高强度热处理镍合金制造，由国际镍金属公司研制。桥面节板和缘板用铝合金焊接而成。桥上的两条车辙道每条宽为1.62米，两条之间的中心间隙为0.76米，总宽度约四米。每条车辙道由四节桥板组成，中间两节桥板，每节长7.6米，端部两节斜面板，每节长4.5米，两节之间由铰链连接。桥总长约24.4米，最大载重等级为60吨。像漫游者那样的轻便越野车在一条车辙道上行驶通过，同样规格的两辆车可在桥上并肩而过。在端部斜面板上装有堤岸传感器，目前还在研究安装沟宽测定器。

为跨过比制式八号桥更宽的沟，将伸长的桥柱装在制式八号桥的可搭拉在对岸的端部斜面板上，当桥体完全伸直时，允许桥柱展开并下降到位。之后桥柱便能支撑八号桥并可使另一辆架桥车通过装桥柱的桥梁去架设另一座桥。

八号桥安装在桥车上，九号桥坐落在牵引一辆半拖车的斯卡梅尔·克鲁萨德的牵引车上。

奇伏坦克装甲架桥车架桥过程的三个程序动作为：

第一程序：当卡夹解脱，便开始架设。两个油缸开始工作，在其作用下桥体在架设机构的底架上转动，直到架设机构的底座支撑在地面上，这时桥体开始升高。当第一程序结束时整个桥体仍呈折叠状态，但与地面呈30度左右的倾角。

第二程序：另两个油缸开始工作，继续推动桥体至垂直状态。此时架设机构的底座完全支撑在地面上，且接近水平状态。由于推杆和四连杆机构的作用，桥体呈剪状张开。

第三程序：第五个油缸工作，桥体继续展开，同时围绕着桥体的架设端作旋转运动，当桥体的自由端接触到对岸后，推杆逐渐松脱。在油缸的连续作用下，桥体的中间铰接点形成刚性结构。最后架桥车倒驶，离开已架好的桥，同时所有的油缸收回，车辆驶向后方，去接受新的任务。

“豹”式伴侣：德国“海狸”装甲架桥车

1965年，当“豹”式主战坦克投入批量生产并陆续装备部队时，联邦德国就提出了利用该坦克改装架桥车的问题。根据德国国内障碍的情况，提出了设计至少能克服20米宽障碍的架桥车。

1969年，参加竞争的各公司都开始研究试制，试制了以豹式坦克为底盘、桥体桢为A和B的两种平推式架桥车。A型桥车的架设机构主要由可伸缩的前悬架和安装在两个支座上的托架组成，但在1970年开始的技术考核中被淘汰；B型桥车的架设机构主要由前悬架和尾部支架等组成，前悬架是活动的，在桥节位于悬架的前端时车体可对前伸的桥节形成一个平衡力矩。

1971年7～9月，德国陆军对B型架桥车进行了部队试验，同年10月又进行了道路试验，12月获准进行批量生产。

★德国“海狸”装甲架桥车

1973年11月，马克公司将研制的架桥车交付联邦国防军使用，正式命名为“海狸”，至1975年已成批装备于配备豹式坦克的部队。

“海狸”装甲架桥车车体基本与豹1主战坦克相同，具有相当的机动性、防护力和大部分相同的部件。桥体用铝合金制成，桥长22米，能保障50吨级的装甲战斗车辆和其他技术装备通过20米的壕沟或河川，在紧急情况下也可通过60吨级的车辆。桥分两节，双层固定在车上。该桥的优点是架桥时桥体水平伸出，可伸缩式悬架从桥内伸出，使桥始终水平地向前伸展，为在不利地形条件下架桥提供良好的隐蔽性，这种桥可架在有10%坡度的地面上，对岸可比架设端（近岸）高或低2米。

维克斯坦克保障车：英国维克斯装甲架桥车

20世纪70年代末，英国维克斯公司防务系统分部开始了新一代架桥车的初步设计，以满足订购数量日益增多的维克斯主战坦克对保障车辆的要求。1981年，尼日利亚首批订购六辆，1985年又订购六辆。

维克斯装甲架桥车桥体呈传统式结构。桥长13.41米，军用载重级为60～70吨级。架设机构由液压操纵，动力由主发动机功率输出装置驱动泵提供。

维克斯装甲架桥车内有驾驶员、无线电操作员和车长共三名乘员。它采用了维克斯主战坦克的车体、动力装置和行动部分。车体结构分为前、中、后三个舱。前舱被驾驶

★英国维克斯装甲架桥车

员右侧的仪表板分割成两部分，驾驶员位于前舱中心线位置，桥车和桥梁的控制装置安装在驾驶舱内。中间舱和前舱之间有一个很大的开口，驾驶椅靠背放倒后，驾驶员可从中间舱进入驾驶舱，这样，不打开车辆舱门，乘员就可在车内调换位置。中间舱设有车长和无线电操作员座椅，车长座椅位于旋转指挥塔的正下方，车长右后方为电台和无线电报务员，左后方为液压泵、滤清器、油箱、阀门和操作架设机构的其他部件。动力和传动装置安装在后舱。两侧履带翼子板上方装有袋状油箱。车体前后分别焊有吊耳和牵引钩。

维克斯装甲架桥车架桥作业分为四个步骤：松开桥梁的固定和夹紧装置；液压操纵架桥；桥体脱离架设机构；桥车后退，离桥。收桥时架桥车与桥体对准，架设支臂与升桥支架相结合，然后液压升桥机构将整座桥收回到车顶，以备后用。

自卫长桥：日本81式轮式架桥车

81式轮式架桥车于1981年装备于日本陆上自卫队，是日本最先进的装甲架桥车。

81式轮式架桥车采用74式（6×6）卡车的底盘，上面装载一座液压架设的桥梁，从驾驶室后进行架设。

81式轮式架桥车能通过42吨级的各种车辆。架设需用两辆卡车，每辆卡车上装载分成两半部分的一座跨桥，其中一辆还安装两根可伸缩的桥柱。

架桥时装载桥柱的卡车先倒驶接近障碍地段，桥柱与下半节桥末端固定，后者在动力油缸液压作用下向障碍伸去，与此同时两根桥柱随着落下。当下半节桥伸到全长时上半节桥也随之与其固定。随后动力油缸又将两节桥一起向前推出，直到全部展开。当上半节桥伸展到全长后两个半桥节下落，桥柱支靠在地面上。

★日本81式轮式架桥车

随着桥体下落，两个连

在一起的半桥节的全部重量压在卡车尾部地面上，而桥梁中部的重量则落在各为1米正方的两个桥柱基座上。接着将1块跳板固定在桥车尾部，为第二辆卡车倒驶到桥上架设桥跨的第二部分作准备。第二辆架桥卡车的架桥过程与第一辆完全相同。一旦第二跨桥架好后，另外一块跳板便安装在桥的另一端。至此，桥完全架好。在重型车辆通过桥之前，必须对桥进行水平调整。如要架设更长的桥，可再增加桥节和桥柱，最长桥为60米。

M1系列坦克的开路者：美国重型突击桥

1983年，美国鲍恩·麦克劳林·约克公司接受了美国陆军420万美元合同设计和制造一辆重型突击桥（HAB），该公司于1984年批准设计，1987年11月完成了以M1艾布拉姆斯和M60坦克为基础的两辆样车，1988年3月完成了以M1为基础的第三辆样车。

1988年6月，美国政府和陆军开始了为时12个月的试验，重型突击桥于1994财政年度第二季度服役。

美国重型突击桥主要装备于拥有M1和M1A1坦克的部队，重型师每个工兵营配备24辆、重型旅的每个工兵连配备6辆。美国重型突击桥也能用C-5A运输机空运。

美国重型突击桥是一种双折叠剪刀式桥，连接在去掉炮塔的M1或M60坦克的炮塔座圈上，对M1所作的改进只需要装一套液压系统。车内有驾驶员和车长两名乘员，不必离开车辆即可完成架桥作业。桥的承载桁梁用轻质铝、钢和碳复合材料制作，桥重约10.181吨，最大载重量为70吨级，最大跨距为30米，桥长32米，宽4米，高3.9米，架桥时间为五分钟。

★美国重型突击桥

5 第五章 装甲抢救车

装甲车辆中的"救护车"

兵典
THE CLASSIC
WEAPONS

沙场点兵：整甲缮兵的幕后英雄

装甲抢救车/修理车是装有专用救援设备或修理工具的履带式或轮式装甲车辆，主要用于野战条件下对于淤陷、战伤和发生技术故障的坦克装甲车辆实施抢救、牵引到前方维修站、快速修理或牵引护送，必要时也可用于排除路障和挖掘坦克掩体等，通常采用坦克或装甲车的底盘改造而成。

一支装备有主战坦克和装甲战车的现代化军队，必须装备一系列配套的技术保障车辆，才能使部队的战斗力始终处于最佳状态。

1973年第四次中东战争期间，以色列参战的约2000辆坦克有840辆被阿军击中，以色列将战伤的坦克修复了420辆，修复率达50%；阿军参战的约4000辆坦克，被击伤2500辆，修复了850辆，修复率为34%。修复的坦克又重返战场，增强了部队的战斗力。由此可见，坦克的快速抢救和修理在战争中起着重要的作用。

兵器传奇：为坦克而生的装甲抢救车

20世纪60～70年代以来，随着主战坦克和装甲战斗车辆的发展和更新换代，苏联、美国、英国、法国、联邦德国等国家相应研制并装备了采用坦克或装甲车辆底盘的装甲抢救和修理车。

20世纪70年代，苏联研制了以T-72主战坦克底盘为基础的BP3M-1装甲抢救和修理车，并已装备军队。美国是装甲抢救车产量较多的国家，而且重视发展新型抢救车，如M88A1装甲抢救车，截至1989年共生产了2148辆，除装备本国外，还销售给其他20个国家。

英国积极开展装甲抢救车的研制工作，除了沿用“奇伏坦”主战坦克的底盘于20世纪70年代研制并装备了“奇伏坦”装甲抢救车外，随着“挑战者”主战坦克的研制，于20世纪80年代相应地开展了“挑战者”装甲抢救和修理车的样车研制工作并已于1989年初投产。

为了继续提高装甲抢救车的性能，使之适应新型坦克的发展，美国研制了“艾布拉姆斯”抢救车，并于1988年制造了第一辆样车，该车采用M1A1主战坦克的底盘和动力装置，其机动性、装甲防护基本上与M1A1主战坦克相似。

除了上述基本车型外，英国又发展了“武士”抢救和修理车，这是“武士”机械化战车族中的一个成员，已于1988年投产，产量为130～150辆，除本国装备外，还出口其他国家。

联邦德国和法国的装备比较落后，联邦德国自1968年装备“豹”1式底盘的BPZ2型装甲抢救车以来，于1977年开始研制“豹”2式底盘的BPZ3型装甲抢救车，该车1990年投入批量生产。法国仍在装备较落后的AMX-30D装甲抢救车。

尽管装甲抢救车出世不到半个世纪，但世界各国对其都很重视。

20世纪90年代至今，装甲抢救车呈现出“一车多功能”的发展趋势。这种车既可进行抢救牵引，又可完成基本的修理任务。如美国以M1坦克为底盘的抢救车，英国研制的“挑战者”抢救和修理车，意大利OF-40抢救车等都属此类。同时发展抢救和修理轻型装甲车辆用的轻型履带式装甲抢救车和轮式装甲抢救车，如美国的M113装甲抢救车、巴西的伯纳迪尼抢救车、捷克最新研制的VPV抢救车、南非的TFM吉姆斯博克（4×4）装甲抢救车都属此类。

慧眼鉴兵：揭秘装甲抢救车

装甲抢救车是坦克伴侣，所以它的分类也与坦克有着异曲同工之妙。按重量等级或保障对象划分，装甲抢救车可分为中、重型和轻型，如苏联T-62（M1977）装甲抢救车、美国“艾布拉姆斯”装甲抢救车以及中国84式中型坦克抢救车和73式中型坦克抢救车均为中、重型，巴西“伯纳迪尼”履带式装甲抢救车和中国79式轻型坦克抢救车均为轻型。

我们都知道，装甲抢救车是一种装有专用救援设备的装甲技术保障车辆，它通常采用坦克或其他基型装甲车辆的底盘变型发展而成。一般由绞盘装置、牵引装置、顶推装

★美国“艾布拉姆斯”抢救车

★M-47E2R装甲抢救车

置、支撑和推土装置、起重设备、运载平台、支架和底盘等组成。有的还携带焊接、切割、发电、空气压缩设备和修理工具以及部分修理器材。以坦克为底盘发展的装甲抢救车通常称为坦克抢救车。现代装甲抢救车有履带式和轮式两种，按其保障范围划分为抢救型和抢救修理型两种。无论哪种形式的装甲抢救车皆具有拖救和牵引功能，这是它们的共同特点。

装甲抢救车大多采用相应坦克或装甲车的基型底盘，只是去掉炮塔、火炮加装抢救或牵引和修理设备。如在原来炮塔的位置装上吊车，吊车可旋转360度，多用液压操纵。在车体内设绞盘舱，备有钢绳，有的还配备辅助绞盘和起重绞盘，后者用于吊起炮塔、发动机、传动装置等部件。还有的在车前或车尾装有推土铲和稳定支腿，还有吊耳、工字梁、刚性牵引架、钩环等。抢救修理车除备有抢救牵引设备外，还有发电机、电焊机、切割机以及必要的修理工具和备件。

装甲抢救车的绞盘是主要部件，绞盘的拉力是保证抢救任务能否顺利完成的主要指标。拉力一般应为被抢救坦克重量的1倍以上，如BPZ2型装甲抢救车的主绞盘拉力为343千牛，加滑轮后拉力可提高1倍，即686千牛，而被抢救的“豹”1式坦克的战斗全重约40吨；又如西班牙的M-47E2R装甲抢救车绞盘拉力为343千牛，加滑轮后拉力提高到686千牛，而被抢救的M47坦克的全重约为44吨。

为保证装甲抢救车与被抢救坦克或战车的连接，须配备使用方便而且可靠的牵引装置和缓冲装置。为保证能进行必要的装配和修理，须在车上携带足够的修理备件。有的车后还可支起车篷作为修理间。装甲抢救车一般都没有主要武器，只配备一挺自卫机枪。

第二次世界大战“救援豹”——德国SD.KFZ.179“豹”式坦克救援车

“救援豹”出笼：SD.KFZ.179为重型坦克而生

第二次世界大战后期，自从德军“虎”式、“豹”式等一系列重型坦克投入战场以后，德军重型坦克救援车辆短缺的问题就显得日益严重了。

从1943年开始，随着战场态势的改变，德军频繁的撤退行动使之对于救援车辆的需求变得越来越紧迫。德军原有的SD.KFZ.9半履带救援车用于一般坦克的拖曳救援是足够了，可是对于德军“虎”式、“豹”式这类重型坦克而言是明显不能满足其要求的，一般情况下，需要两~三辆才能拖动一辆“虎”式或“豹”式坦克。最初由坦克部队自己改装的坦克救援车也不能令德军满意。改装的坦克救援车往往是拆除了原有的火炮，在炮塔前部焊接一个用于安装轻型起重吊臂的支架，在炮塔后部则相应地安装了钢丝绞盘。

于是，德国人开始计划研制一种坦克抢救车，以解燃眉之急。但是，由于当时“虎”式坦克相当紧缺，德军最终决定采用“豹”式坦克的底盘生产一种重型坦克救援车。

1943年6月，德陆军部向MAN制造公司订购了10辆（不带钢丝绞盘）采用“豹”式坦克底盘的坦克救援车，即SD.KFZ.179“救援豹”。与此同时，德陆军命令亨舍尔公司制造70个“豹”式坦克底盘，用于SD.KFZ.179坦克救援车的底盘。MAN制造公司几乎没有对“豹”式坦克的底盘进行任何改装，只是在原炮塔的中部位置安装一台钢丝绞车，它的牵引力可以达到40吨（最大拖曳长度150米）。

1943年末，SD.KFZ.179“救援豹”终于踏上了战场。

不断改进：“救援豹”还可承担吊运任务

早期“救援豹”采用的是“豹”A坦克的底盘，后来采用的是“豹”G坦克的底盘。

SD.KFZ.179坦克救援车的前部装有支架并安装一挺20毫米KWK38机枪（包括防盾）。

★ SD.KFZ.179“豹”式坦克救援车性能参数 ★

车长： 8.860米
车宽： 3.270米
车高： 2.700米
战斗全重： 43吨
最大起吊重量： 40吨
武器装备： 一挺20毫米KWK38机枪
发动机： 马巴赫HL230P30型发动机
功率： 514.5千瓦
单位功率： 11.98千瓦/吨
最高公路速度： 55千米/时
最大公路行程： 320千米
乘员： 3人

原来“豹”式坦克的驾驶员和无线电员通过各自分开的独立的窗口进出，而“救援豹”只有一个用于乘员进出的窗口。“救援豹”的燃料箱容量也增加到了1075升。

“救援豹”最著名的装置是后部安装有牢固的固定支撑脚，用于救援在复杂地带（例如丘陵，泥泞地带等）熄火（受损）的坦克。因为这种野外救援(拖曳）行动的关键在于当时能否找到固定支撑点提供支撑以便拖曳。进行救援时，先将拖曳钢缆固定到熄火的坦克上，“救援豹”开到150米（最大钢缆长度）的距离，然后将固定支撑脚插入地下以固定车体，由绞盘卷回钢缆将熄火（受损）的坦克拖曳上来。再重复上述过程，直到将该熄火（受损）坦克拖离该危险区域为止。为了防止钢缆因负荷过重而损坏，在坦克救援车内部安装有拖力测量装置。

★德国SD.KFZ.179“豹”式坦克救援车

缺少绞车：“救援豹”的艰难服役之旅

“豹”式坦克救援车服役之后，遇到了极大的难题。当时在德国境内，没有起重机生产厂家生产适用的钢丝绞车，幸而MAN制造公司已经在1940年自行开发了一种原用于特种工程车辆的钢丝绞车。此类钢丝绞车不同于以前的普通钢丝绞车，该钢丝绞车几乎可以不作改动地安装于“豹”式底盘上。钢丝绞车通过独立的驱动装置和铰链连接，由坦克发动机驱动。按照设计，钢丝绞车安装在原炮塔位置的中部，其外部安装有围护板。但是能生产用于这类钢丝绞车的强负载机械部件的厂家很少，因为这方面是德国军工生产上所忽视的，所以没有足够的这类钢丝绞车被制造出来，于是一些“豹”式坦克救援车就没有安装这种钢丝绞车。随后由在哥黎兹的劳巴赫公司，战争后期搬迁到苏台德地区负责生产这种钢丝绞车。

1944年，在德国机动车辆试验中心进行的试验表明，SD.KFZ.179坦克救援车还缺少可用于拆卸（吊装）受损坦克上的被损坏部件的起重吊机，于是一些“救援豹”便装备了2吨的起重吊机，其转动角度范围为120度。为了拖曳陷入泥泞程度较严重的重型坦克，德军方还发展了一种新的支撑固定装置，因为这时单单依靠固定支撑脚的支撑力是不够的。在“救援豹”的前部焊接有两个正方形的钢板，以携带用于拖曳受损坦克的木梁。

德军方期待SD.KFZ.179坦克救援车不仅可以用于拖曳救援任务，而且可以用于设备及弹药的吊运工作。于是，在其2吨起重吊机的边上安装了其他的特殊装置，例如用于履带安装的张紧装置和用于更换坦克驱动轮的提升装置。没有安装钢丝绞车的“救援豹”则刚好被用为专门的支援车辆。

★正在执行救援任务的德国“救援豹”坦克救援车

至战争结束，德国总计生产了290～350辆“救援豹”，其中46辆没有钢丝绞车。此外，在陆军还有部分“豹”在拆除了炮塔后用为弹药输送车和牵引车。“救援豹”在德陆军装甲师中起的救援支持作用是非常明显的，然而它的数量终究还是太少了。但是毫无疑问，“救援豹”是第二次世界大战中最出色的坦克救援车之一。

钢铁神牛
——德国“水牛”装甲抢救车

高贵出身：“豹”2坦克的变型车

20世纪70年代以来，主战坦克成为了地面战场的新王者。尽管主战坦克的吨位和性能较以前坦克有所不同，但主战坦克和其他支援装甲车辆途中淤陷、中弹毁伤仍是难免的事。为了解决这一难题，世界各国开始发展主战坦克的配套救援车，德国也不例外。

在现今装甲抢救车中，“水牛”装甲抢救车可说是佼佼者。“水牛”装甲抢救车在1989年面世后，便引来了无数目光，可谓是“集万千宠爱于一身”。

“水牛”装甲抢救车采用大名鼎鼎的“豹”2主战坦克底盘做基础，由德国莱茵金属公司地面系统分公司（原MAK公司）和克劳斯·玛菲·威格曼公司合作研制成功。

★正在做抢救演习的德国“水牛”装甲抢救车

1992年，首批“水牛”装甲抢救车共生产了100辆，其中75辆服役于德国陆军，25辆装备荷兰陆军。随着“豹”2坦克用户的增加，2002年开始生产第二批“水牛”，销往瑞典、西班牙、瑞士、挪威和奥地利等国。至此，装甲抢救车的“水牛”时代来临了。

力大无比：钢筋铁骨的“大块头”

★“水牛”装甲抢救车性能参数★

车长： 9.060米
车宽： 3.540米
车高： 2.725米
战斗全重： 54.3吨
最大起吊重量： 30吨
最大起吊高度： 7.9米
发动机： 一台10缸水冷机械增压柴油机
功率： 1103千瓦
最高公路速度： 68千米/时
最大公路行程： 650千米
乘员： 3人

“水牛”装甲抢救车融合了现代抢救技术。它是后勤保障车辆中第一种装备有综合测试系统的装甲抢救车。该车上的许多零部件可与“豹”2坦克的零部件通用。

“水牛”装甲抢救车战斗全重达到54.3吨，这几乎超过了很多主战坦克的重量。乘员有车长、驾驶员和操作手三人。“水牛”装甲抢救车采用MTU公司的MB873Ka-501型发动机，输出功率为1103千瓦，这使车辆具有非常高的牵引力和很高的行驶速度，最高公路速度为68千米/时，最大行程650千米。车上配装了可由车内进行射击的MG3型7.62毫米机

★德国“水牛”装甲抢救车

枪，车体前部左右两侧各装有四具、车尾部装有八具烟幕弹发射器。该车具有一定的防护性能，其车体装甲可以抵御20毫米炮弹的攻击。

“水牛”装甲抢救车结构坚固。它配备有起吊重量大且便于灵活操作的吊臂装置，其最大起吊重量为30吨，最大起吊高度为7.9米，车前最大吊伸距离为4.7米，车右侧最大吊伸距离为5.9米，吊臂装置的最大旋转角度为270度。它配装了载荷电子调控装置，防止吊臂过载。主绞盘为双滚筒式，其有效钢丝绳的长度为180米，直径3 3毫米，最大牵引力达350千牛，钢丝绳的最大缠绕速度为6米/分。当钢丝绳在滚筒槽内缠绕时，钢丝绳之间互不产生摩擦，减少了钢丝绳的磨损，延长了钢丝绳的使用寿命。车体前部装有一个大型推土铲，它既可以用于清除路障和推土作业，还可在抢救作业中起支撑作用。

“水牛”装甲抢救车具有很强的牵引能力，可抢救抛锚的车辆；在公路上、起伏地上可抢救60 吨级以下的履带式车辆，如遇战斗车辆淤陷，可用主绞盘把低于60吨级的履带式车辆从壕沟、河流中抢救出来；还可从事多种抢修作业，如拆装炮塔、抢修履带等；在有装甲防护的条件下，可用快速抢救系统抢救坦克，有快速吊运装置，可完成排除路障和推土作业。它能在22度坡度的情况下拖救“豹”2主战坦克，能爬上31度的纵向坡道，能在17度的斜坡上行驶，可跨越920毫米高的垂直墙和三米宽的壕沟。

“水牛”装甲抢救车还能在污染区用独有的抢救系统工作，抢救人员不必下车。

M1A1坦克的“私人医生”——美国M88系列装甲抢救车

M88替代74抢救车

第二次世界大战后，美国装备了新一代的装甲抢救车——74式抢救车，该车由鲍恩·麦克劳林·约克公司设计和生产了1000辆。

20世纪50年代末，冷战正酣，美国陆军认为74式抢救车已不能完成坦克救援任务，于是委托鲍恩·麦克劳林·约克公司研制新一代的装甲抢救车。根据合同，鲍恩·麦克劳林·约克公司采用了M48坦克的许多部件，制造了3辆取名M88的样车，接着又生产了10辆样车交给美国陆军试验。

随着M88样车在试验中获得成功，1960年，美国陆军与鲍恩·麦克劳林·约克公司签订生产合同，1961年2月完成该车的首批生产，1964年完成最后批量生产，共生产了1075辆。该车采用美国大陆公司的AVSI-1790-6A型12缸风冷喷射式汽油机。

M88的第一款改进型

★ M88A1装甲抢救车性能参数 ★

车长：8.267米
车宽：3.428米
车高：3.225米
战斗全重：60吨
最大起吊重量：30吨
发动机：AVDS-1790-2DR12缸柴油机
功率：551千瓦（750马力）
最高速度：42千米/时（公路）
最大行程：450千米（公路）
乘员：3人
载员：4人

1972年4月，美国陆军给鲍恩·麦克劳林·约克公司下达了一项设计M88改进型车辆的任务。

1973年，该车改用泰莱达因·大陆汽车公司的AVDS-1790-2DR12缸柴油机，功率为551千瓦（750马力），此外，还匹配了改进的传动装置并进行了其他方面的改进。改造后车辆定名为M88E1，1975年3月又定名为M88A1。

★美国M88A1装甲抢救车

M88A1装甲抢救车从1977年开始连续生产，到1989年陆军接受最后一批M88A1时共交付2148辆，另外有878辆M88需要改造，总数为3026辆。

M88A1装甲抢救车使用了M48坦克的悬挂和动力装置，车体进行了重新设计，宽度减少，但长度增加。车上抢救工具有推土铲、A型框架和绞盘，武器仅为一挺12.7毫米机枪，无三防和两栖功能。

M88A1改装M60坦克的发动机后，最大行程由360千米提高到了450千米，可用于抢救M60坦克和M1主战坦克。

M88的第二款改进型

★ M88A2装甲抢救车性能参数 ★

车长： 8.267米
车宽： 3.428米
车高： 3.225米
战斗全重： 63吨
最大起吊重量： 32吨
发动机： 12缸风冷喷射式汽油机
功率： 772千瓦
最高速度： 48.3千米/时（公路）
最大行程： 483千米（公路）
乘员： 3人
载员： 4人

20世纪80年代，冷战接近尾声，但M88A1抢救车的性能却难以让人满意，它不能有效和安全地抢救美国当时列装的、超过60吨的装甲战斗车辆，为此美国陆军需要功率更大、牵引力更大的抢救车。考虑到军队的需要，鲍恩·麦克劳林·约克公司于1984年着手一项独立的研究和发展计划，研究未来的动力装置和其他装置以适应抢救M1坦克的需要。

★美国M88A2装甲抢救车

★正在进行抢救作业的美国M88A2装甲抢救车

在上述计划的影响下，鲍恩·麦克劳林·约克公司于1984年生产了名为M88AX的试验车，它以M88A1的底盘为基础，发动机功率由551千瓦（750马力）提高到了772千瓦（1050马力），传动装置也得到改进，使之与发动机功率特性相匹配。经配重后，车辆的试验重量增到65吨。1985年军方在阿伯丁试验场对该车进行了试验。试验证明这种增大了功率和重量的抢救车在抢救60吨的M1坦克时行驶速度明显高于M88A1在抢救M60坦克时的行驶速度。陆军的工程水道试验站进行的机动性分析进一步预测，即使是牵引比M60坦克重8吨的车辆，该车在欧洲地区也有很好的机动能力。

1987年1月，美国陆军与鲍恩·麦克劳林·约克公司签订了一项研究和发展合同，合同包含设计、制造和试验五辆样车并对车体作单独试验。该样车命名为M88A1E1。1988年进行样车的研制和操作试验。该试验车采用了增大功率的772千瓦（1050马力）发动机和改进性能的XT-1410传动装置，还换用了一种新绞盘，最大拉力为617千牛，以满足抢救M1、M1A1主战坦克的需要，该车定型后将称为M88A2，计划生产846辆。

事实上，M88A2装甲抢救车是M88A1的改进型，由联合防务公司地面系统分部研制完成。主要用来抢救像M1A1/M1A2主战坦克这样的重型装甲战车。其液压操控的驻锄安装在车前部，在绞盘或A形吊臂工作时起稳定作用。驻锄还可以进行推土作业，例如清除道路或构筑发射阵地。A形吊臂在车体前部回转，用来起吊整个坦克炮塔或动力装置，在不使用时被降低放置在车体后部。

在使用驻锄以及四根钢绳时，A形吊臂的最大起吊重量为32吨。主绞盘的牵引力为63吨，缆绳长85.3米。辅助绞盘的牵引力为5.4吨。标准装置包括发动机舱和通信装置用的火警探测与灭火系统。另外，除了三名乘员外，还可容纳四人，可容纳其他损坏车辆的乘员。战斗全重达到63吨，最大速度为48.3千米/时，最大行程达到了483千米。

虽然第一辆M88系列装甲抢救车生产于半个世纪之前，但是其M88A2车型到21世纪仍是评价最好的车型。事实上，该车型目前仍在20多个国家服役。美国BAE地面系统与武器公司继续为国外生产此车型，并且如果急需则每月可生产10辆。同时，埃及的M88A2联合生产项目将持续为埃及陆军生产此车，直至2007年生产65辆。2009年6月，BAE地面系统与武器公司已向澳大利亚陆军交付首辆M88A2车。

M88A2装甲抢救车在美国及其他有关用户中的普及率越来越高，到2010年为止，美国联合防御公司已获得了为美国海军陆战队、美国陆军及盟国提供199辆M88A2装甲抢救车的合同，其中已生产139辆，部署110辆，海军陆战队可能还要订购44辆，另外还有13辆以上的国际合作生产。

战事回响

世界著名装甲抢救车补遗

俄罗斯新生代战车：BREM-L装甲抢救车

BREM-L装甲抢救车是俄罗斯库尔干公司于20世纪90年代研制的新型抢救车。

BREM-L装甲抢救车采用了BMP-3步兵战车的底盘，但去掉了双人炮塔。液压操纵的吊臂在车体左前部回转，在不用时可转到后部。吊臂的额定起吊重量为6吨，但在使用滑轮装置时可增至12吨。液压操纵的主绞盘最大牵引力为20吨，在使用滑轮装置时可增加一

★正在进行抢救作业的BREM-L装甲抢救车

倍。车体前部装有一个液压驻锄，在吊臂工作时起稳定作用，此外也可用来推土。

BREM-L装甲抢救车携带了各种工具以及专用设备，例如钢和铝的切割焊接设备。车体后部上方还有装载空间，可以装载替换的动力装置或其他设备。BREM-L装甲抢救车是完全两栖的，通过安装在后部的两个喷水推进器在水上行驶，最大速度为9千米/时。

BREM-L装甲抢救车标准装置包括三防装置、车长和驾驶员使用的夜视装置。乘员五人，武器为1挺7.62毫米PKT机枪，战斗全重达到18.7吨，最大速度为70千米/时，最大行程达到了600千米。

警用装甲抢救车：TFM吉姆斯博克装甲抢救车

TFM吉姆斯博克装甲抢救车是南非于20世纪90年代研制的新一代的装甲抢救车。该车是以轮式装甲人员输送车卡斯皮MK2为基础的，是卡斯皮车族中的1个成员。TFM吉姆斯博克装甲抢救车主要作为南非国内安全和平息暴动的车辆使用，也可在南非境内大片的丛林和沙漠地带使用。

TFM吉姆斯博克装甲抢救车采用以商用15吨卡车为基础的卡斯皮的底盘。位于车前的装甲驾驶室用装甲板和高合金钢制造，该车有V形硬壳式车体，能经受3枚TM-57反坦克地雷（相当于18～20千克TNT）同时爆炸的冲击而不被击穿（虽然内部机械件可能损坏）。

TFM吉姆斯博克装甲抢救车的装甲能防北约国7.62毫米和5.56毫米枪弹的攻击，车内所有窗户均配备防弹玻璃，驾驶员座位旁的顶部安装了7.62毫米单人机枪塔。驾驶室内有三名抢救人员的座位和驾驶员、车长的两个座位，室内有供通风的叶轮式风扇。

TFM吉姆斯博克装甲抢救车的抢救设备包括装在驾驶室后面敞露底盘上的15吨起重

★TFM装甲抢救车

机，起重机工作时用的矩形截面稳定支柱（底盘两侧）和车辆前部的一个折叠式支架，不使用时可折叠起来作为散热器的保护架使用。车后有工具箱和其他储藏物。

欧洲防务市场新宠：CV90装甲抢救车

为了满足冷战结束后低强度作战（维和行动、反恐作战等）的需要，世界各国陆军纷纷将轮履式装甲车作为研制发展和装备使用的重点。1978年，瑞典决定研制一种供军方在21世纪初期使用的CV90战车，并在此基础上发展出自行高炮车、装甲人员输送车、装甲指挥车、装甲观察指挥车、自行迫击炮和装甲抢救车六种变型车，形成CV90履带式装甲战车车族。冷战的结束更加速了CV90装甲车的研制，由于爆发大规模战争的危险性越来越小，取而代之的将是小规模的地区冲突，为应付这种军事行动，部队就需要装备多种具有快速机动能力的装甲车。

瑞典阿尔维斯·赫格隆公司紧紧把握局势变换的脉搏，研制出具有先进设计理念和战术性能的CV90系列装甲车，成为欧洲防务市场上的热门军工产品。CV90装甲车于1991年开始正式装备部队，它内部空间宽敞，能够胜任各种任务；各种组件性能成熟，具有较高的可靠性；性能好但并不昂贵，具备价格优势。

CV90装甲抢救车是在CV90系列步兵战车底盘的基础上研制而成的，并根据其专门用途进行了改进。CV90装甲抢救车前部装有驻锄，通常在绞盘工作时使用，它还用于推土作业，如构筑发射阵地或清除战场障碍。该抢救车安装了两个液压绞盘，它在车前部抢救时，能够抢救重达61吨的车辆。在车后部抢救时，能够抢救重达31吨的车辆。而在侧面抢救时，可抢救重达8.4吨的车辆。车体左后部装有一个轻型吊臂，用来起吊子系

★CV90装甲抢救车

统。标准装置包括火警探测与灭火系统、超压型三防装置。另外，该车装备了一挺7.62毫米机枪（安装在炮塔上）和成排的电控烟幕弹发射器。车后有供抢救使用的液压绞盘和供野战更换动力装置使用的液压吊车。车前有推土铲，也可在起吊或者在抢救车辆时作为配重使用。

“挑战者”坦克的拯救者：英国“挑战者”装甲抢救和修理车

1987年8月中旬，英国维克斯公司防务系统分部首次推出了以“挑战者”主战坦克底盘为基础的“挑战者”装甲抢救和修理车。该公司签署了固定价格合同，以便研制和生产30辆这种车辆。该车于1984年开始研制，第一批试生产车为六辆，两辆运往皇家电气和机械工程局，余下四辆留做试验，其余20多辆于1989年初投产。由于该车在设计中采用了计算机辅助设计（CAD），再加上维克斯公司在研制以逊邱伦或奇伏坦坦克底盘为基础的装甲抢救车时积累的丰富经验，因而避免了技术风险，缩短了研制时间，从研制到批量生产只用了五年时间。

英国每个“挑战者”主战坦克团配备五辆这种抢救车，共装备七个团，因此最初生产的30辆还满足不了需求，将继续生产。

从结构上看，“挑战者”装甲抢救和修理车的底盘部件与“挑战者”主战坦克相同。虽然去掉了炮塔并减弱了装甲防护，但由于安装了许多抢救和牵引设备，致使车重仍未减轻，约为62吨。

★“挑战者”装甲抢救和修理车

“挑战者”装甲抢救和修理车的车体是一个全焊接钢装甲结构。绞盘舱位于车体右前方，与车辆的其余部分完全隔开。发动机舱在车后部，由一块隔板与乘员舱分开。车内乘员有车长、驾驶员、无线电报务员以及两名抢救人员共五人。驾驶员在左前方，其上有一个舱口，上面装有昼间潜望镜。车长在驾驶员后面，配有一个指挥塔，其上装有一挺可在车内瞄准和射击的7.62毫米机枪。该车的抢救设备由下列部分组成：

“挑战者”装甲抢救和修理车主绞盘为液压驱动双卷筒式，单根绳的最大拉力为510千牛，使用动滑轮时最大拉力可达1019千牛。主绞盘在驾驶员座位处控制，并能在闭窗状态下操作。

“挑战者”装甲抢救和修理车辅助绞盘最大拉力为15千牛，也可在驾驶员座位处控制，独立于主绞盘工作。

“挑战者”装甲抢救和修理车的修理用吊车为液压驱动，最大起吊重量为6500千克，可以吊起整台动力装置。

“挑战者”装甲抢救和修理车的多用途推土铲可作为地锚、推土铲或在吊车作业时作为驻锄，在驾驶员舱内控制。作为地锚时，可承受双卷筒主绞盘的约98千牛拉力。

“挑战者”装甲抢救和修理车的抢救车上还携带有焊接设备、空气压缩机和全套工具以及尽可能靠近前线进行车辆修理的其他设备。

“勒克莱尔”坦克伴侣：DNG装甲抢救车

DNG装甲抢救车是由法国GIAT公司为支持“勒克莱尔”主战坦克研制而成的。DNG装甲抢救车每侧有七个负重轮，比“勒克莱尔”主战坦克多一个。车前部装有液压驻锄，

★DNG装甲抢救车

用于在绞盘和吊臂工作时稳定车体，也可用来清除战场障碍或构筑发射阵地。吊臂安装在车体右前部，最大起吊重量为30吨。

DNG装甲抢救车装有两个绞盘，主液压绞盘使用一根钢绳时牵引力为35吨，必要时可使牵引力达70吨。如有需要，“勒克莱尔”主战坦克的整套动力装置可放置在DNG装甲抢救车的后部，并且DNG装甲抢救车也可安装整套地雷探测与扫雷装置。该车标准装置包括为专用装置提供电力的发电机、空调系统、三防装置、火警探测与灭火系统、夜视装置。另外DNG装甲抢救车还安装了爆炸反应装甲，提高了战场生存能力。车内乘员四人，武器为一挺l2.7毫米的M2机枪，战斗全重59吨，最大速度为72千米/时，最大行程达到500千米。

整体看来，DNG装甲抢救车的性能是相当先进的。作为比较，“挑战者”装甲抢救车的主绞盘的最大拉力高达510千牛（约52吨力），比DNG装甲抢救车的要大得多。但是，“挑战者”装甲抢救车的吊车起吊能力只有6.5吨，比起DNG的30吨级要小得多，这恐怕是法国军方选中自家装甲抢救车的重要原因。

6 第六章 装甲工程车

装甲车辆中的“工程兵”

兵典
THE CLASSIC
WEAPONS

沙场点兵：机械化部队的工程保障车辆

装甲工程车，又称战斗工程车，是伴随坦克和机械化部队作战并对其进行工程保障的配套车辆。其基本任务是清除和设置障碍、开辟通路、抢修军路、构筑掩体以及进行战场抢救，有的车还可用于为坦克装甲车辆涉渡江河构筑岸边进出通路和平整河底，保障战斗车辆顺利渡河。

在现代战争中，有了装甲工程车的支援和保障，各种战斗武器就能发挥作用，部队作战效果也会大大提高。因此装甲工程车是一种不可缺少的支援车辆。

装甲工程车可以称得上是名副其实的“军民两用”型现代化工程装备，不仅适用于战场支援和战后重建，而且在天灾人祸发生后的抢险救灾中也显示出巨大的应用潜能。如自“切尔诺贝利”核事故发生后，苏联/俄罗斯对用于抢险救灾的工程车辆提出了加强核、生、化防护的要求。俄军目前装备的先进障碍清除车增强了对穿透性辐射的防护能力，可用于在高辐射区域清除障碍物，以消除大规模破坏和重大工业事故造成的影响，并可在腐蚀性气雾、毒剂、烟幕、粉尘严重污染的空气环境中作业，其通用作业装置甚至可以抓起只有火柴盒大小的放射性碎片。此外，有的装甲工程车还可以胜任工程清障车和灾难抢救车的作业要求，能在居民区中拆除路障、事故建筑和工事等。据报道，瑞士“科迪亚克熊”装甲工程车甚至可以在火山爆发和地震、洪水发生后迅速抵达灾区，展开救援行动。

兵器传奇：装甲工程车小传

装甲工程车有着悠久的历史，早在1943年英国就装备了丘吉尔装甲工程车。

装甲工程车在第二次世界大战后发展速度较快，尤其是20世纪60年代以来，世界各国相继研制和装备了不同类型的装甲工程车。

美国在1968年列装了M728战斗工程车，联邦德国于1969年装备了“豹”式工程车。

20世纪70年代，苏联发展了以T-72坦克为基础的NMP战斗工程车，日本列装了75式装甲推土车。

进入20世纪80年代后，联邦德国列装了“獾”式战斗工程车，中国列装了82式履带军用推土机，1990年，美国小批量投产一种多功能的障碍清除车（COV）。此时，装甲工程车多数由坦克或装甲车辆的底盘改装而成，所以它的发展与坦克或装甲车辆的发展休戚相关。世界各国在这一时期装备的装甲工程车一般以战后第二代坦克为基础，技术水平一般。

自20世纪90年代以来，战斗工程车取得了长足的发展，受到世界各国军队的青睐。美军M-9、法军EBG、英军CET、德军“獾”式等各型战斗工程车纷纷登台亮相。这些工程车集推、挖、铲、拉、抓、吊等多种功能于一身，在现代高技术战争中大显身手。特别是美军M-9战斗工程车在海湾战争、伊拉克战争中伴随地面作战部队开辟通路、清除障碍、构筑工事，为赢得战争立下了汗马功劳，被外军称为战场“开路先锋”。此外，俄罗斯大名鼎鼎的先进障碍清除车，在车臣战争中伴随俄军清除障碍、开辟通路，对保持部队进攻速度、提高部队生存与保障力发挥了重要的作用。

伊拉克战争的爆发，进一步推动了世界各国军队的转型，也为战斗工程装备的快速发展提供了契机。如今，为未来信息化作战部队提供速度更快、效能更高的战斗工程保障，已成为战斗工程车今后的重要发展方向。为此，外军在发展新一代战斗工程车的进程中，非常注重底盘车的机动速度和作业装置的多功能性。据外刊报道，美国海军陆战队在伊拉克战争后，重点装备了以M1A1“艾布拉姆斯”主战坦克底盘为基础车的ABV突击破障车。这是一种新型的战斗工程车，与美军停止发展的重型“灰熊”破障车相比，重量下降了11%，可装载在美国海军登陆气垫船上，为陆战队空陆特遣部队提供快速开辟通路能力和清障能力。

英军新近研制的“特洛伊”清障车也是一种独特的多功能清障车辆，该车采用“挑战者”-2主战坦克底盘，融合了最新、最高的坦克技术，在直瞄火力区具有极高的机动支援能力。该车还根据伊拉克战争中反馈的情况，提高了适应沙漠战的能力。“特洛伊”清障车可以在战场上构筑防御阵地，清除多种障碍物，其中包括反坦克壕沟和地雷。车上装有挖斗、抓斗和抓钩作业装置，还可加装击锤/土钻以及全宽或车辙式扫雷犁，可清除树木

★供陈列参观的德国“豹”式工程车

和其他爆炸性障碍物，甚至还可以跨越8米宽的沟壑。据称，该车是目前在外军作业中功能最全的装甲战斗工程车之一。

随着坦克和机械化部队水平的提高，与之配套的装甲工程车在机动能力、生存力和作业水平方面也要相应提高。为此，世界各国都在探索实现这一目标的新途径。现在看来，装甲工程车的未来发展趋势十分明朗，即：机动性、防护性和高水平的作业能力。

机动性包括陆上机动性、可空运性和水上机动性。多数车辆的陆上机动性已基本得到保障，而可空运性和水上机动性则正在加强。如美国新研制的M9装甲工程车可实现空运和空投，苏联NMP工程车可用飞机、直升机空运。水上机动性不仅要有涉水能力，而且还要有浮渡和潜渡能力。如M9装甲战斗推土车借助履带在水上浮渡推进，航速达4.8千米/时；FV180借助喷水推进器推进，航速达9千米/时；M728和AMX-30工程车（EBG）借助潜渡通气管，潜水深达2～3米。

防护性的好坏也是衡量装甲工程车是否优秀的一个重要指标。除了采取装甲防护措施外，还要考虑配备三防装置、灭火系统、烟幕施放和伪装设备。此外，为加强自卫，还要配备高射机枪和并列机枪。

提高作业能力是未来装甲工程车的一个发展趋势。作业能力有两种含义：一方面是使一种作业装置具有多种作业方式；另一方面是工程车上配备两种以上作业装置，使之向多功能方向发展。如美国的M-9装甲工程车既可推土，又可装卸货物；COV车上的扫雷犁/推土铲既可推土，又可扫雷；“獾”式工程车的挖斗用于挖土，斗臂用于起吊；PMP车不仅可在陆上和水上侦察，还可在地面上探雷。

★德国“獾”式战斗工程车

★美国M-9装甲工程车

总之，随着新概念的开发和一系列新技术的推广和应用，未来必然会研制并生产出满足上述要求的各种新型装甲工程车。

慧眼鉴兵：装甲工程车的作业机构与用途

装甲工程车看似平凡，但却有着很大的作用，所谓“无它不成军”。根据不同的战术用途和装甲防护能力，装甲工程车大体可分为重装甲工程车、轻装甲工程车和非装甲工程车三类。

装甲工程车的用途很多。根据用途不同，人们在装甲工程车的车体或上部结构上安装各种不同的作业机构，如：

挖斗或铲斗：这是主作业装置，它负责挖掘障碍并将障碍物铲离作业区。

推土铲：一般装在车前，也有的装在车前和车尾，以色列的装甲工程车就属此类。

液压绞盘和吊臂：大多数车都配备，用于抢救或起吊重物。

地锚：用火箭推进，起固定或支撑车辆的作用，如英国FV180装甲工程车的地锚，其最大发射距离达91.4米。地锚与绞盘的钢绳连接，当工程车驶离陡峭堤岸时，起支撑车辆的作用。

地钻：用于挖掘垂直掩体。如M47E21和“豹”式装甲工程车的吊臂上就备有地钻。

扫雷犁/推土铲联合作业装置：如美国COV车，其两把铲刀旋转成“V”形，起扫雷犁作用；转成直线形，起推土铲作用，可以清扫出一条5米宽的通路。

★法国AMX-30战斗工程车

破坏工事炮：用于破坏野外防御工事和路障，如美国的M728装甲工程车就配备一门165毫米的破坏工事炮。

爆破装药发射管和地雷发射管：用于破坏野战工事和路障或布设地雷，如法国的AMX-30战斗工程车（EBG）的炮塔下部有一门短身管炮，发射爆破装药，射程为30～300米，炮的两旁还有地雷发射管，可以在60～250米范围内布设地雷，用于炸毁坦克底部装甲或炸断履带。

装甲工程车中的“瑞士军刀”——德国/瑞士“科迪亚克”装甲工程车

环保主义盛行：“科迪亚克”乃明智之举

20世纪90年代末开始，为执行多种复杂地形的任务需要，德国莱茵金属公司地面系统分部和瑞士鲁格地面系统公司合作研制了“科迪亚克”装甲工程车。除了满足多种任务的需求外，联合研发“科迪亚克”的另一个重要原因则是经济压力的过大。

全新研发一种新型装甲工程车的代价极为高昂，西欧各国陆军无力承担研发失误所造

★正在进行演练的“科迪亚克”装甲工程车

成的时间及巨额经费损失。不仅如此，“科迪亚克”所使用的“豹”–2A4坦克底盘在各“豹”–2坦克使用国有很大库存，毕竟从1978年第一辆“豹”下线以来，欧洲各国陆军已累计装备各型“豹”–2式坦克约3000辆，随着“豹”–2A6等后续先进型号坦克陆续进入各国现役，充分利用这些无需返厂报废的老型号底盘对于环保主义盛行的欧洲国家不失为一种明智之举。

于是，在2003年，大名鼎鼎的“科迪亚克”装甲工程车出现了。

好似“瑞士军刀”：全任务、多功能的“科迪亚克”

★ “科迪亚克”装甲工程车性能参数 ★

车长： 10.2米	**武器装备：** 1挺12.7毫米M2机枪
车宽： 3.54米	**最高公路速度：** 68千米/时
车高： 2.3米	**最大公路行程：** 650千米
战斗全重： 59吨	**乘员：** 3人

“科迪亚克”装甲工程车基于欧洲地区广泛装备的“豹”式主战坦克底盘，并根据此类工程车所担负的战斗任务及可能的灾难救援任务进行了性能改进和优化，其全任务、多功能的特点堪称军用履带式装甲工程车版的“瑞士军刀”。

“科迪亚克”装甲工程车车体中部装有模块化的工程机械，可依据任务需求借助快速施放联结装置，迅速更换推土铲刀、扫雷犁、通用多功能挖斗等装备。

“科迪亚克”装甲工程车推土铲刀的宽度可扩展至4.02米，具有倾斜和俯仰能力以适应复杂作业环境。在换装了全宽扫雷犁、加装了信号模拟器和通路标示部件以后，“科迪

★能够适应恶劣环境的“科迪亚克”装甲工程车

亚克”装甲工程车可成为一套高效的雷场开辟通路系统。此外，它还采用了“豹”-2主战坦克的最新防雷保护技术。

“科迪亚克”装甲工程车高效的通用铰接臂挖斗机还可以换装其他多种装置，包括液压锤、通用抓爪或混凝土切割机。这些工具均由电动液压控制，可由驾驶员利用两个操纵杆来完成操作。

“科迪亚克”具有两套单个牵引力为9吨的双绞盘系统，配合滑轮组和长200米的拖曳线缆，最大可产生62吨的牵引力。“科迪亚克”装甲工程车装备一座配备了12.7毫米M2机枪的遥控武器站，并配备三防装置和两排76毫米的电控烟幕弹发射器，视任务需要该遥控武器站还可换装其他中口径机关炮。

“科迪亚克”装甲工程车的战斗全重为59吨，最大速度68千米/时，最大行程650千米。此外，“科迪亚克”装甲工程车还配备了最新的侦察、监视系统和车载指挥、显示系统，能够适应恶劣的战场作业环境并满足在诸如印尼大海啸等极端自然灾害条件下执行任务的需要。

生存能力强：“科迪亚克”受多国陆军喜爱

自“科迪亚克”原型车于2003年秋季下线以来，瑞士、荷兰和丹麦陆军就对该装甲工程车进行了系统测试，而瑞典陆军也将于近期对该系统进行测试。测试表明，该系统完全能够达到欧洲主流国家陆军对下一代装甲工程车的战术需求，这使莱茵金属公司和鲁格地面系统公司对大规模量产该车的信心大增。

冷战结束后，特别是在2004年印尼大海啸后，欧洲军队越来越多地作为救援、维和力量远赴世界各地执行救灾、进行人道主义救援任务，这对于军用工程车辆，特别是这种和平时期最可能应用的重型军用车辆提出了不同于作战的全新要求。

“科迪亚克”采用的“豹”–2式坦克底盘是全球少数几个能通过各种复杂地形、地质条件和恶劣战场环境考验的优秀底盘，它不仅为满足常规作战工程保障需求而配备了全宽扫雷犁、战场除障装置，还为适应全球人口、城镇越来越密集的作业环境特别配备了全新设计的混凝土切割机，以及为在基础设施遭受严重损毁的灾区执行救援或战后重建任务而配备了液压锤和多功能抓爪等民用色彩浓厚的装备。

“科迪亚克”除了在军事行动或是救灾行动中执行重型战斗工程作业任务外，它还可以用于在雷场中开辟通路，这对确保友军的机动及安全是至关重要的。

2008年，荷兰和瑞典经过严格的测试，终于同德国莱茵金属公司共同签订了一份采购“科迪亚克”装甲工程车的合同，其中荷兰皇家陆军购买10辆，瑞典陆军购买6辆。荷兰和瑞典决定共同完成该采办项目，使总采办金额降至1亿欧元（约1.46亿美元），并能够共享装备维护服务。

瑞典防务器材管理局（FMV）的项目负责人称，“经过多次反复磋商，我们认为建立此次合作十分有益，只有通过国家间的合作才能够完成该采办项目”。

瑞士陆军是“科迪亚克”装甲工程车的第一个客户，早在2007年就同鲁格地面系统公司签订了一份采购数量为12辆的合同。所有的“科迪亚克”装甲工程车均采用过剩的“豹”–2式主战坦克底盘，由瑞士的鲁格地面系统公司完成改装。瑞士陆军订购的工程

★正在施工作业的“科迪亚克”装甲工程车

车预计于2011年交付，荷兰和瑞典的工程车则将于2011～2012年间交付。莱茵金属公司对“科迪亚克”装甲工程车全系统负责，并掌控该车的全球销售。

荷兰和瑞典购买工程车的共通率大约为95%，并都将安装配备12.7毫米M2HB机枪的遥控武器站（RCWS）。

“科迪亚克”装甲工程车配备有液压臂，臂上可以安装不同的作业机具，如铲斗。车体前方可安装液压推土铲、皮尔森全宽扫雷犁，车后可以安装通路标示系统，车上还可安装能够使装有先进引信反坦克地雷失效的信号复制器，以及放置工程兵的物品和工具的储物箱。

“科迪亚克”装甲工程车采用了综合装甲模块，具有很强的生存力，并具备与“豹”-2式主战坦克相当的机动能力。该车不仅适用于军事作战，在维和任务和自然灾害处理任务中也能发挥重要作用。

货真价实的美国货——美国M-9装甲战斗工程车

大器晚成：研制了17年的工程车

M-9装甲战斗工程车由美国机动装备研究与发展中心于1958年开始研制。

经过17年的研制和实验，美国机动装备研究与发展中心终于在1975年1月生产出样机。1976年8月，美军试验与鉴定司令部完成试验鉴定工作，1977年2月批准定型，1982年

★大器晚成的M-9装甲战斗工程车

初，该项目交给陆军坦克与机动车辆司令部管理，同年由太平洋汽车与铸造公司生产15台，以后改由BMY公司生产。

M-9装甲战斗工程车机械性能先进，能完成保障部队机动（筑路、填平弹坑、清除障碍物、修建突击机场等）、反机动（构筑障碍物、实施破坏作业等）和生存力（构筑阵地工程和指挥工事等）多项任务。

M-9装甲战斗工程车是全履带式高速装甲战斗推土车，用于前线工程作业，由于它具有公路上高速行驶性能，可以配备在尽可能靠近坦克车队的前方，故将取代只能在坦克车队后方作业的D9之类的推土车。

M-9装甲战斗工程车已装备美军师和独立旅的每个战斗工兵排每排两部，其他每个战斗工兵排每排一部，空降。

白璧微瑕：性能卓越的M-9

★ M-9装甲战斗工程车性能参数 ★

车长： 6.170米

车宽： 2.790米

车高： 2.660米

战斗全重： 22.6吨

发动机： 8缸涡轮增压柴油机

功率： 220千瓦

最高公路速度： 48千米/时

最大公路行程： 370千米

乘员： 3人

M-9装甲战斗工程车的车体全部用铝甲板焊接，车辆前部装有刮土斗、液压操纵的挡板和机械式退料器。推土铲刀装在挡板上，推土和刮土作业是通过液气悬挂装置使车辆的头部抬起或降落实现的，该悬挂装置还能使车辆倾斜到用铲刀的一角进行作业，推土作业能力几乎是一般斗式刮土机的两倍。

M-9装甲战斗工程车铲斗的最大翻转角为50度，一次土方量为4.58～5.35立方米。卸荷是通过两个双作用液压柱塞泵驱动的退料器实现的。铲斗的提升高度能使该车直接将货物卸到五吨卡车上。铲斗后背与推土铲刀之间的夹紧力为27千牛，能使该车同时拔起三根树桩或类似的物体。

M-9装甲战斗工程车性能卓越，机动性高，能高速越野行驶，在内河水中浮游，可空运；能完成推、铲、平、运、牵引等作业，同时载运工兵班及其武器装备，能当自卸车使用；使用效率高，采用压载的办法解决机动与作业效率之间的矛盾；防护性能好，有铝合金装甲板，有三防、烟幕施放、夜视能力并可与特遣部队通信。

但M-9装甲战斗工程车也有弱点，它的火力较弱，需其他兵种支持。

首选工程车：M-9可完成多种任务

M-9装甲战斗工程车是一种具有多种用途的工程车辆，在保障机动、反机动和提高己方的生存能力等方面，均能执行工程保障任务。

M-9装甲战斗工程车执行保障机动方面任务包括：回填弹坑和壕沟，援助作战车辆（主要是牵引和提升）；清除路障、树木、碎石、瓦砾以及战场上其他障碍物；构筑和维护作战用的道路以及飞机场。

M-9装甲战斗工程车执行的反机动方面任务包括：设置反装甲车辆的障碍物，破坏徒涉浅滩、渡口和桥梁进出路或接近路，参与开挖反坦克壕，破坏着陆场和飞机场，参与构筑强固支撑点，拖运设置障碍所用的材料等。

M-9装甲战斗工程车执行的提高己方生存能力任务包括：为装甲车辆构筑车身隐蔽阵地，构筑各种指挥所和有关业务部门的防护隐蔽部，构筑各种供防卫用的辅助道路，为防护掩体拖运器材或材料，为“陶”式导弹发射车和其他兵器开辟射界、构筑发射阵地和通道。

20世纪80年代末，自M-9装甲战斗工程车服役之后，它一直是美国装甲部队的首选战斗工程车。进入21世纪，M-9装甲战斗工程车仍服役在美国陆军中。

★正在施工作业的M-9装甲战斗工程车

美国陆军的清道夫
——美国COV清除障碍车

美军战场受阻催生的清障车

20世纪80年代初，美国陆军发现，在战争频发的中东战场上，很多国家的部队会遇到各种各样的人为障碍物和天然障碍物。为了得到一种快速而有效地克服各种障碍物的器材，美国陆军委托贝尔沃研究发展和工程设计中心的工程保障研究室研制一种清除障碍车。

美国陆军对清除障碍车的要求很简单：能在雷场开辟通路，兼有挖掘、推土、提升、牵引的综合作业能力，还能用于构筑军路和急造军路、执行反机动和提高生存力的任务。

1981～1982年间，弗吉尼亚贝沃堡的美国陆军工程学校对一种新型的清除障碍车进行了初步研究，之后由贝尔沃研究发展和工程设计中心以美国M88装甲抢救车的底盘为基础，设计了一辆试验样车，由鲍恩·麦克劳林·约克公司制造了两辆试验样车。

★第一辆COV清除障碍车试验成功

1985年10月，第一辆样车开始试验，第二辆样车送往以色列进行评定试验。试验的成功，为美国陆军确定生产COV清除障碍车奠定了基础。

1990年底，COV清除障碍车开始小批量生产，并陆续装备美军。

设备齐全，功能多样的COV

★ COV清除障碍车性能参数 ★

车长： 8.200米（本身）
10.440米（推土铲工况）
11.000米（扫雷犁工况）

车宽： 3.400米（本身）
5.440米（推土铲工况）
4.150米（扫雷犁工况）

车高： 3.000米

战斗全重： 65.8吨

发动机： 带294千瓦前置功率分出装置的柴油机

功率： 220千瓦

单位功率： 3.34千瓦/吨

最高公路速度： 46.7千米/时

最大公路行程： 668千米

乘员： 3人

COV清除障碍车以M88抢救车的底盘为基础发展而成，主要安装有：复合式全宽扫雷犁/推土铲刀，两根长9.753米的液压伸缩臂装在车前，用以调节各种辅助设备；伸缩臂附加作业装置如抓钩、螺旋钻头、吊钩、液压锤。

★正在作业的COV清除障碍车

COV清除障碍车的最大特点是车上的磁性扫雷装置，它能在车前发射磁信号，在1.2倍车宽的路径上触发磁感应地雷。

此外，该车还具有通路标示系统，用以指示已清理过的雷场通路，供通过雷场时使用。

COV清除障碍车的三大利器

COV清除障碍车具有三大清除障碍的利器：全宽扫雷犁/推土铲刀、伸缩臂和抓钩。

COV清除障碍车的全宽扫雷犁/推土铲刀由以色列军事工业公司研制，两把铲刀之间用铰链连接，两部分可以通过旋转，成“V”形扫雷犁或直线形推土铲刀。作扫雷犁使用时呈“V”形，下端有按最佳间隔配置的犁齿，犁臂中凹，加上可拆卸的“双翼”延长部，可以清扫出一条五米宽的通路。如果取下延长部并用罩盖住犁齿，“V”形刀能在战场废墟和城市瓦砾堆中开辟道路。扫雷犁能使埋有地雷的土壤平稳滚动，将地雷推到车身宽度以外，地雷在通过犁臂后，继续向外滚动，保证不会滚回到已清扫过的通路上。

如要使扫雷犁转换成推土铲刀，需取下“双翼”，将铲刀宽度减至4.1米，并使犁臂围绕“V”形犁中间的连接铰链销旋转，然后用罩盖住犁齿。推土铲刀的用途有：具有214立方米/时的推土能力；推走城市里的瓦砾堆；构筑隐蔽坦克车体的掩体；构筑和排除障碍物。试验证明，利用该推土铲刀可在10分钟内快速构筑一个坦克掩体，在2.5分钟内，在反坦克壕内开辟一条通路。为了达到最佳吃土深度，将使用一种深度自动控制系统。该系统中的传感器用来探测COV前方的地面，还可使用微处理机来处理数据和进行调节，以达到所希望的吃土深度。

COV清除障碍车的伸缩臂安装在该车的上部两侧，由辅助发动机驱动。驾驶员或作业手可操纵单臂或双臂。每一根伸缩臂可延长到9.75米。从水平面算起仰俯角均为60度，水平方向的左右旋转角均为135度，两臂一起可在270度的范围内进行挖掘作业。如果在臂上装一立方米的挖斗，则每一臂的挖土能力为158立方米/时。每个吊臂下面有一个吊钩，最大提升重量为5443千克，高度可达6.4米。

另外，COV清除障碍车的抓钩也很优秀，它用于清除鹿砦和在鹿砦中开辟通路，移走原木。土钻和液压锤用于粉碎大块砖墙。

COV清除障碍车有对付各种天然和人为障碍的联合作业能力。如根据不同的情况和雷场类型可以使用扫雷滚轮、全宽扫雷犁或扫雷直列装药来开辟地雷场上的通路。为克服反坦克壕，可以使用推土铲刀从近旁推土，这时伸缩臂上的挖斗可以在战壕的另一侧构筑进出斜坡。推土铲刀还可用于在被破坏的桥梁旁准备迂回道路，清除塌方，填平土坑。为了清除鹿砦和在其中开辟通路，可以使用抓钩、挖斗或树木截断器。在城市碎砖瓦砾中开辟通路时，可用路面破碎锤来击碎大块砖墙，用推土铲刀将土推走或构筑斜坡。

为适应作业操纵，车体内三名乘员成“一”字形排列。驾驶员位于车前正中央，其后是操纵手，操纵手后上方是车长塔。驾驶员备有夜视仪和各种观察镜，伸缩臂的操纵手也备有观察仪。车体内还设有出入车辆的舱口。

工程专家——法国EPG装甲工程车

战争产物：“勒克莱尔”应运而生

20世纪90年代，海湾战争爆发，装甲工程车在战场上扮演了重要的角色，同时也暴露出很多不足。海湾战争之后，世界装甲工程车进入了高速发展阶段。

1994年，法国地面兵器工业集团（GIAT）完成了以独立投资的方式开展主力工程车（EPG）项目可行性研究，主力工程车以“勒克莱尔”装甲抢救车底盘为基础车，进行了专门工程用途的改装。

★EPG装甲工程车

2002年，法国地面兵器工业集团完成了第一辆样车，在随后的试验中该车大获成功，法国陆军决定订购，阿拉伯联合酋长国也伸来了橄榄枝。

2002年之后，法国地面兵器工业集团在其位于罗阿讷的工厂里为法国陆军和阿拉伯联合酋长国生产“勒克莱尔”装甲抢救车。一共782辆装甲抢救车已于2009年交付法国陆军和阿拉伯陆军使用。

值得一提的是，“勒克莱尔”装甲抢救车（现被称为DNG）可装备K2D扫雷装置，从而使之能够完成许多通常被认为需要由装甲工程车完成的扫雷任务。

进化之路：精益求精的“勒克莱尔”

★ EPG装甲工程车性能参数 ★

车长（炮向前）： 9.8米

车体长： 6.8米

车宽： 3.9米

车高： 2.700米

履带宽： 635毫米

履带接地长： 4.300米

战斗全重： 60吨

武器装备： 1挺12.7毫米M2机枪

142毫米口径工事破坏炮

发动机： V8X1500超高增压柴油机

功率/转速： 1103千瓦

最高公路速度： 72千米/时

最大公路行程： 500千米

乘员： 4人

EPG装甲工程车的设计源自“勒克莱尔”装甲抢救车，并且两车有许多通用的零部件和子系统。EPG装甲工程车基本的装备包括一副车前安装的地锚或推土铲刀，一个液压动臂，两个绞盘，其主绞盘牵引力30吨（绳长160米），副绞盘牵引力15吨，而所有这些装备与“勒克莱尔”装甲抢救车携载的装备完全相同。但是，EPG装甲工程车的动臂可换装挖斗、土钻、抓钩、振锤或起吊钩等多种液压作业装置，工程车也能配置用做布雷行动或携载布雷器材。

EPG装甲工程车的车动臂最大伸距为9米，最大挖掘深度为4.3米，进行起重和扫雷作业时，工程车的后悬挂可闭锁。

2002年，EPG装甲工程车获得生产合同之后，法国地面兵器工业集团在EPG车后发动机甲板上安装了新的平台，可携载扫雷系统、雷场标示器材、爆破器材或地面兵器工业集团“怪物”抛撒布雷系统等专用工程装备。地面兵器工业集团的德墨特尔磁性扫雷装置以及扫雷犁或扫雷磙等扫雷系统可装在工程车的前部。

EPG装甲工程车可供选购的武器系统有设置于可遥控炮塔中的142毫米口径工事破坏

★正在作业的EPG装甲工程车

炮和一挺12.7毫米口径机枪及100发子弹。Galix宽波段烟幕弹发射器和近距离防御榴弹发射器提供了有效的防护措施。车体采用的复合和爆炸反应式装甲增强了工程车的防护性能。该车还提供有核、生、化三防系统，在乘员舱和液压舱均提供自动火警探测和灭火系统（液压舱与乘员舱分开）。

EPG装甲工程车可通过一套带有视频系统的装置进行遥控作业。车上为四名乘员（车长、司机和两名战斗工兵）提供的设施有空调、化学盥洗室、盘碟、加热器等。

EPG装甲工程车还能安装地面兵器工业集团的快速信息导航和报告系统（FINDERS），该系统已经投产，出口给阿拉伯联合酋长国的"勒克莱尔"主战坦克就已使用。

2008年，法国武器装备总署（DGA）与地面武器兵工业集团签订一项合同，要求改进法国陆军工兵营现役的54辆EBG装甲工程车。该批车辆的开发和鉴定过程将持续3年，交付工作从2010~2012年。

改进型EBG装甲工程车的主要任务是借助其排雷和障碍清除功能，为装甲作战部队提供机动性支持。EBG装甲工程车的改进项目将集中在防护、视觉、通信和人机工效等方面。新功能的集成将提高EBG装甲工程车的作战性能，在装甲防护下可以进行全天候排雷、挖掘和运输工作。

恐怖的“战争怪兽”——以色列“毁灭”装甲推土机

适合巷战的推土机

在战争史上，巷战曾让多支战力强悍的精锐军团溃不成军，如斯大林格勒战役中的德军，在车臣格罗兹尼的俄军以及深陷伊战泥潭的美军，都饱受巷战难打之苦。因为在巷战中，守方可以凭借对地形的熟悉，把许多建筑物作为火力点，而进攻方却由于地形阻碍，大部队和重型兵器难以展开，只能采取散兵队形徒步推进以逐屋清缴，而这就成为了守军轻兵器的绝好靶子。因此，积极研发适合巷战的新型装备，成为各国国防科研部门的重要任务。

后来，以色列研发了一种新型巷战利器——D9装甲推土机，又名“毁灭”装甲推土机。这款装甲推土机是以色列国防军根据在黎巴嫩南部同真主党武装作战的经验，责成以色列军事工业公司研发的。

★正在施工的D9装甲推土机

以军希望该推土机能承受轻武器以及肩射火箭弹的直接打击，以伴随步兵推平敌军据守的普通建筑物。

民用推土机的改进版

★ “毁灭”装甲推土机性能参数 ★

车长： 8米	**功率：** 301千瓦
车宽： 2.39米	**最高公路速度：** 15千米/时
车高： 4米	**最大公路行程：** 200千米
战斗全重： 53.8吨	**乘员：** 5人
武器装备： 7.62毫米机枪或40毫米枪榴弹	

“毁灭”装甲推土机是在美国履带式拖拉机制造公司研制的D9民用推土机的基础上研制出来的。为了应付在加沙地区与巴勒斯坦民众的冲突，使以色列国防军能够更安全和更有效地执行清剿恐怖分子的任务，以色列国防部授权以色列军事工业公司对D9民用推土机进行全方位改装，主要是增加装甲，增强其在战场上的生存力。

D9民用推土机功率为301千瓦，重53.8吨，高约4米，加上外部设备长8米多，规模庞大，使用寿命较长，操作简单，可靠性较强，价格相对不高，是当今世界同类产品中比较受欢迎的大型履带式推土机。能与其相提并论的也许只有日本生产的D275A型推土机。

★使用功能较完善的D9装甲推土机

以色列军事工业公司针对加沙地区的冲突特点，研制出了一套D9民用推土机的专用装甲组件，主要包括采用全装甲驾驶室，安装高级防弹玻璃，在一些重要部件如发动机散热器、推土机液压缸以及重要管线外都设置了装甲防护，根据情况还可以安装格栅装甲，使整车除了能抵御一般小口径子弹的袭击外，甚至能经受住RPG火箭弹的攻击。据称，整个装甲组件重达15吨。此外，考虑到近战需要，D9装甲推土机在装甲驾驶室备有7.62毫米机枪或40毫米枪榴弹，还备有烟幕弹发射器，这些装备足以让D9装甲推土机能跟随步兵在城市的大街小巷进行肆无忌惮的扫荡。

横行战场：“毁灭”推土机千里走单骑

在一个世纪的装甲战争中，从来没有一次战役或者战斗的结果能被一辆推土机左右，但“毁灭”装甲推土机做到了。

以色列军工兵部队在2006年7月的黎巴嫩与以色列的军事冲突中，不仅以D9装甲推土机铲平真主党民兵的阵地，还执行了排雷和拖救友军战车的任务。D9装甲推土机以其巨大的推土铲清除了许多装有200～500千克炸药的简易爆炸装置，而且屡屡在敌军轻武器和火箭弹的直接命中下“毫发无损”。以军在战后的总结报告中，特别强调了D9装甲推土机“是以军制胜且有生力量几无损失的关键”。

2007年，在对D9型军用无人装甲推土机进行战场公开试验时，以色列军方曾宣布，这种装备的研制是非常必要的，投入的每一千美元都有可能挽救一名以军士兵的生命。巴勒斯坦内阁发言人则警告称，以军使用无人推土机将会导致更多的巴勒斯坦平民伤亡，推土机这一民用工具的军事用途开发设想应该受到世人的鄙视，否则，无辜平民将面临更大的生命和财产威胁。

以军经常使用推土机摧毁他们认为居住着巴勒斯坦自杀式恐怖分子家人的房屋及其他可能藏有以色列敌人的楼房。对巴勒斯坦人来说，D9推土机就是“毁灭”的同义词。这种灰色的、重装甲防护的推土机，瞬间就能摧毁一幢小型楼房，能把数百幢建筑化为灰烬，难怪就连以色列的评论家都称之为“恐怖的战争怪兽”。一名以军在“防卫墙”行动中捕获的巴勒斯坦枪手曾不无感慨地说：“第一次看到推土机打赢了战争。”

★“恐怖的战争怪兽”——D9装甲推土机

2009年驻伊美军曾向以色列购买了多台D9装甲推土机，用于执行清剿反美武装分子的任务。

战事回响

世界著名装甲工程车补遗

皇家兵工厂出品：英国CET装甲工程牵引车

1962年，英国陆军参谋部提出为皇家工程部队研制和装备新型装甲工程车。1968年，军事工程实验室推出两辆样车。1975年，英国陆军完成定型工作，并正式命名为CET装甲工程牵引车。从1977年到1981年，位于利兹的皇家兵工厂共批量生产了143辆装甲工程牵引车，之后还分别为印度和新加坡生产了15辆和54辆。

CET装甲工程牵引车的最大战斗重量虽然只达到18.3吨，却出人意料地将高度灵活性、出色的机动性以及充分的防护能力集于一身。在机动性方面，它装有喷水推进器，因此具有两栖能力。就防护能力而言，其乘员舱备有完整的核生化防护装置。车上设有两个座位。正常行驶情况下，驾驶员坐在车内前方位置，除驾驶外还负责操作绞盘。另一名乘员则面向后而坐，负责操作挖斗，在涉水时还负责驾驶。

CET装甲工程牵引车的专用设备包括：安装在车后的挖斗，由轻合金制成，切削刃采用工具钢；安装在车前的双速绞盘，最大拉力为80千牛；安装在车顶的地面固定装置，与绞盘的钢索相连，最远能置于距车90米处，用于帮助车辆稳定在斜坡上；供起重机使用的固定点，用于辅助升高重达4吨的负载（随后被放入挖斗中）。

★CET装甲工程牵引车

西方最早的专用工程车：德国PiPz-1/PiPz-2装甲工程车

德国马克公司1967年研制的PiPz-1是西方国家最早的专用装甲工程车之一。它沿用了“豹”1装甲抢修车的整体布局，但进行了一定改进，例如前推土铲可配装锯齿，用以破坏路面；起重机兼作液压钻等工具的支撑结构；热交换器可为发动机提供充分制冷，使后者能在很高的外界温度下连续工作8个小时以上。迄今为止，PiPz-1已先后装备了德国、比利时、意大利和荷兰陆军，总产量达到107辆。

1961年，德国陆军曾发起研制两栖多用途工程车（APM）的项目，该项目后来演化为以“豹”2坦克底盘为基础开发一种新型装甲工程车，但最终因成本原因于1978年夭折。随后，德国联邦防务技术与采购局另起炉灶，以“豹”1坦克底盘为基础提出一种更经济的设计方案，这就是80年代初开始研制的PiPz-2DACHS装甲工程车，绰号为“獾”。其车体和主要部件均取材于现有的PiPz-1以及已经退役的“豹”1装甲抢修车。

从90年代开始，通过拆解36辆PiPz-l和104辆“豹”1装甲抢修车，德国陆军先后装备了140辆PiPz-2。与PiPz-l相比，PiPz-2的主要改进之处是：用带有挖斗的挖掘机取代起重机，用于在岸边开辟通道，为部队跨越水障准备入口和出口；推土铲宽度由3.25米增至3.75米；采用新的舱底排水泵；推土铲也采用新的液压制动器。

酋长的下一代：“小猎犬”战斗工程车

英国陆军正为皇家工程部队研制两种新一代装甲工程车，即“小猎犬”战斗工程车和“特洛伊人”工程坦克系统，计划分别取代前面提到的装甲工程牵引车和日渐老化的“酋长”装甲工程车。2002年7月，AO防务公司在竞标中击败维克斯防御系统公司，赢得研制和生产“小猎犬”战斗工程车的合同。第一辆样车于2004年底问世，首批20辆则于2008年年末投入装备。英国陆军原计划采购100辆，但后来下调为65辆。

★PiPz-2装甲工程车

“小猎犬”战斗工程车采用全新设计，但为了降低成本和提高机械可靠性，该车将大量采用民用现成产品。在总体布局上，它与传统装甲工程车相差无几。车前位置设有双人座位。动力装置安装在车后位置，以515千瓦柴油发动机为基础，配用“阿里森”自动变速器，四个前进挡和两个倒挡。车辆采用可闭锁式液压气动悬挂系统，全焊接钢制车身上装备一挺7.62毫米通用机枪和烟幕弹发射器，可抵御轻武器、弹片和地雷攻击。

“小猎犬”的战斗全重为31.5吨，可用A400M空运。该车标准设备包括昼/夜（红外）观察系统、通用动力公司“弓箭手”数字化通信系统、AMETEK环境控制系统、核生化防护系统以及能够帮助车辆在高危地区实现遥控操作的系统。专用工程设备包括：装在可回转支座上的伸缩臂，既可用于安装挖斗和其他工具，也可用做负重为5吨的起重机；前推土铲采用液压制动，并能方便地被扫雷犁、叉升系统或铺轨装置所取代；最大拉力为200千牛的自救绞盘；装载束柴、轨条和其他材料的后平台；用于牵引拖车或“巨蟒”火箭助推扫雷系统的拖钩；指路牌分配器。

为了配合“挑战者”主战坦克的战场使用，英国陆军决定以“挑战者”坦克底盘为基础研制一系列专用变型车，包括“挑战者”装甲抢修车、“挑战者”驾驶员训练坦克以及“泰坦神族”装甲架桥车和“特洛伊人”工程坦克系统。“特洛伊人”工程坦克系统的主要任务是抢在装甲部队之前，在战场上快速扫雷和清障。与“挑战者”主战坦克相比，其防护能力有过之而无不及，但总体布局则与传统重型装甲工程车类似，即车内靠前位置安排三名乘员，动力装置则置于车后。其专用工程设备与“小猎犬”战斗工程车类似，但增加了前推土铲、扫雷犁和双节挖掘机。

★英国陆军“小猎犬”战斗工程车

舶来的经典：CZl0/23ALACRAN装甲工程车

西班牙陆军曾向美国陆军采购50辆M60AI主战坦克。20世纪90年代末，西班牙陆军决定将其中30辆改造为装甲工程车，称之为CZl0/23ALACRAN。ALACRAN能够搭载三名乘员，其独特之处在于拆除了原来的105毫米火炮，而在炮塔上直接安装关节式挖掘机。

这种做法据说是借鉴了前苏联陆军的经验，其优点是挖掘臂可进行360度旋转，但挖掘力有所减弱。

顺便指出的是，以T-55、T-64或T-72坦克底盘为基础，前苏联以及其他某些华约国家开发和生产了多种型号的装甲工程车，这种研究活动在冷战结束之后也时有所闻，但详细情况一直不得而知。

双绞盘首车：瑞士AEV-3装甲工程车

20世纪90年代，按照瑞士陆军的要求，莱茵金属地面系统公司研制了新型战斗工程与扫雷车，并命名为AEV-3。

AEV-3装甲工程车采用“豹”2主战坦克的底盘和其他部件，搭载三名乘员，自卫武器包括一挺12.7毫米重机枪和烟幕弹发射器，配有液压挖掘机、前推土铲和两个Rotzler转塔式绞盘，战斗重量根据防护等级的不同在59吨到62吨之间。

AEV-3装甲工程车的液压挖掘机装在可回转支座上，与挖斗相连，其水平作用范围为9米，垂直作用范围为8.5米，最大挖掘深度达45米。前推土铲宽34米，采用标准铲刃，也可由扫雷犁取代。Rotzler转塔式绞盘最大拉力为90千牛，钢缆长为200米。这种双绞盘设计堪称一大创新，能大大提高作业灵活性。

★瑞士AEV-3装甲工程车

7

第七章

装甲扫雷/布雷车

雷区王者

兵典
THE CLASSIC
WEAPONS

沙场点兵：它们制造了地雷战

布雷车是利用机械装置布设地雷场的专用车辆，用于在战争过程中快速机动布雷，也可用于预设地雷场。按行驶方式划分，布雷车可分为拖式和自行式；按布雷过程可分为自动式和半自动式；按布雷方式可分为放置式和抛撒式。

扫雷车是装有扫雷器的装甲车辆，用于在地雷场中为部队开辟道路。按扫雷方式划分，扫雷车可分为机械扫雷车、爆破扫雷车和机械爆破联合扫雷车。根据需要，可在战斗前挂装不同的扫雷器材。装甲扫雷车可以是专门设计用来清除地雷的装甲车辆，也可以是将清除工具附加在一般用途的装甲车辆上面，并长时间担任地雷排除任务的装甲车辆。无论是车轮型态还是履带型态的扫雷车都可见于不同国家的部队当中。

在现代战争中，布雷车和扫雷车都是进行地雷战、实施机动和反机动的重要工程装备。

兵器传奇：它们终生和地雷为伴

扫雷车有着悠久的历史，早在第一次世界大战期间，英国在4型坦克上试装了滚压式扫雷器。在第二次世界大战期间，英国在马蒡尔达坦克上安装了锤击式扫雷器，美国在

★美国20世纪60年代的LVTE-1扫雷车

★美国研制的ROBAT遥控扫雷车

M4和M4A3坦克上分别安装了T-1型滚压式扫雷器和T5E1型挖掘式扫雷器，苏联在T-55坦克上安装了挖掘式和爆破式扫雷器。

在20世纪60年代初，美军曾研制以LVTP登陆装甲车为基础的LVTE-1机械、爆破联合扫雷车。

20世纪80年代，世界各国开始研制遥控扫雷车。美国研制的ROBAT遥控扫雷车是其中最经典的车型。苏联始终认为工程兵是现代战争中诸兵种合成部队作战不可缺少的支援力量，提出工程兵部队在进攻战中的首要任务是为战斗部队开辟和维护进攻的道路的看法，主张装甲兵应具备独立克服地雷场的能力，并发展坦克上挂装的扫雷犁、扫雷滚轮等扫雷器材以及专用的装甲爆破扫雷车。由于新型地雷和远程抛撒布雷系统的发展和应用，机动性好、有装甲防护能力等集多种功能于一身的扫雷器材也正在发展中。

进入21世纪之后，扫雷车呈现出“百花齐放”的发展趋势：第一，机械式扫雷车尽管存在结构笨重、安装运输困难以及使用时受地形、土质和季节的条件限制等缺点，但滚压式扫雷车扫除装有压发引信和触发引信的地雷比较彻底，开辟通路准确无误，可重复进行开路作业。犁掘式扫雷车重量轻，锤击式虽属较老型式，但依然受到英、法等国重视，因此这类扫雷车仍是一种有效的扫雷器材，还将普遍地使用。第二，机械爆破联合扫雷车是近期扫雷器材的主要发展目标，机械和爆破结合的方式可以取长补短，综合利用。第三，爆破扫雷车打破了传统的扫雷方法，是扫雷技术的重大突破，具有一定的发展潜力。第四，利用微波、微处理机技术研制的探雷车和扫雷车以及利用机器人技术的遥控扫雷车将在扫雷技术领域中产生新的突破。

布雷车的历史相对来说比较短，20世纪70年代以来，世界各国非常重视地雷的发展，在地雷引信、装药和结构方面作了重大的改进。如在反坦克地雷方面，由第一代的反履带地雷发展到第二代反底甲地雷，进而发展到第三代的反侧甲地雷和反顶甲地雷；在布雷器材方面，由原来的拖式机械布雷车发展到自动机械布雷车，进而发展到用火炮、火箭和飞机、直升机等发射和抛撒的布雷器材。

进入21世纪后，布雷车也呈现出良好的发展势头：第一，一般布雷车仍将继续装备部队，用于布设或预设地雷场；第二，抛撒布雷系统将日臻完善和广泛使用，今后将可能在各国装备中占主导地位；第三，地雷器材将向智能化方向发展，进一步发展自动寻找地雷的扫雷车的机器人布雷车，进而遥控地雷场并自动监视地雷障碍系统。

慧眼鉴兵：布雷与扫雷

布雷车分拖式布雷车和自动布雷车。

拖式布雷车（布雷器）由装甲人员输送车或轮式卡车牵引，以人工向布雷器供雷的方式布设地雷。布雷器完成输雷、控制雷距、解脱保险、挖沟埋雷和布雷等作业。苏军在20世纪70年代发展研制的PM3-4拖式布雷车、英国棒状地雷拖式布雷车、20世纪80年代瑞典陆军装备的FFV拖式布雷车以及日本陆上自卫队装备的83式拖式布雷车都属此类。

自动布雷车采用装甲车或牵引卡车为底盘，实现了全布雷过程的机械化。如苏联履带式装甲布雷车、法国于20世纪70年代研制的马太宁自动布雷车都属此类。后者装有液压机械推进作业机构，以注入方式埋设地雷，而且不破坏地面植被，不易被探测仪或肉眼觉察，另外还有一套控制布雷和暂停布雷的液压传动机构。

扫雷车分机械扫雷车、机械爆破联合扫雷车、爆破扫雷车三种。

机械扫雷车是靠坦克或装甲车推动安装在车前的扫雷滚轮、扫雷犁和锤击式扫雷器在雷场中进行排雷作业的装备。机械扫雷车分为碾压式（滚压式）、犁掘式和锤击式三种：碾压式扫雷车的特点是机械强度高，能承受压发地雷的爆炸冲击，而且滚轮在导向轴上能灵活运动，能够适应在起伏度较小的地形上行驶，一般可经受8～10次地雷爆炸冲击而不被损坏。但是它的滚轮较重，运动阻力大，如车辙式扫雷滚轮组自重超过7～8吨，同时对非压发地雷无效，对在沙土、沼泽地和深土中埋设的地雷作用不佳；犁掘式扫雷车的特点是结构简便，自重小，将犁挂上车后，不妨碍坦克驾驶员的视线，不影响车辆行驶速度，可在车内进行操作，缺点是不能在冻土深度5厘米以上的地区和各种灌木地区作业；锤击式扫雷车又称连枷式扫雷车，这种车的优点是所需功率小，使用寿命长。第二次世界大战中英国克拉波扫雷坦克曾在欧洲战场上使用过这种车。该车具有独特的结构，链条由车载发动机带动，链条两端装有圆盘切刀，除了能扫除地雷外，还能用圆盘切断铁丝网，在铁丝网中开辟通路。

机械爆破联合扫雷车采用坦克、装甲输送车为底盘，加装机械和爆破装置后一般不会降低底盘自身的机动能力和防护能力，集机械扫雷和爆破扫雷于一身，可根据地形、地雷品种使用两种扫雷器，扫雷效率和效果较好，是一种比较理想的扫雷车。

爆破扫雷车不直接进入雷场，而是在雷场外一定距离处发射扫雷装药以达到开辟通路的目的。通常用一辆坦克装甲车辆作为基础车，车上装有发射装置和扫雷装药，直接行驶到或被牵引到发射场地。苏军的装甲扫雷车就属此类。该车采用122毫米自行榴弹炮底盘做基础车，车体上部装置火箭发射架和直列装药，由液压机构调整发射架升降，将直列装药发射到200～400米距离处。它的特点是在极短时间内能够开辟一条需要的通路。

地雷战主角——联邦德国“蝎”式抛撒布雷车

旅师配备：抛撒布雷系统登场

1984年，联邦德国率先开始研究抛撒布雷系统，他们称之为火箭抛撒布雷系统。这个系统比较复杂，包括MSM-FZ车辆抛撒布雷系统（“蝎”式抛撒布雷车）和MSM-HS直升机抛撒布雷系统。

1986年，首批抛撒布雷车交付联邦国防军。根据签订的合同，需提供300辆M548GA1履带式装载车，1802套撒布地雷部件，300套定时、测试和抛撒装置（EPAG）及10000个装雷箱。

德国人对“蝎”式抛撒布雷车的要求是：它属于旅、师两级战斗支援部队的战场武器，用于执行阻止敌方实施工兵机动的任务；它一次可装载600个反坦克地雷；能够在五分钟内设置一个宽150米、纵深60米的反坦克地雷场。

★“蝎”式抛撒布雷车

截至2007年，德国联邦军共获得“蝎”式抛撒布雷车300辆，这大大加强了德国陆军的前沿防御能力。

MSM-FZ车辆抛撒布雷系统

★“蝎”式抛撒布雷车性能参数★

车长： 3.320米	**雷匣容量：** 20枚
车宽： 2.870米（载荷布雷状态）	**最高公路速度：** 40千米/时
车高： 3.195米	**最大公路行程：** 500千米
战斗全重： 4吨	**乘员：** 2人

“蝎”式抛撒布雷车是联邦德国MSM-FZ车辆抛撒布雷系统的第一种成品。“蝎”式抛撒布雷车由M548GA1履带式装甲车改进而成。车上旋转平台上装有六个可调整的发射雷箱，每个雷箱中有五排雷匣，每排雷匣内装20枚AT2地雷。雷匣有金属壳体，填充泡沫塑料。每个雷匣中有四根玻璃纤维增强塑料抛射管，每根管中有五枚AT2反坦克地雷，用火药一次发射抛出。

联邦德国“蝎”式抛撒布雷车的车辆驾驶舱内安装的EPAG定时、测试和发射装置是系统的主要控制装置，可用于预先选择综合的地雷障碍数据，或转入自动工况。作业前输入装置的数据包括地雷的六种自毁时间；在0.1～0.6枚雷/米之间的六种不同布雷密度；自动抛射或单枚抛射，向左右两侧交替抛射或向一侧抛射。EPAG装置还可用组件故障显示器进行自行检测，监视作业条件，显示准备抛撒的地雷。

MSM-HS直升机载布雷系统

飞机布雷系统是远距离、大面积快速布雷的系统，布撒的地雷亦被称为区域封锁弹药。飞机布雷主要用于袭击敌方坦克集结地域和待击地域，拦阻行进中的装甲机械化部队，还同其他航空弹药相配合，破坏跑道等机场设施，攻击修复机场的人员、车辆和机械，封锁机场，使之长时间陷于瘫痪状态。直升机布雷多用于快速构成战术雷场，加强防御阵地障碍物配系或掩护进攻部队的侧翼。

1987年，联邦德国在“蝎”式抛撒布雷车和贝尔（Bell）UH-1D直升机基础上研制了直升机载系统并接受飞行试验。机上的两个雷箱、EPAG控制系统与抛撒布雷车上的相同，用减振装置和悬挂装置支撑两个雷箱，而EPAG固定在货舱的座椅连接件上。系统的装配时间约15分钟。布雷时直升机飞行高度为5～15米。战斗装载量为2×5个雷匣（200枚AT2反坦克地雷），在20秒内，可布设一个每米0.5枚地雷、500米长的地雷阵。

★早期的“蝎”式抛撒布雷车

嗅觉灵敏的“超级工兵”——联邦德国“雄野猪”扫雷坦克

“雄野猪”出世：25年的研制成果

1971年，联邦德国陆军向德国政府公开了整年的军事需求，从这些需求中可以清楚地看到，联邦德国装甲部队急需快速扫除地雷的器材。

1972年，联邦德国政府批准了陆军建造新型扫雷坦克的计划。联邦德国陆军计划采购245辆扫雷车，约有24家公司参与竞标，提出了近80套多种原理的解决方案。但是到1973年，只剩下6种方案还在进一步探讨。

1978年，静压排雷装置的样机试验，由于不够理想而夭折。最后，由于技术和经费的原因，只剩下“垂直旋转击打”原理的快速扫雷器材还在继续研究。

1985年，联邦德国马克公司提供了两台扫雷坦克试验样机。样机以M-48A2型作战坦克底盘作基础车，把扫雷装置固定在一个旋转臂上，旋转臂的基座是一个长圆槽。由于财政预算问题，军方的需求从245辆减少到157辆。

1985～1990年，样机在工厂、试验场和部队成功地进行了试验。但由于技术问题，这一计划被迫推迟。

直到1997年，第一批总计24辆，被命名为“雄野猪”的扫雷坦克才交付给联邦国防军的七个旅辖装甲工兵连。为了满足部队需求，生产厂家又陆续提供了48辆“雄野猪”扫雷坦克。

性能均衡：士兵称其为“大象足扫雷具”

★“雄野猪”扫雷坦克性能参数★

车长：8.7米

车宽：3.63米

车全高：3.24米

战斗全重：42吨

发动机：12缸风冷汽油机/柴油机

最大功率：596千瓦

最大公路速度：50千米/时

最大公路行程：350千米

乘员：4人

★具有“大象足”的“雄野猪”扫雷坦克

“雄野猪”扫雷坦克以美制M-48坦克为底盘，使用旋转的击锤能够将埋设在25厘米深处的98%地雷扫除掉，并能用推土铲刀将剩余的未爆地雷推向通路两边。“雄野猪”扫雷坦克具有很高的可靠性，按照军方要求能够在10分钟内开辟一条4.7米宽、120米长的安全通道。

“雄野猪”扫雷坦克的扫雷装置主要有犁式扫雷器、滚压式扫雷器、撞击式扫雷器。这几种扫雷装置在雷场上都曾立下汗马功劳，但又因为自身特点，在现代雷场上都明显感到力不从心。犁式扫雷器一遇硬土，犁便打滑，难有作为。滚压式扫雷器在坑洼不平路面落碳难免出现空当，漏扫地雷。撞击式扫雷器往往撞击起尘沙，既迷遮乘员视线，又侵损坦克零部件。而“雄野猪”集多种扫雷功夫于一身，扫雷效率颇高。“雄野猪”的扫雷器具与液压机械传动装置匹配，扫雷框架在扫雷时转到车首前方，能够自动支撑并锁定。在液压驱动的扫雷器轴上装有钢链并悬挂着24个扫雷具，因其形状似象脚，士兵给它起个绰号叫“大象足扫雷具”。每个“大象足”重15千克，碰到障碍时，或“踏上”击毁，或将其“踢”出。扫雷时行进速度可根据地面阻力进行自动控制。扫雷器轴两端分别装有一个测距传感器，借助液压接通，扫雷器轴始终保持在正确位置上，这样就有利于保持相同的扫雷深度，不会漏扫。

此外，“雄野猪”还具有一定的防护能力。它采用的是美制M-48主战坦克的铸钢车体，铸钢车体形式虽老，却有抗地雷爆炸的能力。“雄野猪”扫雷坦克试验样车曾经进行1000千米左右的越野和公路行驶试验，通过试验雷区时，它扫除了炸履带、炸车底装甲等54枚不同种类的反坦克地雷，开辟了约25千米长的通道，而自身复杂的技术装备没有一件受到损坏。此外，乘员舱和其他系统如“大象足”扫雷具，也都有一定的装甲防护和抗雷片侵害的能力。在比较复杂的地形上，在任何暴露或隐蔽布设的反坦克地雷障碍区中，“雄野猪”都能以较快的速度开辟出一条4.7米宽的通道，可靠性达98%。它在公路行驶时的最大时速为50千米，最大行程为350千米，所以能直接伴随装甲机械化部队机动作战。

但是，“雄野猪”扫雷坦克也存在一些缺点，比较典型的是有时真假不分，如对地雷与硬石的辨别力较差，影响和降低了扫雷速度。在最初试验时曾遇到过一块花岗岩石，扫雷具认为是地雷，不停地在原地踏、踢，直到击碎了那块花岗岩石后才继续向前行驶。

扫雷技能出众：“雄野猪”被誉为“和平勇士”

“雄野猪”扫雷坦克是现今世界上唯一一种能在已知的地雷障碍中可靠地扫除地雷或使其失效的器材。“雄野猪”扫雷坦克能扫除各种型号的地雷，或使其失效，而且不管是如何布设（放设或埋设）或使用什么类型的引信。“雄野猪”扫雷坦克是能够扫除埋在地下25厘米及布放在地表的各种地雷的扫雷器材，无需探雷或标定地雷位置，扫雷可靠性几乎为100%。

在“雄野猪”扫雷坦克正式装备部队之前，已有三辆样机于1996年中期在巴尔干地区成功地扫除了40千米路段上的地雷。进入21世纪以后，联邦德国马克公司又向联合国代表展出了特种型号的“雄野猪”扫雷坦克，目的在于使该车在维持和平和人道主义行动中发挥作用，以期尽早消除杀伤人员的地雷给无辜平民带来的威胁。

由于“雄野猪”扫雷坦克在实施全球人道主义扫雷作业中发挥越来越重要的作用，因而赢得了“和平勇士”的美誉。

机器人式扫雷车——美国ROBAT遥控扫雷车

军用机器人：ROBAT领跑世界

在现代战场上，反坦克地雷已成为坦克和装甲部队实施机动的一大障碍。美军为了提高在反坦克地雷场中开辟通路的能力，从1981年起就着手研制ROBAT遥控扫雷车。

ROBAT是“Robotic Obstacle Breaching Assault Tank”的缩略语，意即机器人式清除

障碍突击坦克。该车由美国陆军坦克机动车辆局设计和制造，陆军工程兵学校等单位参与其中。

1986年3月17日，第一辆XM1060型ROBAT遥控扫雷车样车运抵阿伯丁试验场并进行包括部件检查和调试、行驶试验、电磁干扰试验和安全性试验等在内的性能考核和整车试验。

1986年8月，第二辆样车也运抵该试验场进行考核试验。在试验中使用了一辆M113装甲车，车上安装了遥控装置，以实施机动操纵。原计划试验鉴定合格后，由美国安尼斯顿陆军基地用M60A3坦克底盘改造142辆。但由于减少了该项目的经费，致使原定试验和生产计划受到了影响。

ROBAT遥控扫雷车将机械扫雷和爆破扫雷集于一体，车后还装有通路标示系统，驾驶员既能在车上操纵，也能遥控操纵，从而同时具有发现雷场、开辟通路和标示通路的能力。在目前各国装备或是在研制的扫雷车中，该车处于领先地位，它的研制成功大大增强了美国陆军的扫雷实力。

ROBAT遥控扫雷车服役之后，美国陆军也没有停止对它的改造。1987年，美国给ROBAT遥控扫雷车安装了新的无线电/光纤控制系统，在车前装有电视摄像机，并用光纤电缆与遥控操纵盒相连，光纤可长达两千米。当车辆在操作手的视线内时，无线电通信是

★具备无线电光纤系统的ROBAT遥控扫雷车

遥控的主要方式，操作手可用该控制系统在远处控制发射引爆地畦用的直列装药、控制车辆的行驶和制动等。

海湾战争后，美国海军也曾用这种机器人在沙特阿拉伯和科威特的空军基地清理地雷及未爆炸的常规弹头。

表现不俗：性能可靠的遥控扫雷车

★ ROBAT遥控扫雷车性能参数 ★

车全长（炮向前）： 6.9米
车宽： 3.631米
车高： 3.213米
战斗全重： 48吨
发动机： 12缸风冷柴油机
最大功率： 551千瓦
最大公路速度： 16千米/时
最大公路行程： 500千米

ROBAT遥控扫雷车采用M60A3坦克底盘，去掉了炮塔，代之以一块厚的装甲板，在装甲板上安置了两个钢制装甲箱，内装扫雷直列装药。

由于该车采用了M60系列坦克底盘，因此能伴随装甲部队一起行动，驾驶员也可在车上操纵，在机动性、防护力和零部件供应方面与装甲部队一致。当部队发现敌人设置的雷场后，即派该车执行扫雷任务。一旦扫雷滚轮将地雷压爆，即可确定地雷场的前沿，此时扫雷车后退到适当位置，先发射由火箭拖曳的扫雷直列装药，引爆通路内的地雷，然后驾驶员从车上取出遥控操纵盒并下车操纵扫雷车，用扫雷滚轮来压爆通路内残存的地雷。遥控操纵的距离为1.8千米，操作手可通过操纵盒上的监视器清楚地观察到扫雷车的行进路线、所处位置和扫雷情况。当扫雷车前进时，通路标示系统同时标出雷场通路，以指引后续坦克通过雷场。

ROBAT遥控扫雷车整个扫雷系统由扫雷滚轮系统、火箭拖曳的M58A1扫雷直列装药和通路标示装置三个部分组成。

ROBAT遥控扫雷车的辙式扫雷滚轮是遥控扫雷车的主要扫雷手段，装在车前距履带6米处，它与陆军现役M60扫雷车前部的扫雷滚轮属于同一类型。该扫雷滚轮是美军于20世纪70年代初开始研制的，20世纪80年代初装备装甲兵部队，由滚轮、磙压升降装置和支架组成，全重为10吨，分左右两组，每组有五个滚轮。每组扫雷滚轮的扫雷宽度为1.83米，扫雷速度为16千米/时，对埋在地下100毫米处的压发地雷，扫除率可达90%。在两组滚轮间还有一条链枷，用来扫除带有触发杆引信的地雷。

扫雷滚轮使用可靠、安全，对于压发地雷的扫雷成功率较高，耐爆性好，可重复使用。缺点是土壤适应性差，只能对付单一的压发地雷。

ROBAT遥控扫雷车配备了扫雷直列装药，爆破扫雷是利用炸药爆炸产生的超压来诱爆地雷。M58A1扫雷直列装药是美军于20世纪80年代中期研制的。该装药分别置于车体两侧的两个装甲箱内，拖曳装药的火箭弹固定在装甲箱顶板下，与箱内装药相连。当发射火箭弹时，顶板在枢轴上转动展开，赋予火箭弹发射角度，火箭弹带动装药迅速飞向雷场上方，然后由定距绳控制装药前进并将其拉直，最后起爆。每条装药长107米，可开辟一条100米长，3.7～4.6米宽的车辙式通路，发射距离达150米。

ROBAT遥控扫雷车的雷场通路标示系统也有着良好的表现。以往的扫雷车由于缺少通路标示装置，开辟出的通路无明显标志，不利于后续部队的通行。为弥补这一不足，美军在遥控扫雷车的后部安装了通路标示系统。该系统是一个轻型的装甲盒，内装能产生化学发光体的“光棒”。当扫雷车在雷场中行进时，由操作手通过遥控装置启动通路标示系统，在已开辟的雷场中标明通路，无论白天或黑夜，“光棒”都能为后续坦克指引安全通路。

战事回响

美军的“地狱之旅”——伊拉克地雷战

2003年伊拉克战争结束后，美国派兵进驻伊拉克。路边炸弹已演变成为驻伊拉克美军的“头号敌人”。为了对付路边炸弹，美军使出浑身解数。2006年，美陆军方面对外宣布，将订购多达1.77万辆的新型装甲车辆——防地雷反伏击车，以此为在前线巡逻的美军士兵提供保护。这种车将一对一替换美军当前使用的“悍马”车，于2008年7月部署到位。

防地雷反伏击车最大的特点就是底盘显著提高，车体采用“V”形设计，并使用了重装甲防护，因而在对付路边炸弹方面比“悍马”车的性能更好。此前，美国海军陆战队已经采购了3700辆，实战证明的确非常有效。据海军陆战队的人员透露，这种战车在碰上路边炸弹后，能够对乘员提供保护，即使车辆被毁，人员也可能只是受伤而不会毙命。

然而有军事分析家认为，这种车辆过于昂贵，每辆造价约百万美元，而且十分笨重，不太适合在城市的小巷中活动，除了能够防御路边炸弹外，对于美军的其他行动并没有什么用处。

被路边炸弹搞得狼狈不堪的美军，在寻找对付它的办法方面确实花了血本。据美国2008年的《海军时报》透露，美国国防部已经成立了一个“打击简易爆炸装置办公室”的秘密机构，主要统管美军在对付路边炸弹方面的工作，每年的经费约30亿美元。

美军对付路边炸弹的手段也是五花八门。2008年，美军正式列装的小型探测和排爆机器人主要有六种，部署数量近2000台套，累计探测和排除简易爆炸装置和未爆弹上万枚，有效地减少了部队伤亡。

2009年，美国洛斯·阿拉莫斯国家实验室研制出一款扫雷机器人。它被设计成竹节虫的模样，长达1.5米，拥有许多长腿，内置探雷装置。“竹节虫”在前进时，一旦发现地雷，就用一只长腿引爆地雷。地雷爆炸后，可能将“竹节虫”掀翻，或将长腿的一部分炸断。但“竹节虫”能自动调整自己的姿势，并利用剩余的长腿前进，继续排雷。目前，美国陆军对这款机器人进行了测试，结果表明，“竹节虫”即使只剩下一条腿，也能挣扎着前进排雷。

据悉，美军正积极地为各种地面车辆加装专用的电子干扰系统，这些电子干扰系统能够在一定范围内干扰和屏蔽遥控起爆信号。目前，美国陆军和海军陆战队已采购和列装了上万套“魔术师”系列无线电干扰系统和反简易爆炸物装置，甚至美国海军EA-6B“徘徊者”电子战飞机也被用来对付路边炸弹。

在美军升级对付路边炸弹手段的同时，反美武装也在不断改进自己的方法。在占领伊拉克的初期，美军发现藏在垃圾桶或牲畜体内，以及埋在路边的炸弹，制作技术很原始，于是很快就“破译”了这些技术。由于伊拉克多是沙漠，植被很少，美军就砍倒道路两侧的树木，让反美武装找不到安置炸弹的地方。后来反美武装开始把炸弹埋在公路的沥青层下面，“路边炸弹”成了“路下炸弹”，让美军防不胜防。同时炸弹的装置也

★“竹节虫”机器人排爆场面

越来越先进，有的炸弹甚至能穿透美军乘坐的“布雷德利”战车的钢板。袭击方法也有了改进，反美武装将雷管与反坦克地雷绑在一起，制作的炸弹重达500磅，足以炸毁装甲车。有美军人员曾无奈地指出：“抵抗分子开发新式路边炸弹的速度远远超过我们排除的速度。”

世界著名扫雷车补遗

雷场轻骑——美国M58A3直列装药扫雷器

M58A3直列装药扫雷器是由1985年8月定型的M58A1MICLIC改进而成，与M58A4一起成为生产型装备。这种扫雷器安装在拖车上，可由M113装甲人员输送车、M2/M3布雷德利战车、M9装甲战斗推土机等牵引，利用装药爆破，开辟一条长107米，宽3.7～4.6米的通道，为坦克、车辆和步兵通过雷场扫除障碍。

M58A3直列装药扫雷器的每根直列装药长约107米，含有793.8千克C4炸药，炸药沿尼龙绳和导爆索均匀分布。直列装药、拦索和M113A1E1电引信均装在一个钢制容器内储存或输送。容器装在M353型拖车的平板架上，架上有M155发射系统。从地面发射时，发射系统固定在平板架上，MK22MOD4127毫米火箭发动机装在发射架上，发射架与牵引车成整体部件。直列装药装上引信后，将装药导线与火箭发动机连接，用M34发射装置遥控发射或从安全阵地上发射。在目标区上空，火箭将直列装药推出平板架，而装药向前飞行距

★M58A3直列装药扫雷器

★M58A4直列装药扫雷器

离受火箭发动机的燃烧时间和62.48米长的着陆缆索的限制。装药展开后，由发射装置产生的电脉冲引爆炸药，落地爆炸并排除地雷。

扫雷时将扫雷拖车置于雷场边缘60米处，然后将火箭调整至最佳角度，火箭点燃并拖带直列装药穿越雷场，落地爆炸并引爆地雷。该扫雷器材已用于海湾战争进行扫雷作业。美国陆军工兵学校近来对M58A4系统又进行了改进，将其安装在原来的坦克架桥车前部左、右两侧的装甲箱中，里面各放一条爆炸带，使其扫雷能力比过去有了提高，机动性也得到了加强。但由于该拖车为轮式，不适应在沙漠中进行长距离机动，尤其难以在崎岖不平的路面上行驶。因此，海湾战争结束后，美军对该拖车进行了改进，以履带系统代替原车的轮胎，极大地提高了其机动能力。

引爆蛇——英国“大蝮蛇”爆破扫雷系统

“大蝮蛇”爆破扫雷系统是英国在20世纪90年代开发的一种新型扫雷系统。该系统能排除一次性压发地雷，破坏或干扰其他种类的地表面布设或埋设在地深处的地雷，使它们爆炸并将它们抛到通道之外。

“大蝮蛇”爆破扫雷系统由一根长230米、直径67毫米的塑性炸药软管（直列装药）

★英国“大蝮蛇”爆破扫雷系统

和火箭发射器组成。直列炸药软管绕卷后存放在木箱中，木箱和一个八管火箭发射器共同装在两轮或四轮拖车上，拖车可由奇伏坦、逊邱伦坦克或其他装甲工程车、人员输送车等牵引，在牵引车前面安装车辙式扫雷犁。

“大蝮蛇”爆破扫雷系统的作业过程为：首先将安装“大蝮蛇”的拖车牵引到雷场边沿以外45米的范围内，这时拖车仍与牵引车连接着；然后从牵引车上通过电传动用八管火箭发射器将直列装药射向雷区；装药软管的尾端装有形似三把伞的着陆阻缓装置，飞行时直列装药平伸向前，并驱动撞击机构，待着陆后撞击机构便引爆炸药，为车辆开辟一条长183米、宽7.3米的通路。

试验证明，只要不是耐爆或安装多脉冲引信的地雷，“大蝮蛇”爆破扫雷系统至少可排除90%的反坦克地雷。安装在车辆前面的车辙式扫雷犁可排除未引爆的、埋入地下最大深度为230毫米的反坦克地雷，也能扫除布设在地面上的反步兵地雷和反坦克地雷。每侧扫雷犁上有七个犁齿，在车前将地雷翻出并推到两旁，能清出一条3～8米宽的无雷通道，中间留有一米宽的未排雷带。

2010年，英国正在“大蝮蛇”爆破扫雷系统设计思想的基础上研制一种称为“串联式发射系统”的扫雷系统，可用主战坦克或其他工程车牵引前、后两辆“大蝮蛇”车，先由后面的一辆拖车在雷场外围发射直列装药，后辆拖车脱钩；接着牵引车和前辆拖车开入雷场，到达第二个发射阵地，重复发射过程，这样就可使被扫雷场纵深达400米。

扫雷重锤——英国阿德瓦克锤击式扫雷坦克

20世纪90年代，英国开发了一种锤击式扫雷坦克，定型为阿德瓦克锤击式扫雷坦克。

阿德瓦克锤击式扫雷坦克的扫雷器固定在装甲战斗车辆上，由英国维克斯公司防务系统分部制造和销售。由于阿德瓦克锤击式扫雷器解决了老式锤击式扫雷器所遇到的诸多难题，所以人们正在探讨这种扫雷器的发展潜力和重返快速扫雷领域的前景。

阿德瓦克锤击式扫雷坦克的扫雷器可以安装在许多类型的装甲车辆上，最小车重可为4吨，通过螺栓连接，用一个转接架固定在载车的现有牵引钩和吊钩上。阿德瓦克锤击式扫雷坦克的主要部件有动力装置、液压和电连接件、转筒和扫雷部件以及控制装置，总重约为4吨，其中动力装置重2吨，单独安装在车辆后部，其重量刚好与车前的转筒和扫雷部件的重量平衡。在动力装置、转筒和扫雷部件以及控制板之间的液压和电连接件，经由装甲管道接至载车的车体内。转筒直径为165毫米，转速为250转/分，输入功率为88.2千瓦（120马力），转筒上有6排72根链枷，每根的有效长度为1.22米，相邻两排链的中心距为50毫米。当转筒转动时，其上的链枷尖端打击地面。无论地面形状和表层如何，这种自动控制系统能保证链枷尖端穿入地面的深度保持不变。

★阿德瓦克锤击式扫雷坦克

阿德瓦克锤击式扫雷坦克能清理一条宽3.66～4.66米、最大扫雷深度可达915毫米的通道。当链枷尖端以2千米/时速度和2.66节拍/平方厘米的锤击方式工作时，能够使所有埋入深度达75毫米的地雷失效。该系统能经受相当于10千克TNT爆炸所带来的冲击。链枷尖端寿命为30～50小时，而链枷本身寿命约300小时，驱动皮带和轴承的寿命约200小时。

北欧扫雷手——芬兰RA-140DS扫雷车

RA-140DS扫雷车由芬兰SISU防务公司和芬兰陆军器材部发展研制。该车达到了使用机动扫雷系统的要求，可以清除布设在地面的可抛撒反步兵地雷和反坦克地雷，以及清除埋设的地雷。在对原型样车进行了广泛的试验以后，SISU防务公司很快接到了产品订单。1994年，首批生产的6辆投入使用，此后芬兰陆军又订购了10辆该型的扫雷车。

RA-140DS扫雷车以SISU防务公司的4×4越野车为基础车，带有全装甲前置式驾驶室，以保护操作人员免受轻武器和弹片的杀伤。驾驶室前后以及侧门上部的窗玻璃均为防弹玻璃，而且驾驶室还有压力密封、隔音和防震等特点，从而进一步保证了操作人员的安全。

RA-140DS扫雷车的驾驶室标准配备包括一个暖气和通风系统，如有需要，还可安装三防系统，并可以在车顶架上12.7毫米机枪作防空和自身防御之用。

当扫雷车进行机动时，扫雷系统可由液压系统收回到后甲板上。进行扫雷作业时，扫雷车倒驶以使乘员距扫雷系统的距离达到最远。扫雷车提供了两套驾驶控制系统，一套用于正常的道路驾驶，另一套用于扫雷作业。

RA-140DS扫雷车清除可撒布地雷的扫雷作业时最大时速为12千米，而扫除埋设的地雷则为6千米。系统上装有一套作为标准配置的全自动扫雷深度控制装置，链枷扫雷宽度为3.4米，可以在路面、车辙道或崎岖复杂的地形上清除地雷。

★RA-140DS扫雷车

RA-140DS扫雷车的链

枷式扫雷系统由液压驱动，扫雷装置上的旋转冲击链抽打布设在地面和地表下的地雷，以使其失效或者将其引爆。扫雷装置的旋转方向可逆转。扫雷装置通常以顺时针方向旋转，在清除可撒布地雷场时，也可选用逆时针方向旋转。

据芬兰SISU防务公司称，RA-140DS系统可清除重量达10千克的各种常规埋设的非定向反坦克地雷和反步兵地雷，扫雷车的动力装置为“道依茨”柴油发动机，并配有全自动变速箱，以降低驾驶员的疲劳感，该车的公路最大行驶速度为每小时70千米。

世界著名布雷车补遗

高度自动化的布雷机——苏联PM3履带式装甲布雷车

苏军在20世纪60年代研制并装备了该车，用于布设TM57反坦克地雷。该车以SA-4地对空导弹发射车的底盘作为基础车，车体装甲厚，提高了乘员、地雷以及各种机械的防护能力。越野性好，公路最大速度为50千米/时，可以在战斗过程中直接进行快速布雷。摩托化步兵团或坦克团的每一个工兵连配备三辆，以替代PMP-3布雷车。

PM3履带式装甲布雷车基础车的左前方是驾驶员座位，发动机在其右侧，车内后部空间用于布置储雷架、开启机构、传送输出机构。储雷架内存放208枚TM57反坦克地雷；开启机构用于控制地雷从储雷架到传送带的传送；输出机构保证布雷的雷距；转换机构使地雷进入战斗状态。

★PM3-3履带式布雷车

PM3履带式装甲布雷车还有犁刀和覆土装置、液压升降系统及将动力传递给上述各机构的传动装置。该车的犁刀和覆土装置与PMP-3拖式布雷车和民主德国的MLG-60拖式布雷车相同，也能在地面上布雷或埋雷入土。

PM3履带式装甲布雷车上还配备红外观察仪，以便在夜间进行布雷操作。地雷从储雷架传到地面或埋入土中、雪中的整个过程是自动进行的，无需作业人员辅助操作。

单轴拖车——法国ARE型SOC犁式布雷车

ARE型SOC犁式布雷车专用于布设法国陆军的HPD型反坦克地雷，于1976年在法国萨托里军械展览会上展出，现已装备法国陆军。

ARE型SOC犁式布雷车由一辆四吨卡车或履带式车辆牵引，车辆上除乘员外还装载地雷。操纵布雷系统需要车长、两名供雷手和一名驾驶员共四名作业人员共同完成。遇到不好的天气时，车顶可盖上帆布篷。

ARE型SOC犁式布雷车本身是一辆单轴拖车，布雷系统由布雷槽、输出装置、犁刀和覆土装置等组成。输出装置控制雷距，覆土装置的两块覆土板成“V”形配置。布雷作业时卡车或履带车牵引着布雷车以时速4.5千米沿布雷路线前进，由两名作业手供雷。地雷经输出装置落入由犁刀开辟的沟槽中，然后由“V”形覆土装置覆土，并由后面的滚轮将浮土压平进行伪装。

ARE型SOC犁式布雷车的HPD地雷最大埋设深度为250毫米，雷距可调到2.5、3.3或5米，每小时可布设900～1500枚地雷。

★ARE型SOC犁式布雷车

★GMZ-3履带式布雷车

地雷“插秧机”——波兰GMZ-3履带式布雷车

GMZ-3履带式布雷车是波兰最先进的布雷车，有“地雷插秧机”之誉。

GMZ-3履带式布雷车采用SA-4地对空导弹系统的底盘。驾驶员坐在车辆左前部，车辆发动机位于驾驶员右侧。这种结构为车体的后部留出足够的空间以安装布雷装备和装载地雷。该布雷车的承载装置由七个车轮组成，驱动轮在前，导向轮在后。布雷器呈犁形，地雷通过左右两边的布雷槽“注入”系统内。

GMZ-3履带式布雷车可携带208枚地雷，这些地雷均放在车尾部的装甲室内。布雷系统可以以每小时2～3千米、每分钟4枚地雷的速度作业，其雷间距为4～5.5米。该系统在公路上作业时，可以每小时6～16千米的速度布设地表雷。地雷布设可由人工或自动控制，土壤布雷深度为120毫米，在雪地上布设时可达500毫米。

GMZ-3布雷车上还装有地面导航系统。红外成像器材可使该车在夜间进行布雷作业。每个机步师和装甲师的工兵部队配属三辆（一个排）GMZ-3布雷车以代替早期的PMR-3布雷车。GMZ-3布雷车上还装有一挺14.5毫米的KPVT机关炮、烟幕榴弹发射管以及一个与车辆排气系统结合在一起的发烟系统。

近距离抛撒布雷系统——美国M128拖式抛撒布雷系统

M128拖式抛撒布雷系统（GEMSS）是一种近距离抛撒布雷系统，用于布撒M74反步兵地雷和M75反坦克地雷。

★M128拖式地雷撒布器

M128拖式抛撒布雷系统由美国匹克汀尼兵工厂和食品机械化学公司军械分部研制，1980年定型，于同年列装部队。1982财政年度和1983财政年度美国陆军分别采购了59套和52套，1985财政年度以3010万美元采购了81套。1986财政年度第一季度，美军首次装备了这种布雷系统，每一工兵连各分配一套。

M128拖式抛撒布雷系统安装在改进后的M794双轴平板拖车上，用一辆卡车或履带式车辆牵引，可在公路上或越野中行驶。布雷装置由驱动装置、雷仓和抛雷机构三部分组成。驱动装置包括一台29千瓦（40马力）柴油机、一个液压泵和四个液压马达。雷仓包括两个鼓状雷箱，平行配置在拖车上。尺寸规格相同的M74反步兵地雷和M75反坦克地雷装在此鼓形雷箱中，可以同时或单独地撒布到预定撒布面和雷场。

M128拖式抛撒布雷系统空重4.773吨，装雷后重6.364吨。抛雷器由一个转轮和一个圆形外壳构成，两侧各有一个装入地雷的雷槽，地雷进入抛雷器以后，布雷仓中最多可储雷800枚，每秒撒布两枚，构成一个正面1000米，纵深60米的布雷带。该布雷系统所布的地雷——M74和M75地雷都有预定的自毁时间（一昼夜多）和抗干扰性能。运送M74和M75地雷采用专用雷箱，每箱装地雷40枚。装载M74地雷后，雷箱总重88.45千克。装载M75地雷后，雷箱总重97.5千克。雷箱中的地雷镶在套管中，每根套管内装五枚地雷。装满M128布雷系统的撒布器需要3～5人，花费20分钟。两种地雷正常混合使用的比例为五枚反坦克地雷对一枚反步兵地雷，因此以5：1的比例混装。

8

第八章

军用摩托车

掣风铁骑

兵典
THE CLASSIC
WEAPONS

沙场点兵：用途广泛的钢铁轻骑兵

摩托车有民用和军用两种。无论是军用摩托，还是民用摩托，一般都是由汽油机驱动、靠手把操纵前轮转向的两轮或三轮车。轻便灵活，行驶速度快，广泛用于巡逻、客货运输等。摩托亦译作“摩头”，是英语“motor”的译音。1885年，德国人戈特利伯·戴姆勒将一台发动机安装到了一台框架的机器中，世界上第一台摩托车诞生了。

军用摩托车用途广泛，曾在20世纪的战争中发挥着不可忽视的作用。在每次进攻开始之前，军用摩托侦察分队往往是整个进攻序列的先遣，军用摩托车外形小于其他车辆，便于隐蔽。它搭载的机枪还赋予了它不错的战斗性能，可以给己方步兵提供火力支援。军用摩托也是通信兵的重要装备，除了在运动的各个作战部队之间传达作战命令，还可以在车上装备电台设备，它就成了一台通信指挥车。某些重型军用摩托车牵引力大，配上专用的拖斗，它就成为弹药补给输送车。如有需要，它还能够充当牵引车，拖曳一些轻型火炮。此外，军用摩托还是快速救护和运送伤员的理想车辆。

★世界上第一台摩托车——戴姆勒摩托车

兵器传奇：昔日的军用摩托车

军用摩托车因具有体积小、重量轻、速度快、越野能力强、车上能搭载武器等特点，非常适用于侦察、通信、联络等作战任务。因此，在第一次世界大战之前，军用摩托车就逐渐崭露头角并开始装备部队。

第一次世界大战之后，军用摩托车的发展更为迅猛，装备数量和技术水平都得到了极大提高。尤其是第二次世界大战期间的欧洲平原逐鹿和北非大漠鏖兵，几乎处处可见其踪影。虽然它比不上“陆战之王”的气吞山河，也比不了“战争之神”的雷霆万钧，但是经过战火洗礼的军用摩托车，其独特的作用也得到了世界各国的充分肯定。

在两次世界大战的硝烟弥漫中，诞生了一系列经典军用摩托车品牌和许多脍炙人口的产品，如英国的诺顿、美国的哈雷、德国的宝马乃至苏联的乌拉尔系列……它们不仅是战争期间不可或缺的运输工具，同时更是颇具杀伤力的战争武器。

第二次世界大战之后，随着现代战争的发展，军用摩托车开始淡出战场舞台，一方面由于其作为机动工具，行程过短，骑乘也不舒适。另一方面由于它缺乏装甲保护，车手容

★苏联“乌拉尔”军用三轮摩托车

易遭到袭击。作为特种侦察来说，当时摩托车的越野性能也不能满足要求。因此四轮的越野通用车辆几乎完全取代了摩托车。

慧眼鉴兵：重返沙场的军用摩托车

第一次世界大战、第二次世界大战时期，摩托作为各国陆军的象征，风光无限。但在第二次世界大战后，摩托慢慢淡出陆军的视线。20世纪80年代后，随着摩托车技术的发展，特别是越野摩托车的发展，作为一种性能优异的越野车辆，摩托车开始悄然重返战场。它价格低廉、行动迅捷、使用方便，非常适合于特种部队的侦察行动。其很轻的重量，也使它可以作为备用机动手段，放置在各种轮式、履带式战车上。

在1991年的海湾战争中，联军中的一些国家曾大量使用摩托车。如在阿富汗，可以看到澳大利亚陆军特别空勤团的“陆地流浪者”6×6远程巡逻车的货架上还搭载有摩托车。在严格的无线电静默期间，摩托车有时候是唯一的战术通信装备。

随着军用摩托车在战争舞台上的逐渐活跃，越来越多的越野摩托车和竞赛用摩托车的专业制造商开始提供军用摩托车，几乎所有最先进的高性能全地形摩托车都是由竞赛摩托演化而来。日本“四大”摩托车制造商———本田、铃木、雅马哈和川崎的许多型号为众多国家的陆军所采用。它们都是在标准的越野摩托车的基础上经过很小的改进演变而来，

★二战时期的德国宝马军用摩托车

如增大油箱、为前灯加装防护罩、加装储物篮等，大型的公路用摩托还会安装性能优异的无线电通信设备。在2008年6月的欧洲陆军武器展览上，近年来对竞赛用摩托车产生巨大影响的Gas-Gas公司，展示了一种四冲程军用摩托车，它主要基于民用的EC400耐力型摩托而设计的。BMW（宝马）公司的直列式双缸、3缸和4缸系列摩托车是在欧洲广泛使用的军／警用摩托车。丹麦和荷兰的部队大多采用了越野型的R65GS型。

美国的第75骑兵团从1988年开始配备摩托车，主要用于侦察和两人狙击小组的快速行动。从1988年到1995年，他们配备的摩托车是本田CR250型，这之后开始换装川崎KLR250，一直服役至今，这种摩托车的军方编号为M1030。为了提高其夜间作战能力，车辆的照明设备经过了专门的改进。

军用摩托车中的传世经典——德国“宝马”R系列摩托车

宝马公司的精品系列

德国人素来以作风严谨闻名于世，其武器装备同样以性能优良、做工精细、经久耐用而著称，在两次世界大战中，德国军用摩托车的发展更加证明了这一点。

第一次世界大战中的失利使德国军事工业受到严格限制。为了能够东山再起，德国将生产大炮的聪达普公司和制造飞机发动机的宝马公司均转向进行摩托车生产。早在闪电战之前，纳粹德国就已经采用了比其他任何国家军队都多的摩托车和挎斗车。

★二战时期的宝马R75摩托车

1937年11月，德国陆军最高统帅部根据作战需要，要求宝马和聪达普两家公司为军队研制专用挎斗摩托车。设计目标规定：车辆最大载荷500千克，越野轮胎宽度4.5英寸、直径16英寸，最大行程450千米，最大时速95千米。

按照这些战技指标，两家公司分别制造出自己的产品，即后来的宝马R75和Zundappks750。

★宝马R75重型摩托

宝马公司生产的军用摩托车分三类：350毫升以下的为轻型摩托车，350~500毫升之间的为中型摩托车，500毫升以上的为重型摩托车。

宝马公司生产的军用摩托车主要有BMWR12、R35、R71和R75几种，除了BMWR35为中型摩托车外，其余均为重型摩托车。BMWR35配备了10千瓦单缸气冷发动机，而其他几种动力都在16到18千瓦之间，配置双缸气冷发动机，排量750毫升，具有四速（带倒挡）变速箱。宝马系列摩托车中，以BMWR75最为著名，这款R75摩托车从1940年一直生产到1944年。

性能稳定的人性化之作

★ 宝马R75摩托车性能参数 ★

发动机： 750毫升顶置气门横置卧式双缸发动机

功率： 19千瓦（4000转/分）

变速器： 8挡及倒挡（手动换挡）

最终传动： 传动轴

重量： 924磅（420千克）

最高车速： 59英里/时（95千米/时）

宝马R75摩托车装备了750毫升排量的19千瓦双缸水平对置风冷发动机和四速（带倒挡）变速箱。该车前轮为机械刹车，后轮为液压助力刹车，悬挂为伸缩套筒式前叉。这些设计在当时是相当先进的，也成为当代摩托车设计的鼻祖。

该车还体现了较为人性化的设计。为了照顾在寒区驾乘的需要，部分发动机的废气可以通过一个选装的锥形排放口喷向驾驶员脚踏板位置，就像专为驾驶员脚部设置的小暖气。另外一根废气导管能为车把提供加热。还有一根特设的加热管从车体右侧将废气引入到挎斗内前部，环绕一周后排出车外，这样挎斗内的乘员就不用再忍受冻脚之苦。油箱的侧面安装了两块塑料护膝，避免了驾驶员膝盖和金属油箱的碰撞。

除此以外，德军摩托兵还配备了专用风镜和风衣，这种风衣十分适用，除了采用防水面料，风衣下摆还可以用纽扣扣在腿上，俨然是一件封闭的“连裤服”，在泥泞环境和阴雨天气时，能保证摩托兵的舒适度。

宝马R75摩托车的武器有时是一挺MG34机枪（安装在挎斗前方），有时则干脆是在挎斗上搭载一门野战迫击炮。

宝马R系列摩托车是第二次世界大战中德国装备数量最多的挎斗摩托车，在德军中装备16000辆之多，它在条件恶劣的北非战场和苏德战场上以良好的可靠性博得了官兵的喜爱。

此外，宝马R系列摩托车的外形小于其他车辆，利于隐蔽，便于突击，它不仅可做通信指挥车，还可以运送和救护伤员，配上专用拖斗就成为了弹药补给车。

走向世界的R系列

20世纪30年代，中国国民党军队亦装备过少量从德国进口的宝马R系列摩托车。

1937年以前，国民党军队在南京方山筹建了“交辎学校战车教导营”。1937年4月，该教导营改编为陆军装甲兵团，当时每个连都配有一个由12辆德国两轮、三轮摩托车组成的侦察班，这些担负侦察、搜索和联络任务的摩托部队，配合装甲兵团的德式战车，在对日抗战中发挥了作用。

第二次世界大战期间，美国军方相中了宝马摩托车，哈雷·戴维森公司仿照宝马的设计，共向美国军队交付了1000辆XA（试验部队）型军用摩托车，该车采用了水平对置双缸发动机和轴驱动的结构。

第二次世界大战期间，德国宝马R系列摩托车在战争中的出色表现极大地刺激了苏联军用摩托车的发展。在苏德战争爆发前，斯大林已经看到了德军军用摩托车的种种优势，他迫切希望自己的军队也能装备这样的军用摩托。当时，他看中了德军的宝马R71摩托车，并授意有关部门同德国商谈引进事宜，希特勒当时正忙于入侵波兰，无暇顾及此事，于是苏联人偷偷地弄到了五辆宝马R71摩托车回国进行仿制，他们将仿制成功的摩托车叫做M-72，这可能是第二次世界大战中苏德双方唯一使用的相同的非缴获装备。

20世纪50年代，苏联人将他们从德军宝马R71摩托车仿制来的M-72技术，转让给了作为盟友的中国。

★宝马R71的继承者——长江750摩托车

1957年12月，中国以M-72摩托车的技术为基础，成功地研制出军用型长江750，为中国摩托车历史写下新的一页。

作为宝马R71的继承者，M-72摩托车和长江750等摩托车忠实地保留了宝马R71的主要特征，持续生产了半个世纪以上，如今它已经成了兵器收藏中十分珍贵的收藏品，售价高得惊人。

尽管宝马R系列摩托车曾经是纳粹德国的侵略工具，但是并不能因此而全面否定它。R系列以它出色的设计、不凡的性能、以及对其他国家摩托车发展的影响，在摩托车的历史上写下了辉煌的一页。R系列不愧为军用摩托车中的传世经典。

源自德国的经典——苏联“乌拉尔”（M-72）摩托车

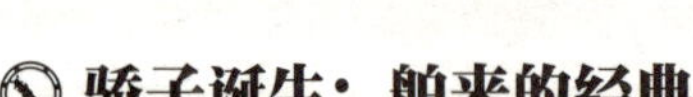

骄子诞生：舶来的经典

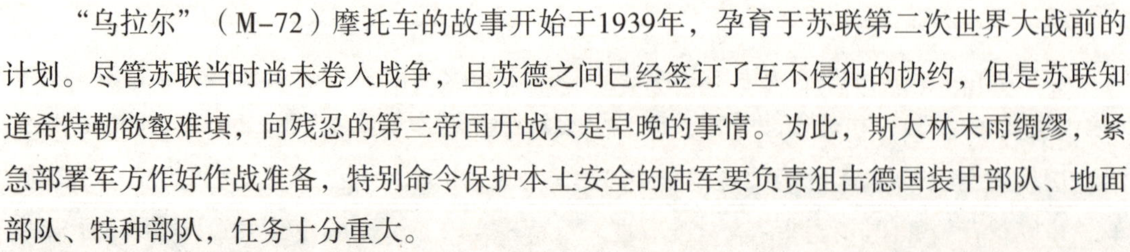

“乌拉尔”（M-72）摩托车的故事开始于1939年，孕育于苏联第二次世界大战前的计划。尽管苏联当时尚未卷入战争，且苏德之间已经签订了互不侵犯的协约，但是苏联知道希特勒欲壑难填，向残忍的第三帝国开战只是早晚的事情。为此，斯大林未雨绸缪，紧急部署军方作好作战准备，特别命令保护本土安全的陆军要负责狙击德国装甲部队、地面部队、特种部队，任务十分重大。

由于此前已经见识过第三帝国军队对付波兰军队的“闪电战”之威力，苏联军方迫切要求提高部队的机动作战能力。同时在结束与芬兰的军事冲突之后，苏联军队造车技术明显落伍，而且制造工艺和整车质量很难满足野外作战的苛刻要求，特别是在恶劣条件下的使用情况不尽如人意，因此苏联军队强烈要求装备现代化机动装置。

★因工厂建在乌拉尔山区而得名的“乌拉尔”M-72摩托车

出于战争的需要，苏联国防部门秘密举行了一场会议，专门讨论参照哪种型号的摩托车以制造出适合野外作战的军用摩托车装备到苏联军队。经过深入研究和讨论之后，德国宝马公司的R71最终得到了一致同意。随后便开展了秘密的“地下活动”：在中立国瑞典，中间人私下购买了五辆宝马R71摩托车，然后偷运到苏联。莫斯科的工程师迅速拆解了这五辆宝马样车，并仔细测量了每一个零部件的尺寸，然后“依样画葫芦”生产了模具，制造出发动机和变速箱。工作进展得很迅速，1941年初第一台试验样车M-72摩托车就已经装配成功，斯大林看过之后，立即批准生产这种摩托车。

斯大林批准制造M-72摩托车后，莫斯科的工厂很快就生产了上百台这种三轮摩托车。但是，由于第三帝国的“闪电战”非常迅速，威慑力极强，苏联军方担心开战后位于莫斯科的工厂被德军轰炸，因此决定将工厂搬迁到位于东部乌拉尔山区中部资源较为丰富的地区，从而远离了德军的轰炸。摩托车工厂坐落在一个商业小城伊尔比特（Irbit），其位于乌拉尔山区西伯利亚大草原的边缘，这里在1917年“十月革命”之前是俄罗斯的商业中心。如今这个小城已经不再热闹，城里的真正建筑物只有一个酿酒厂，随后这个酿酒厂被改为摩托车技术研发中心，用于工程师研究和改进M-72摩托车，M-72摩托车也因为工厂建在乌拉尔山区而得名“乌拉尔”摩托车。

承接光荣：“乌拉尔”堪称现代的“古典艺术”

总的来说，“乌拉尔”摩托车具有技术简单、结构牢固、造型古朴、价位低廉、维护简易的特点，但是也存在压缩比小、热效率低、耗油量大、车辆过重等缺点。

尽管全世界各大摩托车厂商推出了各款技术先进、性能高超的超级摩托车、巡航摩托车、越野摩托车、街车，但苏联人仍不担心“乌拉尔”摩托车会被取代，因为它是如此的独特，见证了卫国战争那段无法忘记的历史，承载着苏联红军击垮希特勒第三帝国的光荣，这是那些单纯追求技术、性能的摩托车所无法企及的。

因此，“乌拉尔”摩托车没有时态，也永远不会过时，享有“现代的古典艺术”之美誉。

乱世英雄：“乌拉尔”驰骋东线战场

★“乌拉尔”摩托车性能参数★

发动机：750毫升顶置气门横置卧式双缸发动机

功率：19千瓦（4000转/分）

变速器：8挡及倒挡（手动换挡）

最终传动：传动轴

重量：924磅（420千克）

最高车速：59英里/时（95千米/时）

第二次世界大战爆发后，苏联的谍报人员十分活跃，克里姆林宫最高决策层不断收到情报人员发回的有关德国可能对苏联开战的信息。先是苏联总参谋部情报人员发回情报，称德国可能在1941年5月15日进攻苏联，但由于其在南斯拉夫和希腊的战事不利，这一计划被迫推后一个月。后来，苏联情报员左尔格获得了德国准备在6月22日进攻苏联的情报，并紧急上报给斯大林。

★一举夺魁的哈雷·戴维森摩托车

此前，英国外交部在伦敦还曾召见过苏联驻英大使迈斯基，向苏联方面通报了德军在苏联边境地区部署和调遣军力的详细情报，包括部队番号、指挥官姓名等等。种种迹象表明，苏德战争已经不可避免。但是，由于当时苏联的装备技术远不如德军强大，斯大林担心一旦战争爆发苏联将处于不利的地位，而且美国的战争态度尚不明朗，苏联担心卷入对德战争后美国会加入德国阵营，因此一直没有主动对德宣战。

★第二次世界大战时期苏联士兵作战时所使用的M–72摩托车

1941年6月22日，德国单方面撕毁互不侵犯条约，纠集附庸国芬兰、匈牙利和罗马尼亚，分三路对苏联发动突然袭击，使苏联国土成为世界反法西斯战争的欧洲主战场，一场历时四年的卫国战争在苏联拉开序幕。时世造英雄，大规模的卫国战争终于让“乌拉尔”摩托车有了用武之地。1942年10月25日，正当卫国战争如火如荼之际，第一辆“乌拉尔”投入战场，随后“乌拉尔”摩托车源源不断地输往军队。第二次世界大战期间，共有9799辆“乌拉尔”摩托车装备于苏联的侦察部队和机械化部队。

1942年11月，苏联红军在斯大林格勒展开了反攻，1943年2月2日全歼德军主力，德军损失惨重，完全丧失了战略主动权。不久，苏军又取得了库尔斯克坦克战的胜利，收复了大片失地。1944年苏军发起战略性总反攻，通过对德军的10次打击，收复了全部失地。

1945年5月2日，苏军攻克柏林，5月8日德军被迫无条件投降。卫国战争期间，“乌拉尔”摩托车活跃在作战前线，频频穿梭于枪林弹雨，帮助苏联红军立下了赫赫战功。

继往开来：从军营骄子到市场宠儿

在打败希特勒纳粹德国的卫国战争历史上，“乌拉尔”摩托车写下了属于自己浓墨重彩的一笔。第二次世界大战后，“乌拉尔”摩托车工厂得到进一步发展，到1950年共生产了30000辆“乌拉尔”摩托车。

1950年底，“乌拉尔”摩托车的发展发生了重大变化，由军用摩托车“一枝独秀”开始转为军用摩托车和民用摩托车“齐头并进”。设在乌克兰的工厂专门生产“乌拉尔”军用摩托车，而原来的伊尔比特摩托车厂（IMZ）则开始生产民用版的“乌拉尔”摩托车。到了1960年，“乌拉尔”摩托车的发展再次发生重大变化，工厂不再生产军用摩托车，改为全部生产民用摩托车。诞生于战争、经受过炮火洗礼、具有光荣历史的“乌拉尔”摩托车，受到了市场广泛的欢迎，产量和销量逐年稳步增长。

在从军用转为民用的过程中，“乌拉尔”摩托车开始出口到国外。1953年，第一辆“乌拉尔”摩托车开始从苏联出口。刚开始面向发展中国家，1960年底开始出口到发达国家。此后，越来越多的乌拉尔摩托车奔驰在世界各地的公路上。

在苏联解体后的1992年11月，原来国有的乌拉尔工厂改组为“乌拉尔”摩托车股份公司，40%的股份属于公司的经理层和雇员，38%的股份上市，22%的股份仍旧由国家控制。

1998年初，“乌拉尔”摩托车公司被私人财团购买，新的公司带来了新的发展理念，新的管理方式，现代化的设计和制造工艺，同时质量问题被摆在更突出的位置。由此，古老的“乌拉尔”摩托车获得了新生——在保留实心车架、磙子轴承的水平对置双缸发动机等经典特征的同时，还采用了更好的质量控制、制造工艺、合金材料，精确的模具、严格的公差、新的烤漆和镀铬让“乌拉尔”摩托车更加坚固和美观，性能也得到了提升。

2001年，“乌拉尔”摩托车得到了“绿色环保”标志，允许在美国按常规摩托车销售。随着现代化进程的加快，“乌拉尔”摩托车得到了较快发展，公司年生产能力从1991年的13.2万辆提高到现在的40万辆。目前，“伊尔比特—乌拉尔”摩托车公司（IMZ–Ural）是俄罗斯唯一生产重型摩托车的公司，也是世界上屈指可数专门生产侧三轮摩托车的厂家。

总的来说，“乌拉尔”摩托车公司的产品主要分为家用、运动和限量版三个系列：

“乌拉尔”家用系列摩托车主打车型共两款，分别是“复古者”摩托车和“旅行家”摩托车。顾名思义，“复古者”摩托车突出的是古典摩托车的造型和韵味，单单看外观就会勾起对过去岁月的思绪。当然，“复古者”摩托车在突出古典美学的同时，很多装备则

★得到“绿色环保”标志的“乌拉尔”摩托车

是现代的，如前制动采用的就是Brembo盘式制动，以增强乘骑舒适性和工作可靠性。“旅行家”摩托车定位于物美价廉的旅行摩托车，以极强的携带能力以及坚固耐用而著称。为了提高旅行途中的舒适性，“旅行家”摩托车降低了最小离地间隙，同时长、宽、高都比“复古者”摩托车略大，以提高携带辎重的能力。

“乌拉尔”全能运动系列摩托车同样包括两款主打车型，分别是“侦察兵”摩托车和“装备家”摩托车。“侦察兵”摩托车强调的是在恶劣环境下的通过能力，回想“乌拉尔”侧三轮摩托车服役时的情形，无论是前线作战还是后勤供给，“乌拉尔”侧三轮摩托车都能征服恶劣的荒野、泥淖、雪地，出色地完成艰巨任务，因此让饱受炮火考验和洗礼的“乌拉尔”侧三轮摩托车作为征服困难和障碍的“侦察兵”，再合适不过了。为了增强“侦察兵”摩托车应付恶劣路况的能力，“侦察兵”安装了一只特殊的拉杆，当后轮陷入困境时只需拨动这只拉杆，动力就可以从后轮分配到侧轮上去，这样单轮驱动模式就切换到两轮驱动模式，从而从容摆脱困境。与“侦察兵”摩托车一样，“装备家”摩托车具有单轮驱动和双轮驱动的切换功能，因此其通过超强能力，征服沙漠、土路、雪地轻而易举。同时，“装备家”摩托车铮铮铁骨，异常坚固，“乌拉尔”摩托车公司甚至形容“装备家”摩托车像苏联AK-47突击步枪一样耐用。

“乌拉尔”限量版摩托车只有一款，即“撒哈拉”（Sahara）摩托车。这款取义于撒哈拉沙漠的三轮摩托车，其实是“装备家”摩托车的限量版，生产数量极少。如2009年美国市场仅供应18台这种摩托车，因此价格较高，厂家建议零售价达13949美元。

“乌拉尔”摩托车不仅流行于俄罗斯，还出口到澳大利亚、英国、美国、法国、荷兰、比利时、西班牙、希腊、挪威、芬兰、瑞士、德国、埃及、南非、巴西、乌拉圭、巴拉圭等许多国家，自M-72摩托车诞生以来已经超过320万辆“乌拉尔”摩托车交付到世界各地。

总之，“乌拉尔”摩托车是摩托车史上的一个传奇。

“飞行跳蚤”——英国皇家恩菲尔德军用摩托

空降摩托：皇家恩菲尔德的发明

英国摩托的产量曾经位居世界第一位。从那时起，英国人就坚信只有大不列颠才能制造出最完美的摩托。所以，英国的摩托车工业特立独行，在20世纪初期便引领潮流，曾一度是技术革新与杰出车辆制造的大熔炉。在大不列颠群岛上，诞生了许多像诺顿、凯旋、

★BSA公司生产的摩托车

文森特、BSA这样颇负盛名的摩托车制造公司，它们使英国的摩托车工业在两次世界大战前后步入鼎盛，造就了当时历史上不可逾越的高峰。

第一次世界大战爆发后，凭借老牌帝国的优势，英国的诺顿公司和BSA公司首开先河，制造生产出许多适合野外作战的军用摩托车，为英国据守欧洲战场进而主动出击立下了汗马功劳。BSA公司在1920年生产的第二批E型车以灰墨色为主色调，看似其貌不扬，实则动如脱兔，其矫捷灵便的身影为捕捉稍纵即逝的军机提供了无可比拟的优势。与其他车厂的军用摩托车共同驰骋在第一次世界大战疆场上的E型车和诺顿边车出尽了风头。

随着第二次世界大战的临近，英国的摩托车制造工业走向了繁荣。欧洲第第二次世界大战场开辟后，英国无敌公司生产的G3L单缸军用摩托车全部用浅黄色加以彩绘，执行“沙漠风暴行动”的军事任务。该车第一次在车身上采用数字识别系统和遮盖式车灯，均按照高难度条件下长久作战的要求精制而成。

而后来，随着伞兵的问世，一批小型摩托车应运而生，像德国的TWN、美国的CUSHMAN。但在这当中，仍以英国发展得最为成功。皇家恩菲尔德的2冲程125级摩托车被广泛使用。

皇家恩菲尔德轻型摩托以其轻巧曾在军队中享有“飞行跳蚤”之誉。

单缸引擎：空降兵的“鸟笼”

★ 皇家恩菲尔德轻型军用摩托车性能参数 ★

发动机： 直列三缸2冲程发动机

重量： 672磅（304.8千克）

排气量： 125毫升

最高车速： 42英里/时（67.6千米/时）

最大功率： 11千瓦

皇家恩菲尔德轻型军用摩托车的最大特点是“空降兵”被固定在钢管制成的笼子中以便空投过程中有所保护，此笼被戏称为“鸟笼”。

其实早在1911年，皇家恩菲尔德轻型军用摩托车就已推出第一款自己的链条驱动摩托车，使用有专利的“恩菲尔德2速排挡”。第一次世界大战期间，皇家恩菲尔德公司应征生产军用车辆，为英国作战部和俄国盟军提供摩托车。在此期间，皇家恩菲尔德公司开始推出自产的整装摩托，使用425毫升4冲程V缸引擎和225毫升的2冲程单缸引擎。

拥有专利权的恩菲尔德4冲发动机采用IOE（进上排下）结构和封闭的阀动装置。润滑系统由手动操作的油泵供油，储油的玻璃油壶固定在车架上。曾有一小段时间，皇家恩菲尔德公司甚至实验性地生产了直列三缸2冲程发动机，皇家恩菲尔德轻型军用摩托车就采用了这种直列三缸2冲程发动机。

百年品牌：皇家恩菲尔德的兴衰

在“飞行跳蚤”摩托车服役之前，皇家恩菲尔德公司曾在1932年推出了一款大名鼎鼎的摩托车——单缸四气门发动机的子弹摩托。子弹摩托的缸头呈V型倾角，冲程长，配有暴露式气门组合。1939年子弹摩托推出之后，逐渐成为了皇家恩菲尔德摩托车中的中流砥柱。从子弹摩托开始，气门组合就改进为封闭于两个摇杆箱内。

第二次世界大战期间，皇家恩菲尔德摩托车再次服务军队，生产了为地面部队空投的125毫米“空降兵”摩托车，也称“飞行跳蚤”摩托车。“飞行跳蚤”在第二次世界大战中功勋赫赫，辉煌一时。

到了20世纪40年代，皇家恩菲尔德摩托车开始采用液压阻尼技术的伸缩前叉组合和后摇臂悬挂系统，此举对于世界摩托车产业都具有深远意义。这项先进技术被

★皇家恩菲尔德军用摩托车

应用于1947年的皇家恩菲尔德J2车型和1948年的皇家恩菲尔德500毫米并列双缸摩托。自那以后，皇家恩菲尔德公司建立了丰富的产品群。

1949年，皇家恩菲尔德公司的命运发生了戏剧性的变化。在20世纪40年代，印度是子弹摩托车的大单客户，但印度政府开始坚持只购买国内生产的摩托车。此举直接导致了印度马德拉斯发动机公司的建立，总部位于印度泰米尔纳德邦。1952年，印度马德拉斯发动机公司负责子弹的整车组装，但零部件都是由皇家恩菲尔德兵工厂生产，到了20世纪50年代中期，印度公司开始生产全部配件，这让皇家恩菲尔德公司几近破产。

"皇家恩菲尔德"这个拥有超过百年历史的经典摩托车品牌，在其起起落落、颠沛流离的多舛命运中经历了太多的波折。第二次世界大战时的皇家恩菲尔德小型军用摩托车风靡一时，而战后其事业则逐渐萎缩，甚至一度倒闭，厂房从英国迁往印度，后来又回到英国。印度的工厂是为供应亚洲地区的英国人和英国军队而设立的，自成立以来一直在生产，即使是在英国总厂倒闭之时也没有停止。印度的工厂还是目前世界上唯一一家还在生产古董车的车厂。进入21世纪，皇家恩菲尔德公司能否摆脱窘境、重振往日雄风，还是个未知数。

重型摩托车之王——德国"聪达普"KS750重型摩托车

第二次世界大战经典重型摩托车

第二次世界大战时期，纳粹德国装备的军用摩托车让人记忆深刻，在整个战争期间，德军大量装备军用摩托车，它们充当了侵略战争的急先锋。

★二战时期的"聪达普"KS750摩托车

早在"闪电战"开始之前，纳粹德国就已经采用了比其他任何国家军队都多的摩托单车和挎斗摩托车。1935年德国陆军成立了军用摩托车部队，1937年11月德国陆军最高统帅部要求聪达普公司为军队研制专用挎斗摩托。设计目标规定，车辆最大载荷500千克（约三名全副武装士兵重量），越野轮胎宽度4.5英寸，直径16英寸，且挡泥板必须预留足够空间以便加装防滑链，最大行程350千米，最大时速95千米，最小时速4千米，地距15厘米。

于是，聪达普公司推出了自己的产品ZundappKS750，即“聪达普”KS750重型摩托车。第二次世界大战中，聪达普公司生产的主要型号为KS600（W）和KS750两种重型摩托（多数带挎斗），KS750重型摩托车是战争中德军使用最广泛的一款重型摩托车。该车从1941年开始生产，直到1945年纽伦堡的制造厂被盟军的空袭摧毁，这期间大约共生产了18500辆。

扭矩巨大的“绿色大象”

★ “聪达普”KS750重型摩托车性能参数 ★

发动机： 19.11千瓦顶置气门751毫升双缸风冷发动机

功率： 19.11千瓦

变速器： 4速变速箱（带倒挡）

最终传动： 传动轴

重量： 1014磅（460千克）

最小速度： 4千米/时

最高车速： 59英里/时（95千米/时）

最大行程： 350千米

★ “聪达普”KS750重型摩托车

“聪达普”KS750重型摩托车虽然是由曾经的民用型摩托车改进而成，但都经过了重新设计。特别是考虑到了严酷的战斗环境以及对保养造成的不便，这些摩托在发动机底部加装了防撞护板以保护引擎，它的输出扭矩大得惊人，能够拖曳相当大的载荷，在军队中素有“绿色大象”之称。

“聪达普”KS750重型摩托车采用轴传动方式，为了满足越野需要，其挎斗车轮带有动力，并且配备了倒挡，其挡位分为公路挡和越野挡，它还带有可锁定的差速器，可以将动力的70%分配给后轮，30%供给挎斗车轮。后轮和挎斗车轮安装了强有力的液压刹车，能够有效地制动它那460千克的庞大身躯。

“聪达普”KS750重型摩托车还采用了世界闻名的平行四边形前叉，虽然复杂的车叉结构给保养制造了种种困难，但它的操纵性很出众。

“聪达普”KS750重型摩托车粗大简洁的外露车架是它最显著的外部特征，这种车架结构坚固同时极易维护。

“聪达普”KS750组成突击部队

“聪达普”KS750重型摩托车服役后，便被送上了战场。除了执行侦察任务之外，德军常常将“聪达普”KS750重型摩托车组成突击部队，最大可编成摩托营。

1942年以前，德军配给摩托突击部队的“聪达普”KS750重型摩托车上往往配有武器，在1942年该部队解散后，新成立的摩托侦察部队使用的“聪达普”KS750重型摩托车则几乎全部配有武器。

★二战时期德军的主要军事力量之一——“聪达普”KS750重型摩托车

MG34机枪往往是“聪达普”KS750重型摩托车武器配备的首选，它的高射速加上“聪达普”KS750重型摩托车的机动灵活，对小股的敌人步兵往往构成可怕的威胁。为了能够安装MG34机枪，德军在“聪达普”KS750重型摩托车的挎斗前方安装了机枪支架，机枪采用弹鼓或弹链供弹，在挎斗尾部的后备箱中还有专门设计的弹药架，可以存放三盒

50发MG34子弹，安装在机枪支架上的MG34机枪在行军时不够稳定，会带来不便，因此挎斗内侧上方还设计了专用的机枪携行托架，可以将MG34机枪固定在上面。另外，考虑到MG34机枪更换枪管的需要，在挎斗内侧还设有专门的装具，可以携带一支备用枪管。

“聪达普”KS750重型摩托车具有良好的自持力，除了设在挎斗前方两侧以及驾驶员座位后方的储物箱能够携带必要的工具和零部件外，它还可携带5升的备用燃油，挎斗后方还配有一只备胎。此外，挎斗后备箱中还可存放专用的轮胎打气筒和供维修用的千斤顶，这些周到的设计使它成为德军官兵向往的运载工具。

“聪达普”KS750重型摩托车的涂装基本采用德国陆军使用的军用摩托大多采用的德国灰涂装，空军为黑灰色，非洲军团为沙黄色，在前线使用时会根据需要由官兵自行涂装迷彩，部队番号标志则习惯性地涂在挎斗的正前方。

德国军用重型摩托车精良的制造工艺也造成了一个不可避免的后果，那就是制造成本过高。“聪达普”KS750重型摩托车的生产，要求大量熟练技术工人，且制作复杂精密，再加上挎斗、轴传动机构以及驱动挎斗车轮的横轴传动系统及严格的军用规格要求，一番折腾下来，一台“聪达普”KS750重型摩托车的成本居然相当于当时德国大众公司制造的桶车的两倍。巨大的产量消耗了德国宝贵的战争资源，加速了第三帝国的灭亡。

哈雷时代的缔造者——美国哈雷军用摩托车

哈雷摩托：搭上军火工业快车的摩托

19世纪末，美国成为世界上头号经济强国，其军用摩托车制造业也开始红红火火，仅次于英国而位居第二。

20世纪前10年，奇迹总在发生，莱特兄弟制造了首架飞机等，哈雷摩托就是这些奇迹中最传奇的一个。20世纪初，美国有300多家制造摩托车的公司，因而由威廉·哈雷和阿瑟·戴维森兄弟俩共同创办的在当年看来很不起眼的公司，几乎被林林总总的同类企业湮没了。

1902年，哈雷和戴维森兄弟以法国DeLian公司生产的一种摩托车为基础，“攒”出了自己的第一辆摩托车。全部机件是在威斯康星州米尔沃基市郊的一个汽车车库里用手工制作出来的。譬如，该车的化油器就是利用一个旧罐头盒改装而成的，汽油则是从隔壁的药店里买来的。这辆克服种种困难制造出的摩托车充其量也就是一部装上了发动机的自行车，最大时

★深受人们喜爱的哈雷·戴维森摩托车

速不超过11千米，连小山坡也不能爬。即使这样，制造者仍欣喜若狂，1903年，他们就去注册了“哈雷·戴维森”摩托车公司。

随着对这种摩托车的改进不断地取得成功，不久之后就有了第一批买主。1905年，“哈雷·戴维森”牌摩托车在芝加哥举行的摩托车比赛中以19分零2秒完成15英里（20千米）的成绩一举夺魁，从此声名鹊起。1920年哈雷·戴维森公司在全球共售出2.7万辆哈雷摩托车。作为广告，“哈雷·戴维森”的字样开始出现在球衣、高领绒衫甚至妇女的外衣上了。这时，哈雷·戴维森摩托车公司已经有了自己的固定客户，美国军队就是其中一员。不过到了20世纪美国经济大萧条时期，整个美国的摩托车工业差点全军覆没。在几百家生产摩托车的公司中只有两家——印第安公司和哈雷·戴维森公司逃过了劫难而幸存下来。究其原因很简单——它们生产的摩托车的买主是美国军队和警察，但在严峻的情势下，其销售量也大大减小，1933年，哈雷·戴维森公司仅售出6000辆摩托车。

第二次世界大战中，哈雷·戴维森公司再次搭上军火工业的快车，战争促进了它与印第安公司的发展。美国政府与它们签订了多宗数额巨大的购车合同，让它们为盟国供应军用摩托车。同时美军本身对摩托车的需求量也很大，以致在国内市场摩托车几乎绝迹了。不过，头脑机灵且颇具远见的威廉·哈雷提早利用了他在华盛顿五角大楼的关系，被准许在美国国内市场销售一定数量的产品。而其主要竞争对手印第安公司，为了追求利润而把产品全部供应给了军队，其结果是哈雷·戴维森公司保存了它在美国国内的销售网络和品牌的知名度，而印第安公司在几年后就被人们遗忘了。

经典中的经典：哈雷WLA军用摩托车

哈雷WLA型军用摩托车堪称两轮摩托中无可企及的经典。该车装配了V形双缸0.75升顶置式进排气门风冷发动机，该摩托车秉承了哈雷机车的贵族血统，无论从哪一个侧面欣赏，都是令人叹为观止的理想杰作。哈雷WLA型军用摩托车具有外形美观、经久耐用、越野能力强等特点，备受盟军赞誉。

★二战期间的哈雷WLA型军用摩托车

★ 哈雷WLA型军用摩托车性能参数 ★

车长： 2.3米

座椅高度： 0.645米

油箱容量： 12升

发动机： V形双缸0.75升顶置式进排气门风冷发动机

排气量： 502立方厘米

缸径行程： 63毫米 80毫米

最大功率： 18千瓦

变速器： 8挡及倒挡（手动换挡）

最终传动： 传动轴

重量： 950磅（431千克）

最高车速： 62英里/时（99.8千米/时）

第二次世界大战结束时，哈雷·戴维森公司总共为盟军生产了9万多辆WLA型军用摩托车。为了纪念第二次世界大战的胜利，更为了表彰哈雷WLA军用摩托车的作战功绩，美军授予了它一个响亮的称号——“解放者”。

哈雷变身：战后成为“造反派”的坐骑

战场上的哈雷摩托，几乎成为了一种标志。第二次世界大战中，哈雷摩托与美军朝夕相处，已成为这些军人生命中的一部分。从战场归来后，年轻的美国军人突然觉得自己曾经为之战斗的所谓“美国理想”压根儿就不存在，现实中的美国，有的是令人生厌的说教和清教徒式的习俗，而且一切都彻底商业化，充满浓厚的铜臭味。他们在和平生活中找不到自己的位置，便骑上摩托车奔赴新的战场，向“病态”的美国社会宣战。

★喜爱哈雷摩托车的“哈雷”迷们

在1946年，一支著名的被称为“地狱天使”的美军航空兵大队被解散了，飞行员全部失了业。于是，他们穿上带有飞行员徽记的皮夹克，跨上军用哈雷摩托车，浩浩荡荡地进城“造反”了。“我们被出卖了，我们曾经是英雄，但如今谁也不需要我们了”。喝得醉醺醺又怒气冲天的军人进城寻衅闹事，惊醒了昏昏欲睡的美国社会，也使全体美国人感到恐慌。

1947年，“造反派”取得了不小的“胜利”。在加利福尼亚的两个小城，他们接连数日骑着哈雷摩托车得意扬扬地在大街上呼啸穿行，随心所欲地闯入商店和咖啡馆，砸烂橱窗、捣毁店堂。市民惊恐万分，纷纷躲进家中，不敢出门。国民卫队在消防队的帮助下，借助高压水枪才制止住这场动乱。一位政府官员称这些闹事青年为“不法之徒”，而美国摩托车协会公开发表声明，与他们划清界线，称这种流氓无赖在摩托车手中仅占1%。而闹事的摩托车手则迅速作出回应：第二天，他们的皮夹克上便出现了“不法之徒”和“1%”的字样，以示抗议。

随后媒体也介入其中。《时代》周刊在头版登出一幅大照片：一名酩酊大醉的青年骑在哈雷摩托车上，周围是一大堆空酒瓶。电影家也抓住这个新形象，拍出了一部反映摩托车手生活的影片《野人》，由著名影星马龙·白兰度主演，片中的所有演员都骑着清一色的“哈雷·戴维森”牌摩托车。

哈雷摩托车以其纯金属的坚硬质地、炫目的色彩、大排量和大油门所带来的轰响，让战后迷茫的年轻人发狂，他们在哈雷摩托车那里找到了精神家园。为了与狂热、叛逆、不羁的风格相配，他们穿上印有哈雷标志的外套、毛边牛仔裤和粗犷的皮靴，身体纹上哈雷的标志，纵马驰骋般呼啸而过。这副装备后来逐步完善，成为浓缩了激情、自由和狂热的一种精神象征，并吸引越来越多的“哈雷”迷。美国媒体都乐此不疲地报道着全美四大摩托车俱乐部的新闻。

在那个年代，只有哈雷摩托车的拥有者才有资格被称为“摩托车手”，驾驶其他牌子摩托车的人只能被轻蔑地称为“骑摩托车的人”，甚至还形成了私下里“修理”骑非哈雷摩托车的人的黑规矩。这把哈雷·戴维森公司吓坏了。由于哈雷摩托车与流氓、无赖、匪徒的形象纠缠在一起，把购车的顾客都吓跑了。于是公司领导层连忙设法让哈雷摩托车与那帮人划清界线，当然他们做得非常谨慎，以免得罪自己产品的基本消费群体。

民用市场：哈雷置之死地而后生

历史就是这样，老化的产品未必会被淘汰。实际上在没有竞争对手的情况下，哈雷·戴维森公司敢于生产已经部分老化了的产品。反正那帮非哈雷车不买的青年车手自己会去再作改进。但到了20世纪60年代末，当价廉物美的日本摩托车充斥美国市场时，哈雷·戴维森公司再也不能固步自封了。

本田、雅马哈、铃木和川崎四家日本公司是哈雷·戴维森公司的主要竞争对手，这些公司在美国市场上大量出售外形酷似哈雷，但重量更轻、价格更便宜、质量更好的摩托车。这一切再加上哈雷摩托车作为“革命者”坐骑那不雅的名声使公司的利润一落千丈。哈雷公司与竞争对手进行了10年的苦斗，但产品的质量始终未获明显提高。

日本摩托车对美国的出口量持续增长，造成哈雷·戴维森公司的巨额亏损，濒于破产。1969年，为了寻找财源，哈雷·戴维森公司把控股权卖给了美国机械与铸造公司（当时公司的资产总值为4000万美元，不到现今资本总额的1%）。但是，公司的财务状况仍未好转。

1981年，包括现任公司领导人杰弗里·布莱斯坦在内的30位高级经理人把控股权赎了回来。在那之后，他们直接向美国行政当局呼吁，要求采取关税保护措施，挽救这家“美国传奇公司”。1982

★外形美观的哈雷摩托车

年，里根总统决定对进口摩托车征收高额关税，同时哈雷·戴维森公司本身也全力以赴开发新型产品。

经过三年的不懈努力，哈雷·戴维森公司夺回了失去的阵地，重新获得了美国摩托车行业领军人的地位。1988年，公司已占有美国摩托车销售市场54%的份额。后来，里根总统将此称为“真正的美国成功史”。

从1985年起，哈雷·戴维森公司的产值每年增长13%。此中功劳最大的当属杰弗里·布莱斯坦。当年他就是一位真正的摩托车迷，他花了整整八年的功夫，以锲而不舍的精神改进哈雷车的发动机，不达目的誓不罢休。

1986年，哈雷·戴维森公司的股票上市。从这年起，公司的利润平均每年增长37%。到今天，该公司已占有56%的美国摩托车市场。公司员工总数仅4700人，而年产摩托车达24.3万辆，并且其中几乎一半是每辆价值1.5万美元的大功率重型摩托车，另外约有30%为豪华型高档摩托车，配有车载计算机和高级音响设备，这种车的价格在2.2万美元以上，其余为体育竞赛用的轻型摩托车，每辆售价在8000美元左右。

2003年，哈雷·戴维森公司与Porche公司合作，制造出了带有液态冷却系统的发动机，这在摩托车工业中是一场真正的革命，因为在此前的100年历史中，哈雷摩托车的发动机都是用空气来冷却的。公司在2001年10月生产出这种改进型的摩托车并投入了市场。

“这不只是一种革新”，杰弗里·布莱斯坦说，“这是向全世界作出的一种特殊的宣示，表明2003年哈雷·戴维森公司创建100周年的纪念仅仅是公司历史上的一个里程碑，而不是公司历史的终结。”

哈雷精神：路从这里开始，没有尽头

20世纪60年代，第二次世界大战刚刚结束，冷战正在进行，美国人如同一群在社会生活中左冲右撞的困兽，迷茫而彷徨，他们称自己为“嬉皮士”，对他们来说给社会带来冲击和震撼甚至比遵纪守法更能表达他们的爱国精神。

20世纪80年代，“嬉皮士”早已消失，但哈雷迷不但没有减少，反而增加了不少。1983年，“哈雷车主”俱乐部成立，使“哈雷”迷的关系更加亲密。到了2002年，成员的数量已超过65万。

哈雷摩托车也在不知不觉中，由叛逆群落向主流社会过渡。特别是在20世纪90年代后，白领人士面对着日益增大的心理压力，他们越来越渴望有一种可以释放和解脱的方式。这时，哈雷摩托车成了首选。脱掉西装，穿一身“哈雷服”呼啸而过，如同纵马驰骋，真切地触摸大自然的灵魂，远比坐在密闭的轿车中过瘾。但是，他们的这种放纵并不彻底，身上的刺青是贴上去的，摩托车也许是租来的，他们只是愿意在短时间内远离尘嚣。

★哈雷摩托车的90周年庆典场面

“9·11”后，“哈雷”迷的“呼啸”又有了新的含义。不少人身上的刺青多了一面美国国旗，车后座上也往往插一两面星条旗，迎风飘扬。为了安全起见，美国政府在“9·11”后的每一个节日都会劝告国民不要聚集。“哈雷”迷却反其道而行之，他们不但要为哈雷摩托车公司成立100周年举行大规模的活动，而且活动要从2002年7月开始持续14个月，以一副满不在乎的昂扬姿态面对恐怖主义。文章开头提到的摩托车队，就是他们纪念活动所拉开的序幕。现在，哈雷摩托车已经正式开始了路上展示活动，全球的“哈雷”迷纷纷集中到悉尼、东京等10个城市，一齐把自己心爱的摩托车开到路上，就像是流动的哈雷摩托车博物馆。2003年，“哈雷”迷还要从美国的西北、西南、中南和东北四个方向分四路驾车驶向哈雷摩托车的家乡密尔沃基，于8月27日集合，开始为期三天的盛大庆祝活动。1993年，哈雷摩托车的90周年庆典有10万人参加，1998年的95周年庆典有14万人参加，2003年的庆典约有20万人参加。

随着时间的流逝，哈雷·戴维森还会被美国人赋予更多的精神含义。就如它的广告语所说：路从这里开始，没有尽头。

战事回响

世界著名军用摩托补遗

坦克摩托车：德国履带式摩托车

早在20世纪30年代，德国人就热衷于半履带式车的研制，先后研制出1t、3t、8t、12t、18t、24t等多种型号的半履带式车辆，并以“HK系列”命名。其中，小型的半履带

★SD.KFZ.2半履带摩托车

式车命名为HK100型，由德国兵器局第六科负责研制，目的是开发一种能空运的半履带式车辆。研制工作于1939年开始，在研制过程中，参考了奥地利的轻型半履带式车辆。研制工作进展很快，1940年初就制成了样车，一年内共制成了70辆试生产型车，并进行了广泛试验。1941年共生产了420辆，第一辆车于1941年6月5日正式装备德军；1942年共生产了985辆；1943年生产了2450辆；1944年共生产了4490辆。研制之初的代号为kfz.620，定型后命名为SD.KFZ.2履带式摩托车，德文名为kettenLirad，意思是“履带式摩托车”。

尽管德国人把它归入半履带式车辆，但它并不是典型的半履带式车辆（典型的半履带式车辆，前部为两个车轮）。从前面看它像摩托车，从后面看却像小型拖拉机，有点像当今的“三轮蹦蹦”和“小手扶拖拉机”。毫无疑问，它的越野机动性和行驶稳定性要优于一般的摩托车。这也是它能红火一时的原因所在。

整体看来，SD.KFZ.2履带式摩托车有两大特点。第一，兼有摩托车的轻便和履带式车辆越野能力强的特点；第二，“麻雀虽小，五脏俱全”，动力、传动、行动、操纵机件一个都不少。它虽然是超小型车辆，但结构看起来也是不简单，至少比一辆普通摩托车要复杂得多。

SD.KFZ.2履带式摩托车的前部是驾驶员席、变速箱和操纵部分，后部是发动机及其各系统。发动机的动力通过传动轴传递到前面的变速箱，再传到两侧的主动轮上，拨动履带，推动车辆前进。主动轮在前，诱导轮在后，每侧有四个交替排列的负重轮，第一、四负重轮在外侧。该车采用扭杆式悬挂和单销式铸钢履带，履带中央有橡胶垫块，履带板宽度为170毫米，每侧有40块履带板，履带着地长为820毫米。履带的张紧度可以调节。燃油箱设在履带两侧的上方，燃油量为2×21升。该车的最大速度达70千米/时，对于履带式摩托车来说，这是相当高的速度了。

SD.KFZ.2履带式摩托车的动力装置为德国奥贝尔公司制造的1.478升4缸、液冷汽油机，跟现在中低档家用轿车的汽缸排量差不多，但它的最大功率却只有26千瓦，耗油也大得惊人，公路行驶时100千米耗油量达16升，越野行驶时更高达22升。

SD.KFZ.2履带式摩托车的变速箱为机械式，有主、副变速箱各一个，主变速箱有三个前进挡和一个倒挡，副变速箱有高低二挡。

SD.KFZ.2履带式摩托车的前部结构乍看起来和摩托车差不多，但比摩托车要复杂得多。有趣的是，它的转向操纵机构很特别。驾驶员手把转动一个角度，摩托车便开始转向，这和一般的摩托车、自行车没有区别。但是，当转向角度超过15度时，内侧履带的制动器便开始起作用，使内侧履带减速参与转向。这是这种履带式摩托车的“绝活”。尽管如此，它的转向半径还是达到4米左右，是比较大的。

SD.KFZ.2履带式摩托车的生产总数曾达到7400辆以上，在二战中被广泛应用，它小巧灵活，越野性好，深受德国大兵的喜爱。该车除用于牵引轻型火炮和挂装小拖车外，直接用于运送人员和物资以及担任侦察、通信任务的场合也不少。显然，它比两轮或三轮带挎斗的轮式摩托车的本事要大些。但是，它和其他半履带式车辆一样，在越野行驶能力方面比不上履带式车辆，在公路行驶能力和可靠性方面又不如轮式车辆。这种先天的不足，使它最终难逃进入“战车博物馆”的命运。

“陆王”摩托车：日本侵华的罪证

第一次世界大战前，日本只能以军用车辆的名义进口摩托车。第一次世界大战后，日本民间才开始有摩托车出现。然而由于日本政府保护日本国产摩托车的政策，对进口摩托车课以高额关税，使得进口的哈雷摩托车在当时日本国内的售价居高不下。

因此，日本哈雷进口商向美国总公司申请在日本开设生产线，由于那时美国正受到经济大恐慌的影响，哈雷总公司的销售额也不理想，于是美国总公司同意了这个要求，唯一的条件是日本生产的哈雷摩托车只准内销。

1936年，日本三共株式会社取得内燃机生产执照，开始在日本生产1934年型哈雷VL系列，之后以1935年型哈雷R系列为主。这个车型在日本公开募集名称，最后以“陆王”定名。

★侵华时期的日军“陆王”摩托车部队

“陆王”摩托为美国哈雷摩托车的仿制产品，它不仅是日本自己生产的第一代摩托车，也是其早期唯一的一款品牌车。该车配置风冷、四冲程、V型双缸、SV2气门式发动机，排量1208毫升，最大功率21千瓦，主车为太子式结构。

“陆王”摩托主要用于装备军队、警局，并充当皇室及政府要员的护卫车，后来又用于战争。1937年，侵略中国东北的关东军将其命名为“97式军用侧三轮摩托车”。抗日战争时期，日军装备的侧三轮车基本上就是这种车。1945年日本战败投降后，“陆王”车便销声匿迹了。

百年哈雷：哈雷民用型经典车型

哈雷·戴维森摩托车已有百年的历史，它一共拥有五个截然不同、特色迥异的车系，每一个车系都有着悠久的历史和传统。

入门级Sportster（运动者）车系特征是拥有排量为883毫升或1200毫升的发动机。

较大的Dyna（戴纳）车系配备高级底盘和悬挂系统，是哈雷摩托车中最平稳的巡航摩托车。

在不改变硬尾风格的情况下，Softail（软尾）车系的隐形尾部悬挂大大满足了骑手的舒适要求。

哈雷Touring（旅行）车系的大型旅行车如Electra Glide（至尊滑翔）和Road King（路王），则以提供四扬声器立体声音响和巡航控制等舒适的驾乘感受而自豪。

VRSC（威路德）车系是全新的车型，配备液体冷却和顶置凸轮轴发动机（OHC），它向动力巡航摩托车领域迈出了非凡的一步。

Softail车系：真正地道的定制摩托

多年来，哈雷·戴维森公司一直希望设计一种新型改装定制摩托车，既能保留硬尾摩托独特而经典的外观，又能使驾驶变得更加舒适。1984年哈雷·戴维森的FxstiSoftial车型正式上市。简单、纯粹、强劲——这些词语本身就是摩托车的代名词。自1984年诞生以来，哈雷·戴维森软尾车系已成为全世界最流行的定制改装车系列。

★早期的哈雷摩托车

软尾车系的精髓在于将发动机保留在了钢性支座上，在体现尾部外形硬朗的同时还提供最为平稳的驾驶感觉。TwinCam88BTM发动机的紧密封装的钢性支座设计最大程度地减小了车辆轰鸣前行时的震动。

1986年上市的Heritage Softail是软尾车系的第二款

主打车型。这款摩托车的外形延续了20世纪50年代哈雷摩托车的经典造型。第一款软尾车型采用窄小的前轮——21英寸轮辁配3英寸横切面的窄小轮胎，而第二代的Heritage Softail则配备了16英寸轮辁的宽大前轮，同时继承了哈雷Touring（旅行）造型的挡泥板，当然还有坚固的前灯和前叉装置，这是一款经典的哈雷·戴维森摩托车。

Softail的前叉装置设计与配置了镀铬合金轮毂罩的压花辐条轮辁完美地体现了Hydra-Gride风格。这些设计元素在上世纪50年代末风靡一时，运用在Heritage Softail上同样非常成功，Heritage Softail完美演绎了这些经典元素，并将其保留至今。

在2007年款Heritage Softail Classic车型的身上，哈雷·戴维森的传奇继续绽放着光彩，巡航本色和明显的硬尾风格将舒适与怀旧风格融为一体。另外，2007年款Softail车系搭载了最新款的Twin Cam96BTM双凸轮发动机，使其王者风范尽显。六挡变速箱与Twin Cam96BTM双凸轮发动机配合得天衣无缝；后悬挂采用低位隐形，使整个摩托结构更加紧凑、坚固；极为突出的发动机稳定运转平衡性，为乘客带来澎湃的驾驶体验。Softail车系各款车型在2008年都配备了电喷系统，并改进了消音器设计，使1584毫升的发动机发出如音乐般悦耳的声音。

Touring车系：长途舒适坐骑

Touring（旅行）车系的发展深深根植于哈雷时尚外形设计的传统，并兼顾出色的油门操控响应，根据数百万英里的测试和车手的反馈，它以优异的高速公路驾乘感受和超凡的低速操控性能为车手带来了平稳、舒适、愉悦的驾乘体验。

1994年，第一款哈雷·戴维森“路王”车型面世，哈雷·戴维森正式将FL底盘运用到旅行车和改装定制车领域。为了使造型看上去更炫丽、更有怀旧色彩，“路王”继承了1960年头灯引擎的外形——“蝙蝠翼”流线型挡风玻璃，而防震底盘设计和橡胶固定的发动机等元素可以追溯到1980年代的Touring（旅行）车系。94款“路王”摩托车是哈雷·戴维森不断创新的产物，也是对哈雷摩托车历史的一次礼敬。“路王”摩托车一经推出，就广受好评。几年后，挂着怀旧设计的皮质后挂包的“路王”成为哈雷·戴维森的又一经典车型。

1999年，Twin Cam88发动机的出现大幅增强了Touring（旅行）车系的动力性、可靠性和耐久性，在以后的岁月里，哈雷·戴维森承诺打造出最出色的Touring（旅行）车系摩托车并持续进行设计改进——V-Twin脉冲、裸露闪亮的铬和钢、豪华的驾乘配置、宽阔的行李箱空间以及各种功能都为车手带来了非凡的摩托车驾乘体验。

2000年款的“路王”延续了哈雷·戴维森摩托车的经典造型，它配置了提高长途旅行舒适度的Touring（旅行）车系底盘、适合任何气候的可加锁的硬质后挂包、巨大的可拆卸的挡风玻璃、双人车座、后置空气悬挂减振系统和踏足板，这些都为确保一整天舒适的摩托车旅行生活而设计制造。高清晰海华沙前大灯和高清晰辅助灯、固定于燃油箱上的大号速度表和FL宽大的加长前挡泥板展现了其独特的风格造型。

★2000年款“路王”摩托车

该款摩托车人路合一的关系在2007年体现得更为契合——新的Twin Cam96发动机和标准电喷带来了更快的加速度，因为巡航速度时的转数更低，从而在长途旅行中为骑手带来了更加舒适和愉悦的驾乘体验。新增的O2传感器与EFI系统配合，混合燃油和空气，减少了挥发。

2007年，新款Touring（旅行）车系还减轻了离合器的力度，减少了中停现象。最新配置还包括：全自动可调安全系统，新型量表和性能优化的碳化纤维带转驱动器，以及新设计的消声器，改善了的排气质量和抗漂白技术都让Touring（旅行）车系更趋完美。

2007年款“路王”摩托车的车型大方地展示出了它的哈雷本色。从镀铬挡风罩和宽大的沙滩式把手，到整洁的真皮挂包和斜线切割式消音器，处处都彰显着哈雷·戴维森摩托车的独特风格。

Dyna车系：完全属于驾驶者

Dyna（戴纳）车系的风格源于20世纪70年代工厂定制革命，2006年全部重新设计的Dyna（戴纳）车系再度隆重推出。

结实的49毫米前叉奠定了Dyna（戴纳）车系的基调，而Dyna（戴纳）的风格在2007年的Twin Cam96发动机和六挡变速箱上得到了进一步体现。其镀铬排气管上重新设计的消音系统和160毫米的后轮令人印象深刻，过目难忘。

无论是在乡间小路、柏油路还是停停走走的城市街道，Dyna（戴纳）车系摩托与任何道路都能动感配合，演绎出完美的二重奏。

SPORTSTER车系：场地赛车王

1957年，哈雷·戴维森推出了一款883毫升排量的发动机，并把它安装在Sportster（运动者）车型上。从此以后，它主宰了场地赛车，并屡屡刷新速度纪录。“路遥知马力”，历经五十年的精湛工艺，Sportster车系在漫长的旅途中愈战愈勇。几十年来，Sportster车型乐趣的源泉就是安放在坚固敏捷车的框架上的强劲发动机。

2007年，Sportster（运动者）车系——最长寿的摩托家族之一，迎来了它的50周年庆典。Sportster（运动者）系列全部采用电喷（EFI）标准，实现功率无缝传递，启动迅猛，不畏惧任何风雨。氧气传感器使EFI以最佳状态燃烧燃油，使均匀、轻快、纯正的哈雷声响萦绕左右，883型号的发动机更利用低端扭矩使其性能趋于完美。

VRSC车系：哈雷摩托车中的“高新尖”

VRSC（威路德）车系是基于数十年来摩托赛车手的灵感而打造的一款机车，它将开创性的定制设计和性能完美结合在一起。VRSC（威路德）是哈雷·戴维森的核心所在，它引领着哈雷·戴维森系列产品的一个新的方向。

VRSC（威路德）车系与众不同地整合了哈雷·戴维森摩托车的定制改装风格和美国化的强劲动力性能。在时尚风格方面，哈雷·戴维森摩托车始终是定制改装摩托车的领导者；在动力性能追求方面，哈雷·戴维森摩托车对性能的激情源于数十年来的赛车经验，并不断追求美国化大而有力的扭矩与高端马力的结合。

在连续两届获得NHRA摩托车大赛冠军之后，2007年，VRSC（威路德）车系又稳步升级。液冷式60度V-Twin Revolution发动机继续提供强劲的动力，所有车型均配备了新款的5加仑燃油箱、新型高效的碳化纤维主减速皮带以及可选择的智能安全系统。

为确保机车造型低而长和有可延展性，哈雷·戴维森公司将其设计改装成高速赛车。尽管有高科技的电脑协助设计底盘和金属支架，哈雷.戴维森公司人员仍依靠其丰富可靠的经验完成了前所未有的造型设计。在造型设计方面，风箱被放置在了发动机上面，而原来这一位置上的燃料箱改放到座位下。在排气系统方面，设计了曲形排气管，尽管外形夸张，但解决了大排气量的问题。还有就是水冷系统所必需的散热器的位置，究竟应该在哪里安放这个难看的黑箱子？最终，哈雷·戴维森公司在车主体左右两侧安装了两个通风口，解决了散热器位置和外形之间的矛盾。34度头部角度和38度前叉倾斜角度合并设计，使车尾角度看上去更夸张，使车身看上去水平而低长。为了使前后看上去一致，哈雷·戴维森公司设计了一个角度独特的照明灯，使它看上去更像改装赛车。哈雷·戴维森公司在圆形仪表盘上装了两个照明灯，车身用铝电镀，作拉绒处理，这种复古设计反衬出其强劲性能。

经过几年的努力，VRSC（威路德）V-Rod摩托车正式与公众见面。“VR”表明VR1000的赛车血统，“SC”指其是为街车而定制设计的。

★VRSC系列摩托车

9

第九章

军用越野车

翻山越岭的战车

兵典
THE CLASSIC
WEAPONS

沙场点兵：越野车与吉普车

越野车是军用汽车大家族中的成员，大都具有一定的越野行驶能力。也就是说，这些汽车能在质量很差的路面或者根本没有路的地区和战场上行驶，因而有着能“吃苦耐劳”的本领。

越野汽车一般都是全轮驱动的，除了四轮和八轮全驱动的车以外，还有六轮驱动的越野汽车。它们突出的优点是，载重量大，越野本领强。以六轮全驱动的中型越野汽车来说，它可以载重七吨，最高车速为每小时90千米，能爬60度的坡。

越野车有军用民用两种，军用是最普遍的。其他还有专用越野拖炮车，越野测量车等。民用越野车、吉普车也是常用的。另外还有越野地质探矿车、民用越野敞篷车等。与民用越野车相比，军用越野车越野能力更强，更能满足战场需求，但舒适性差，油耗也大。

说起越野车不得不再提到另外一个名字——“吉普车”。吉普车是一个中国人非常熟悉的名字。但是很多人往往将其与越野车混淆。很多人习惯将各种四轮驱动的越野车、SUV（运动性多用途汽车）都称为吉普车，例如北京吉普、丰田吉普、三菱吉普……其实这种称呼与归类是不正确的。因为，所谓的“吉普”（Jeep）是戴姆勒·克莱斯勒公司旗下的一个品牌，迄今已有60年的历史，就好像“宝马”“奔驰”“法拉利”这样的汽车品牌一样。但是因为吉普的影响力太大，尤其是在中国。北京吉普的名字传遍了大江南北。因此，人们也就习惯地将所有四轮驱动的越野车与SUV都称为吉普车了。虽然我们可以口头上这样称呼，但是心里应该知道，所谓的吉普车其实是众多越野车中的一种名牌车，并不能将他们之间画等号。

兵器传奇：开着越野车上战场

第一次世界大战后，各国军方都推崇“战争胜利=机动+火力+通讯”的公式，美国军方也从未放弃过努力。美国军方一直在寻找一种牢固的、多用途的、全地形的轻型乘用车和侦察车。虽然美国军队在第二次世界大战前对坦克在今后战争中的重要作用认识不足，机械化和装甲化的速度比较缓慢，但美国陆军装备也少不了两轮和侧三轮摩托。

1937年，美国军方发展了一种新奇的产品——“Belly-flopper”，一种将冲浪板和轻型摩托车结合在一起的车辆。一个平板装上15马力的引擎，驱动前转向桥和9英寸的轮胎，再装上一挺0.30口径的机枪，两个卧姿的乘员。可以想象，这种车辆在野外一定行动缓慢，悬挂系统简陋得使乘员难以忍受越野时的颠簸。这种车辆虽无实用价值，却以低矮

★二战时期的美国MB吉普车

的外廓使军方受到启发。1940年，纳粹的铁蹄已踏遍了欧洲，战争的危险已威胁到美国。德军高速的机动能力使美国军方感觉到了差距，尤其是装备的坦克和伴随的车辆均不是德军的对手，因而加速了研制新装备的步伐。于是，美国人发明了MB吉普车。随后，苏联人也迎头赶上，发明了自己的嘎斯吉普。

以今天的眼光看第二次世界大战的越野车，都会觉得它们看上去非常简陋，几乎没有什么和行驶无关的零件和装饰。见棱见角的车身，所有的外观线条尽量取直；车辆的离地间隙大，但车辆的高度又很低，驾驶者端坐在座椅上，高高在上地驾驶车辆，用美国大兵的话说“就像坐在家门口的最高一级木台阶上一样”；连门都没有，只是在通常应该装门的地方开了一个缺口；方向盘看上去极简陋，四根辐条就是铁圆条，仪表也只有最必要的部分；刮雨器是手动的，有一个手摇的曲柄，一边开车一边用一只手摇动曲柄刮水；前桥前突，从侧面看前轮胎在整个车辆的最前端，车身也很短，后排的乘员显得比较局促；悬挂比较硬，乘坐舒适性很差；可折叠的车篷只能象征性地遮风避雨……可是，这种简陋的汽车却是美国大兵们最钟爱的武器，也使盟军的高级将领赞不绝口。究其根本原因，就在于吉普车是一种纯种的军用车辆。虽然简陋，却符合当时战争的需要，满足了美军作战方式的要求，大幅度地提高了美军的战场机动能力和战斗力。

第二次世界大战无可否认地推动了另一次工业革命，这其中就包括汽车。在第二次世界大战期间，威利斯和福特公司共生产了64万辆越野吉普车。的确，在第二次世界大战中，越野车扮演了诸多角色：担架、运货车、火枪架、侦察车、枪支弹药运输车、出租车等等。至此，越野吉普车的名字名扬四海。必须承认的是，第二次世界大战不仅以最艰苦卓绝的实践检验了越野车的令人信服的性能，而且赋予了越野车巨大的文化内涵。同时也在世界范围内播下了“越野车崇拜”的文化火种。

尽管第二次世界大战结束后，越野车开始分成两种发展趋势：一种是继续为军用，另一种则发展为民用。但无论是军用还是民用，越野车的本质特色并没有因战争的结束而丢弃，那就是越野车的通过能力和征服险恶环境的能力。特别是在民用领域，越野车非常受车迷欢迎。

第二次世界大战后的60多年时间里，世界各国生产出各种类型的越野车，其中最著名的有英国罗孚汽车公司生产的“路虎”越野车、美国“悍马”牌越野车、美国克莱斯勒公司生产的“大切诺基”、日本丰田公司生产的“陆地巡洋舰”等等，广受世人青睐。

慧眼鉴兵：战争英雄

我们都知道，越野车具有底盘高、视野开阔、非常路面上行驶如履平地等值得轿车羡慕的特性。越野车功率强劲、轮胎宽大、非独立悬架，加上行驶时宽阔的接近角度、宽阔的离去角度、更大的离地距离，这些是轿车无法比拟的。

一般认为，越野车分为三种类型：一是全地形型，此类型越野车可以在任何地形上行驶；二是纯越野型，纯越野车的轴距较短，悬架系统较高，避振系统比较硬，驾驶舒适性不好，但越野性能优异；三是运动型，作为极限越野运动的代表，该车型越野性能较好，道路适应能力无人能媲美。

越野车长盛不衰的诀窍是善于顺应时代，第二次世界大战时的许多大人物都曾先后乘坐过军用越野车，包括罗斯福、戴高乐、巴顿、蒙哥马利、丘吉尔等等。

作为战车、救护车、通信车、牵引车……一车多用的越野车为盟军赢得战争立下了赫赫战功，甚至有人说是“越野车”打赢了这场战争。作为一种机械工具、一种车辆而获得“战争英雄”的殊荣，除越野车以外，历史上没有第二个。第二次世界大战结束时，越野车的产量已接近百万辆。越野车以其卓著的设计和优异的性能，以及在战场上发挥的作用，在战车家族中乃至在世界民用车坛中都享有较高的声誉。

现代吉普的鼻祖——美国MB吉普车

吉普车诞生：MB的荣耀

可以这么说，吉普是在战争中诞生的。1940年，美国军方根据战场上的迫切需要，开始向美国国内的汽车制造商颁布了研制军用吉普车的设计指标：车辆载重量不低于280千

★正在执行任务的MB型军用吉普车

克，车辆全重不超过590千克，轴距不大于1905毫米，高度不低于915毫米，最大速度达81千米/时，方形车体，四轮驱动，可折叠风挡，研制周期49天。

军方发出招标书后，只有班达姆（前美国奥斯丁汽车公司）、威利斯和福特汽车公司参加竞标。

班达姆公司为了在49天内交出样车，特别邀请了一位天才的工程师——卡尔·普洛布斯特参与研制设计工作。1940年7月22日，班达姆公司提交了自己的设计方案；1940年9月21日制成第一辆样车，交给军方进行试验。试验结果表明，“样车动力充足，符合使用要求”。于是，军方最先向班达姆下达了1500辆试生产车辆的订单。在班达姆公司最先交付的70辆试生产型车辆中，其中有8辆四轮转向样车，但由于四轮转向影响了越野能力而没能批量投产。

继班达姆公司之后，威利斯公司和福特公司也提交了样车，分别命名为“方格”（Quad）和“矮黑人”（Pygmy）。虽然这两家公司的样车明显地抄袭了班达姆公司的设计方案，奇怪的是威利斯公司却大获全胜，可能是威利斯样车的动力能够满足军方的要求。不过威利斯样车重量超过了军方的要求，不得已，螺栓被切短，车身钢板被减薄，连油漆都减掉了4.5千克。在采取了种种措施后，威利斯样车刚刚比军方的重量标准轻7盎司！这就是第二次世界大战中著名的威利斯MB吉普车的“身世”。

吉普车一投入使用，立即受到美国大兵们的欢迎，迅速取代了过去的摩托车，士兵们亲切地把吉普车称为“泥水翻越者”、“班达姆跳蚤”、“侏儒”、“正方车”和“嘟嘟车”等等。

结构简单：MB可装载机枪

★ MB型军用吉普车性能参数 ★

车长： 3.7米	**功率：** 32千瓦
车高： 2.35米	**最大速度：** 97千米/时
车宽： 2.3米	**变速器：** 三速手动变速箱
车重： 650千克	**爬坡度：** 40度
发动机： 四缸L型发动机	**侧倾坡度高：** 50度
载重： 1.25吨	**转向半径：** 6.1米
车体： 无车门	**排量：** 2211毫升

第二次世界大战时，威利斯公司每一分半钟生产一辆MB型军用吉普车，整个第二次世界大战，共生产出64万辆吉普车。

MB型军用吉普车结构非常简单，几乎没有什么和驾驶无关的零件。前风挡可以向前放倒，全车没有车门，只有一个圆弧状的缺口，士兵可以迅速上下车，这样又减轻了车的自重。

MB型军用吉普车采用高底盘设计，因而能跋山涉水、无处不在：装上机枪时是战车，装上电台时是侦察通讯车，架上担架时是救伤车，用做将军的座骑时是指挥车，在必要时装上四个铁轮子，还可当火车头，牵引250吨的列车同样胜任。由于自重很轻，用船或飞机运送到不同的地方也极为方便。

★转战南北的MB型军用吉普车

MB吉普车安装四缸L型发动机，动力十分强劲；安装折叠帆布顶篷，可以很方便地展开；采用六伏蓄电池，可满足车辆各系统的用电；前大灯安装在带铰链的支架上，可以转动，方便夜间维修发动机时照明；发动机还能够为雷达、电台、焊机和飞机降落指示等设备提供电力。

MB采用三速手动变速箱，四轮驱动，车上可以安装7.62毫米或12.7毫米机枪。该车除了能运送人员和军用物资外，还能够牵引火炮和铁道车等。在牵引铁道车时，只需把轮胎换成专门用在铁轨上行驶的钢轮就可以了。

吉普车平整的引擎盖可以作为随军牧师的祭坛或士兵们打牌的桌子。在战场上，吉普车还可以用做战场救护车，最多时可以运载四具担架。MB吉普车最大速度达97千米/时，爬坡度40度，侧倾坡度高达50度，转向半径6.1米。

转战南北：MB吉普车是盟军士兵最好的朋友

MB型军用吉普车体积小，重量轻，动力充足，操控性好，无论战略还是战术机动性都相当出色，因此，它在战争中的使用十分广泛。1945年前，美国的吉普车生产数量高达64万辆，其中绝大多数是由威利斯公司和福特公司生产的。另外，福特公司还生产了1.8万辆两栖吉普车，叫做“西普”（Seep）。吉普车数量如此之多，使用如此之广泛，以至于在许多影视作品中都有吉普车的身影，就连在中国20世纪50~60年代也经常能看到美国吉普穿梭在大街小巷。

MB型军用吉普车除大量装备美军（每个步兵团装备多达144辆）外，英国和苏联盟军也装备了不少，占吉普车生产总量的30%。虽然美军拥有的吉普车数量最多，但让吉普车大出风头的却是英国人。早在美国参战之前，英国人就已经用上了吉普车，这是根据战时租借法案由美国政府提供给英军的。当时在北非战场上与隆美尔对峙的英军已经意识到切断德军供给线十分重要，为此，英军于1941年7月组建了特别空勤团，简称SAS。但这支聚集了皇家空军精英的部队却常常在执行敌后突袭任务时遭受重大损失，痛定思痛，英国人发现这是因为没有机动性良好的人员/火力搭载平台的结果。一次偶然的机会，SAS部队将7.7毫米机枪搭在了雪福莱卡车上进行火力支援，却取得了意想不到的成功。自此，英国人开始租借大量的威利斯吉普车，并根据SAS的需要进行了专门改装，取消了包括风挡玻璃、散热器格栅等所有不必要的零件，有时甚至连减振器也被拆除以便装载更多的燃油和淡水。为了降低水耗，散热器前方还加装了水冷凝器，除此之外，车上携带了远程电台和大量的弹药。SAS吉普车配备了强大的火力，由成对设置的维克斯机枪和单独设置的勃朗宁机枪组成，一些SAS吉普车上竟然能搭载五挺轻机枪。当所有武器齐射时，一辆SAS吉普车能够在1分钟内发射5000发子弹。

在1941年11月17日的一次突袭中，两支装备吉普车的SAS分队在短短几分钟内摧毁了61架停放在地面的德军飞机。截止到1942年11月，SAS共摧毁德军作战飞机400余架，MB吉普车功不可没。

第二次世界大战后期，SAS曾派遣144名队员随同吉普车空降到法国敌占区，在一次突袭行动中，四名搭乘吉普车的SAS队员创造了毙伤60余名党卫军士兵以及击毁3辆军车的战果！

曾任第二次世界大战美军陆军参谋长，后来又任美国国务卿的乔治·马歇尔将军称赞吉普车是“美国对现代战争的最大贡献”。简单耐用、无处不在的吉普车成为了美国大兵最好的伙伴。

第二次世界大战时，随着盟国军队的作战行动，威利斯吉普车的轮迹遍及世界各地，从北极圈内的摩尔曼斯克到赤道附近的新几内亚岛；从北非的利比亚沙漠到缅甸的热带雨林；从欧洲良好的公路到泥泞崎岖的滇缅公路，吉普车为赢得战争的胜利作出了巨大的贡献。

关于MB型军用吉普车，还有这样一个曲折的故事：第二次世界大战后期，随着战争的不断深入和兵力的迅速增强，军方对单价只有738.74美元的吉普车的需求量越来越大，而威利斯公司的生产能力却无法满足军方要求，因此，政府允许其他公司按照威利斯公司的图纸进行生产。福特公司按照威利斯公司的图纸生产出了福特版的吉普车，命名为GPW。作为吉普车始祖的班达姆公司，在整个第二次世界大战中只能生产军用拖车，并最终在1956年被卖掉。威利斯公司大肆宣传吉普车是他们发明的，因此，惹怒了班达姆公司。班达姆公司要求政府追究威利斯公司的责任。联邦贸易委员会立即勒令威利斯公司停止这种不真实的宣传。这次争端之后，威利斯公司开始试图注册Jeep商标，但直到1950年才如愿以偿。

★二战期间的MB型军用吉普车部队

威利斯公司在20世纪70年代先后被凯撒公司和美国汽车公司收购，最后于1987年被克莱斯勒公司并购，然而Jeep这一商标却一直传承下来。

战后发展：短暂辉煌后被“悍马”替代

吉普车给军人的印象如此深刻，以至于战后每个退役回家的美国军人都想拥有一辆属于自己的吉普车，同时美国农业部也想到了和平时期开发和利用吉普车。如此好的商机，威利斯公司岂能错过，因此，威利斯公司在军用吉普车的基础上开发出了一款民用型吉普车——CJ-2（CJ是民用吉普车Civil Jeep的缩写），后来又改为CJ-2A。这种车辆从1945年到1949年间总计生产了21.4万辆，与此同时，威利斯公司还推出了两轮驱动的各种变型吉普车。

1948年，改进型的CJ-3A开始投入市场，一直生产到1953年。朝鲜战场上，美军还使用了M38型吉普车。M38型吉普车从1950年生产到1953年，一直被认为是一款最优秀的吉普车，被收藏界广泛追逐。

吉普车族中最具革命性的时刻是CJ-3B和M38A1的出现。CJ-3B和M38A1安装同一种新型的F型四缸发动机。M38A1外形圆润，看起来更加顺眼。M38A1的生产从1952年开始一直持续到1971年，越战期间被美军大量使用。CJ-3B则从1952年一直生产到1968年。

民用吉普车的变型车层出不穷，从CJ-3A直到CJ-10，其中CJ-5于1954年出现，一直生产到1983年，生产期长达29年，为其他各型吉普车所不能及；CJ-6是威利斯军用型M170的民用型，M170从1953年一直生产到1963年，共生产6500辆。自20世纪60年代初，美军开始装备新型的M151MUTT吉普车（MUTT，军用战术卡车Military Utility Tactical Truck的缩写），该车在M38A1的基础上改进了悬挂系统，配置了安全带和防倾覆保护装置，1961年投产，1969年停产。1987年“牧羊人”YJ最先采用方形头灯，打破了吉普车的圆形头灯传统，1997年YJ升级为TJ。1984年大切诺基投产，开辟了吉普车的新概念。到现在为止，大切诺基XJ获得了广泛的认可。

★CJ-5吉普车

1981年美国军方停止了老款吉普车的订购，改用新型的“高机动性多用途轮式车辆”，也就是人们常说的“悍马”。

第二次世界大战时期

“诞生”的军用吉普车经历了历史和战火的洗涤，在新的时期、新的技术和新的作战用途的冲击下，它们已经退出历史的舞台，但历史可以作证，吉普车是一代杰出和完美的车辆。它们的出色表现永远留在人们的记忆中，它们是越野的先锋。

德国陆军的象征——德国VW82越野车

通车出世：希特勒的阴谋

VW82越野车，也称82型“桶车”，是德国陆军的象征。该车伴随德国军队在各个战场上作战，不管是挪威的北极圈内还是北非的炎热沙漠，都能见到VW82的身影。

1933年，希特勒登上德国总理的宝座，他对德国人民许下了两个承诺：一是让每个德国家庭的餐桌上都有牛排；二是让每个德国家庭都能拥有自己的小汽车。作为希特勒关注的项目，汽车的设计由极有天赋的设计师费迪南·保时捷博士承担。希特勒认为这种汽车应该是四座，采用排量1升的风冷发动机，百千米油耗不超过7升，最大时速100千米，价格不超过1000马克。而此时福特和欧宝轿车的价格一般在2000到3000马克之间。设计师保时捷知道，要实现上述目标，必须简化设计，降低成本。

★二战期间的VW82“桶车”车队

1936年，保时捷博士终于完成第一辆60型轿车的设计。1939年，希特勒专门为其在沃尔夫斯堡建造了一座KDF-Stadt工厂，即后来的大众公司。

1940年，60型轿车进行批量生产，计划年产100万辆。这种车被命名为KDF-wagen。然而，希特勒并没有兑现他对德国人民的承诺，为了1938和1939年德国对奥地利和捷克的战争，陆军武器局于1938年1月向设计师保时捷提出了生产军用大众汽车的要求。于是，保时捷在60型基础上开始设计军用车辆，并于当年11月制造出样车。新设计出的车辆被命名为62型大众军用车。该车发动机后置，具有圆滑的车体和挡泥板，备胎安装在前舱盖的凹陷处。遗憾的是，62型军用车的越野能力明显不足，于是保时捷将其底盘升高50毫米，改进了传动比，并且根据军方提出的要求作了相应改进，改进后的车辆被命名为82型，至此，VW82“桶车”诞生了。

1940年，82型越野车开始投入批量生产。

板条箱型车身：VW82具有攻击力

★ VW82“桶车”性能参数 ★

车长： 3.73米

车高：（到方向盘顶端）1.65米

车宽： 1.5748米

车重： 685千克

发动机： 水平对置4缸气冷1131毫升

最大功率： 17千瓦

变速箱： 四个前进挡，一个倒挡

最大速度： 85千米/时

邮箱容积： 30升

VW82“桶车”底盘下部较平，全重只有685千克，只要1个人就能够从前方抬起来。看过82型车的人，都对它的板条箱型车身印象深刻，它结构简洁，风格硬朗，由带有加强筋的薄钢板冲压制成，配有折叠式风挡和帆布顶篷。

车体上有4个车门。底盘由一根半管状的主梁和冲压钢板构成，四轮独立悬挂，采用扭杆弹簧。动力为一台后置0.985升4缸水平对置风冷汽油机，在3000转/分时功率为17千瓦，最大速度85千米/时。

到1943年3月，82型“水桶吉普车”又换装了1.131升发动机，功率提高到19千瓦，动力更加充足。“桶车”的内部设置极为简单，前方是单人座椅，后方为一条长椅，座椅下方可以存放少量物品。发动机进气口就在后座之后，当门窗关闭后，噪音令人难以忍受。

VW82“桶车”上两排座位之间设有步枪托架，可以携带4名乘员用的步枪，如果需

★VW82“桶车”

要，“桶车”上还可以搭载1挺MG34轻机枪，有时甚至是一具反坦克火箭筒，这时候，这辆轻便灵活的小车就变成颇具威力的进攻武器了。为了提高“桶车”自身的防弹能力，野战部队常常在战地为它加装装甲板，以防轻武器对乘员的伤害。

鏖战北非：82型“桶车”成为战场抢手货

82型“桶车”也有多种变型车，如皮卡型运输车、半履带式155型雪地运输车和专门用在铁轨上行驶的“桶车”，德国人甚至还制造过六辆四轮驱动型的样车。

82型“桶车”在纳粹德军入侵波兰的作战行动中表现特别突出，引起了军方极大的兴趣和重视。1940年夏，军方第一笔订单400辆，这些车辆陆续装备到国防军的各个单位，逐渐开始取代侦察部队、通信部队以及中下级军官使用的摩托车。到1940年12月20日，第1000辆82型“桶车”驶下生产线，整个战争期间共生产了52000辆。

在北非战场上，82型“桶车”凭借其在恶劣沙漠环境中的卓越表现赢得了隆美尔非洲军团官兵的喜爱。非洲版的82型“桶车”是大众公司在普通82型“桶车”的基础上于1942年专为非洲战场生产的，该车装备有特别的气球状轮胎，这种轮胎分为带胎纹的和不带胎纹的两种，其宽度大于普通轮胎，为此还特意加高了前舱门上的备胎支架。这种特殊的气球状轮胎在沙漠行驶时能够有效地减少压强，防止车辆下陷，开起来机动灵活，犹如在沙漠中飞奔的“田鼠”，它们是重要的通信、侦察和中下级军官的“坐骑”。

其实，盟军也对这种小车颇感兴趣，北非战役开始不久的1941年，一辆被盟军缴获

★战场上的82型“桶车”

的82型“桶车”被运往美国马里兰州的阿伯丁试验场进行试验评估。试验表明，尽管在恶劣环境中82型“桶车”表现不如美国的通用吉普车，但它的越野性能出色，比美军吉普轻数百磅，油耗仅为吉普车的一半，操纵灵活，维护方便，而且可靠耐用。装有闭锁差速器的二轮驱动82型“桶车”在机动性上却和四轮驱动的美军吉普不相上下。因此，盟军士兵也特别希望能拥有一辆地道的德国造82型“桶车”，他们甚至会用2辆吉普车去换取一辆友军缴获的“桶车”。盟军士兵这样称赞82型“桶车”，“这种车真棒，官兵们都愿意开它，它让你信得过，因为你只要开着‘桶车’出去就能开着回来。”

“桶车”变形：战后大众公司推出的181型民用车

第二次世界大战后期，随着美军手里缴获的德军车辆的不断增多，军械部门专门印发了“桶车”的技术说明书，以帮助士兵更好地使用和维护这些车辆。

其实，早在82型“桶车”投产之初，德军就要求大众公司开发一种适合在水网交错地区使用的两栖型车辆。根据德军要求，大众公司在82型“桶车”的基础上研制出了一种变形的两栖型166型“桶车”。166型于1942年末投入生产，该车轴距更短，重量更轻，多数用来装备纳粹的党卫军。

166型“桶车”采用了由82型“桶车”底盘改进而成的四轮驱动平台和具有全长挡泥板的船形车身，有4个前进挡和1个倒挡，前后轴均装有和82型“桶车”一样的差速器闭锁装置，爬坡能力相当出色。为了防水，166型“桶车”的车体上没有车门，和陆地型“桶

★战后被遗弃的82型“桶车”

车”一样，它也有折叠式帆布顶篷、管制灯和前舱备胎。除了外部附加的船桨和行军锹，该车的最大特点是安装在尾部的一具三叶螺旋桨推进器。推进器可以利用一个附设在车尾的推杆手动控制抬起或放下，推杆的下方是排气消声器，排气消声器高于水面，位于后排乘员的后方。为了放置推进器，发动机百叶窗设计成凹陷形状，推进器放下时，就会和车体后部的一个三齿花键相啮合，花键由曲轴驱动，带动螺旋桨旋转，推动车辆前进。发动机进气口也高于水面，刚好低于消声器。

166型“桶车”受到德军官兵的广泛喜爱，到1944年末，沃尔夫斯堡工厂和保时捷位于斯图加特的工厂总计生产了14238辆。战后英国官方在沃尔夫斯堡进行过多次试验，证实该车具有良好的防水性。在平地上，166型能以89千米/时的速度行驶，在水中时速则达到9.8千米。

除了82型和166型“桶车”之外，战争期间，设计师保时捷和他的设计组还设计了一种特别的92型军官用车。这种车由甲壳虫车的车身和82型“桶车”的底盘构成，总产量只有1000多辆，极为罕见，留存至今的绝对可称得上是珍品。

82型“桶车”给人们留下了深刻的印象，德国人对“桶车”的情结一直延续到战后很久。20世纪60年代，大众以著名的82型“桶车”为原型开发了一款民用越野车，称为181型“桶车”，该车于1973年后期进入美国市场，当时的名称为TheThing。

181型“桶车”装备了改进的保险杠，发动机功率增大到29千瓦，配备带同步器的传动系统，不同的是把备胎从前舱盖上移到了前舱内部，挡泥板改为方形，车门经过重新设计改为前部铰接（刚好和原来的“桶车”相反），为了降低成本，还取消了差速器的闭锁机构。181型“桶车”曾大量出口到美国，深受人们喜爱。可以说，至此，“桶车”的故事才接近尾声。如今，拥有这样一辆当年德国原产的“桶车”是无数兵器爱好者的梦想，因为它们是浓缩的历史，尽管曾经作为侵略者的工具，然而历史始终是历史，优秀的“桶车”，永远不会被人们忘记。

“雄师霸王”——美国“悍马”军用越野车

越野之王：“悍马”百年传奇

20世纪70年代末期，美国陆军根据越战经验，开始研发新一代的轻型多用途军车，军方所要求的军用车需要符合高机动性、多用途、有轮（非履带式）等要求，简称HMMWV，用以取代多款吉普车和各式四驱皮卡，目的是让统一制式的轻型军车能够实现更简便的模块化维修和保养，提高机动能力。

美国陆军造出了19辆XR311试验车。XR311在沙漠、草原上有很好的表现，但最后因为成本太高、车尾因安放发动机而无法载货不符合军队多用途的要求，停止了进一步开发。而在同一时期，超级跑车制造商兰博基尼也看准了军车市场，于1977年试制了几台高性能吉普车给美国军方试验，取名Cheetah。但由于其发动机在车后面，汽车的用途受限，所以无法取代小皮卡。兰博基尼后来把该车的市场转向了中东和富商，这就是LM002。

到20世纪80年代初，美国通用汽车公司总结了XR311和Cheetah落选的原因后，希望重新研制出同类的越野车交给美军测试。于是，他们制造了12台HMMWV。该车发动机位置从后置改为中置，位于两轴之间但在驾驶室之前。这个设计解决了前置发动机造成的车重不平均和后置发动机无法载货的两难局面。同时，也因为这个设计，车宽增加至近2.2米（不包括后视镜），发动机的大半放在了驾驶员和前座乘客的中间，而自动变速器也正好放在后排两个座位的中间。HMMWV还使用全时四驱系统，采用V86.2升柴油机，省油的同时可以发出110千

★正在执行作战任务的“悍马”军用越野车

瓦，使“悍马”时速最快达到110千米。这12辆HMMWV分别加上不同的车身，以满足美军多用途的要求。经过在内华达州的沙漠进行的32000千米的全面测试，其出色的表现给美国军方留下了深刻印象。1983年，美国军方与其签订了定购测试车的合同，经过五个月的详尽评估以后，通用汽车公司赢得了一个最初生产55000辆HMMWV的合同。同年美国LTV公司从美国汽车公司手中购入通用汽车公司。至今，Hmmwv系列车辆共产超过14万辆，美军方装备了10万辆，并出口到30多个国家和地区。

在1991年的海湾战争中，“悍马”承担了人员和物资的运输、执行反坦克、通信中继、火炮牵引等多项任务。战后，美国五角大楼公布题为《波斯湾战争的胜利》的最终报告中称：“‘悍马’满足了一切要求，或者说超出了人们的要求……显示了极好的越野机动能力。其可用性超过了陆军的标准，达到90%。很高的有效载重能力对美军来说也是绝对保证。”

“悍马”H1：越野车中的跑车

★“悍马”H1越野车性能参数★

车长： 4.686米

车宽： 2.197米

车高： 1.905米

轴距： 3.302米

车重： 3.102吨

发动机位置： 前置

发动机型式： V-8带增压电喷柴油机DOHC

最大功率： 125千瓦

汽缸数： 8

点火方式： 多点电喷

驱动形式： 全时四驱

0～100千米/时加速时间： 19.5秒

变速器型式： 4L65-E4速自动变速器

最高车速： 134千米/时

轮胎类型与规格： LT315/70R-17

制动装置型式（前/后）： 前、后轮盘式制动器

转向器型式： 齿轮齿条

油耗： 16升/100千米

排放标准： 欧2

排量： 5967毫升

1991年2月28日，受世界瞩目的“海湾战争”正式结束，“悍马”因为在战场上的英勇形象，广受美国民众的喜爱。自此，各界喜好者的询问电话不断向通用汽车公司涌入，这也让通用汽车公司开始考虑推出民用型“悍马”的可能性。1992年，民用型“悍马”开始销售，正式定名为HUMMER。

“悍马”H1沿用了军用“悍马”的外观，凶悍十足。它不是为民间设计，而是为满足美军的严酷要求而设计出来的。军队要求汽车在几乎满负荷的使用情况下，使用寿命长达12年。前所未有的动力性能、操纵性能及耐久性能，能够适用于各种特殊的路面，能

★外形霸气的“悍马”H1越野车

够在许多运动型车辆无法行驶的道路上行驶，被业界誉为“越野车王”。它具有高尺寸的离地间隙，大角度的接近角和离去角，车体宽，重心低，V8柴油机，全时4轮驱动，独立悬挂，助力转向等。还有中央轮胎充气系统，驾车者可以变化轮胎气压，装配泄气保用轮胎，轮胎泄气时仍可以48千米/时的速度行驶30千米。“悍马”除了在舒适性、内部装饰、动力性能与军用型“悍马”有所不同外，车型外表仍保持一致，在城市行驶时特别的“另类”。

“悍马”H1系列有五种车型，分别有两门、四门硬顶两厢体车，四门软篷两厢体车，四门及两门皮卡。其动力来自一台6.5升涡轮增压柴油引擎。它位于车子前部，使整车的重量分布非常均匀。一种密封的中央稳压装置能保持系统压力平衡并保护主要部件不受污染。每个部件上的通气软管都汇集到一条来自空气滤清器的中央软管。该系统使“悍马”能在近1米深的水中开一整天而不怕水、沙子和泥巴的侵袭。焊接而成的钢车架上有5条重负荷横梁，它们能充分承受在恶劣路况下满载行驶时的压力。这种结构赋予“悍马”无与伦比的力量和灵活性。高负荷多重冷却系统为冷却液、机油、变速器/分动器油和转向机油提供高质量的冷却服务。保证这些液体处于正常工作温度时能延长发动机部件的寿命并使车子即使在最恶劣的状况下也能安全运转。4L65-E四速自动变速箱被广泛认为是有史以来最好、最耐用的四挡变速器。它不但使“悍马”容易驾驶，而且能通过平顺的动力传递提高车子的越野机动性。经过一段时间的学习，它还能适应并迎合你的驾驶方式。

大多数越野车的后轮都采用鼓式制动，因此倒车下坡时车子很难控制。“悍马”采用的半轴内置4轮盘式制动器，不论是倒车下坡还是向前行驶都十分顺畅，所以说4轮盘式制动器是不可替代的越野装备。

★“悍马”H1越野车

“悍马”H1的分动器能让驾驶员改变传动形式以适应不同路况，提供分高低挡的全时4驱服务。整个传动系统的齿轮减速比为史无前例的33:1。极高的传动系统中心线和带齿轮的轴头等设计赋予该车近半米的离地间隙使“悍马”在城市车流中和在野外丛林中一样敏捷。不论是在交通高峰时的公路上还是在拥挤的停车场里，该车驾驶起来一点也不比别的车费劲。助力转向，四挡变速器，独特的悬挂和小得惊人的转向半径使“悍马”异常灵活，操控起来不像卡车，更像跑车。

2006年1月，“悍马”H1加入了HUMMERH1Alpha，提高了发动机性能。2006年，在“悍马”H1产品时代过于老旧、汽油消耗过大的批评及销售量锐减的影响下，年底停止生产。

强悍金刚——德国乌尼莫克越野车

百变金刚：从民用卡车到首选军车

乌尼莫克越野车由德国梅赛德斯·奔驰公司生产，被人们誉为战场上的“百变金刚”、“越野之王”。

第二次世界大战后，德国的一切物资都短缺，为改善人们的生活急需一种万能的农用车。这种想法最早由奔驰的两名工程师在1945年提出，并设计出草图、提出了完整的设计理念。乌尼莫克这个名字来源于德语“Universal Motor Geraumlt”，意思是“泛用自走机具”。

初期，乌尼莫克的设计是一台小型万用卡车，整车的体积不大，但有千变万化的用途，可以代替拖拉机在农地使用也可以在马路上使用，还可以牵引比自己重10倍的货物大平板车，这时的乌尼莫克看起来更像一辆拖拉机。

问世之初，最引人注目的是在1945年11月，当乌尼莫克还是图纸的时候，就收到美国军方的订单。美军敏锐地觉察到乌尼莫克高超的越野能力在军事方面的用途，这份订单开始了乌尼莫克在未来几十年成为各国军队提高作战机动性和越野能力首选军车的历史。如今该车已被广泛装备于北约、非洲及南美等83个国家的军队。

乌尼莫克在设计上强过任何一辆军车或拖拉机，分动箱前后有多个机具功力取力口（PTO）输出位，以方便配合农用机械和绞盘的使用。由于采用了portalgear的技术，使得轮轴和传动轴的位置高于轮胎中心，因此乌尼莫克拥有比一般高机动多用途轮式车（HMMWV）更高的离地距离。乌尼莫克还使用了柔性车架，使车轮在垂直方向上有较大的活动空间，这样当车辆在异常崎岖的地形甚至是一米高的石头上行驶时仍能保持较为舒适的驾驶状态。带有顶篷的驾驶室，包皮的座位，龙门式车轴带有弹簧和减振装置，前后轮驱动并附有前后百分之百起作用的差速器锁，前轮有刹车装置，车前、二车轴间、车的两侧及车后部都有安装各种附加器械的可能性，同时带有相应的传动装置，比如在各个部位都装有传动轴，同时车厢板能承受一吨的负荷能力。

第一批的乌尼莫克以农用市场为开发对象，所以车速很低，仅比拖拉机快一点，公路时速约60千米/时。其车斗也十分小，但可以拖大平板车，可以把农作物运出市场，达到一车两用的目的。它很快成为林业和葡萄种植业中不可缺少的帮助者，在地区性冬天道路养护、消防救火、救灾抗灾以及建筑业中，乌尼莫克同样必不可少，可以说乌尼莫克很快在各个领域成为运输车和工作机械车。

★乌尼莫克越野车

★正待加载的乌尼莫克404型越野车

1951年，奔驰公司推出了第二代乌尼莫克车型，新车主要市场除了农用以外，目标还有军队，当中以404型最为人知。这是德军在20世纪50年代的标准4×4越野车，新车轴距加长至2.9米，前后轮距加至1.63米，全长为4.925米、宽2.14米、高2.63米。该车同样保留了T型大梁，前后硬轴加弹簧圈悬挂，全密封驱动系统，前后差速锁。车身自重2.8吨，拖2.8吨，公路最高时速约为95千米/时。它的越野性能比当时美国生产的道奇4×4小卡车还优越得多，因此成为不少国家的军车。

在以后的发展中，乌尼莫克从18千瓦开始向大功率方向发展。逐渐建立起它庞大的乌尼莫克家族，有三大系列，二种轮跑，各种牵引头，35个品种，功率范围从110千瓦（146马力）到180千瓦（240马力），车速从80千米/时到100千米/时。

乌尼莫克作为全能的高负荷牵引车和工作机械车，毫无疑问在今天只要配上各种器械，它就能满足各种工作要求。前后24挡使它在公路上也能高速行驶，实实在在的四轮驱动，保证它在艰难地形上保持极高牵引力，从而保证它的最高牵引运输能力。在英国和欧洲，会看见不少民用乌尼莫克在公路、农地和工地上工作，包括用升降台修理路牌，修剪树木，维修街灯，耕种（配上前后机具功力取力口配合农用机械）等。在工地，它可以配上推土机、挖土转台、吊机，或拖动一个20轮大平板车运送30吨推土机或挖土机，另外在火车维修中心也用到不少。在香港、日本，乌尼莫克装上了一套活动式可升降铁轮，可以在火车轨上走动，把铁轮升起，便可以在马路行走。在世界的许多地方，它甚至常被用为6×6和8×8坦克运载车拖头。无论在冰天雪地的安塔克蒂斯还是在潮湿炎热的热带地区，无论穿越撒哈拉沙漠，还是在热带、亚热带地区考察，无论是在露天采矿还是在中国塔克拉玛干沙漠钻探石油、天然气，乌尼莫克作为在惊险情况或安装条件极其恶劣情况下的机器忠实伙伴已赢得了很好的声誉。乌尼莫克作为联邦军队的同龄人，是这支军队美好记忆的忠实记录者，在农业和林业领域乌尼莫克带来了经济型联合收割机，有着省时、惜土的工作程序。在建筑工地，消防救火或救灾抗灾中人们总是把它使用在艰难地形。在铁路轨道的整理养护中，乌尼莫克作为公路、铁路双用车，只要配上异轨轮，就可以同样使用在铁轨上并牵引600吨货物。

乌尼莫克强大的合作伙伴——各种附加设备生产厂家一直致力于开发最佳的新产品来适应各种不同的市场情况，用于维护保养城市地区的基本设施，从而达到省钱的目的。

1994年7月15日，第30万辆乌尼莫克在加格瑙工厂下线。2000年，推出了U300、U400、U500系列车型，到目前已发展到U3000、U4000、U4000全新的千系列车型。2001年，梅赛德斯·奔驰公司举行了纪念乌尼莫克诞生50周年的大型庆典。

半个多世纪过去了，随着时代与汽车技术的发展，乌尼莫克车型系列成为奔驰系列汽车的一颗巨星被广泛应用于商用与军用领域，目前已有近40万辆乌尼莫克销往世界各地，遍布160多个国家。

沙漠王者：乌尼莫克U3000/U4000/U5000系列

★ 乌尼莫克U5000越野车性能参数 ★

车长： 5.41米

车宽： 2.3米

车高： 2.72米

前轮距： 3.25米

后轮距： 3.85米

最大载荷： 8.5吨

发动机： 四缸涡轮增压中冷柴油直喷系统

最大功率： 218千瓦

汽缸： 4个，直列式

轮胎配置125R20

最大速度： 109千米/时

变速箱： 全同步UG100-8型6倒挡电气化变速箱

冷却装置： 液力风扇

排量： 4801毫升

乌尼莫克现有中机动性能的U300/U400和高机动性能的U3000/U4000/U5000两大系列车型。车辆形式由具有保护性高风挡短头驾驶室与越野高机动性底盘（带鹅颈钩、可变形抗扭转车架）组成。

梅赛德斯·奔驰旗下的乌尼莫克高机动性能军用与商用系列车型，是一款技术先进、性能卓越、多功能、全天候的特种越野车，也是世界上唯一一款能在沙漠、山区等极其艰苦环境条件下显示高技术、高性能和高可靠性的军用和特殊民用汽车。

乌尼莫克的驾驶室为具有保护性高风挡、前翻全钢的短头式，通过橡胶零件对驾驶室进行三点固定，由减振器进行支撑，完全符合欧洲ECE-R-29法规的安全标准。短头式驾驶室的设计带来了诸多优点——尺寸紧凑、缩短车架外伸、加大前轴荷、扩大了司机视野。驾驶室带天窗，为单排3座或双排7座设计，座椅前后、高低及靠背角度可调，可选装气悬座椅与前翻双人副驾驶座椅。该车驾驶室是一个集驾驶舒适性和驾驶操纵性、功能性于一身的工作环境，车内外视野开阔，顶部还开有瞭望孔。室内装备显示驾驶信息和整车管理信息的新仪表盘，智能电控气动自动换挡变速器，具备电子控制脚踏板、电控快速倒挡（EQR）、电子控制加速、大液晶信息显示屏、空调系统、液力启升等功能装置。驾驶员坐在座位上能对车辆参数仪表显示一目了然。用于汽车操纵的右侧多功能手杆可实现双级排气制动、巡航控制、速度控制、速度限制、制动巡航控制等；左侧可实现对强光、转向信号灯、喇叭、前照灯闪光器、操纵杆雨刷和间歇时间模式的调节。变速器手柄上的多功能开关可实现自动变速换挡、后视镜加热、液力操纵系统及使用换挡手柄和开关进行换挡的多种功能。

与其他类型车辆显著不同的是，乌尼莫克具有出类拔萃的真正意义上的多功能特性，因而被誉为“百变金刚”。

乌尼莫克的多功能性得益于出色超群的装备平台。其车辆形式由驾驶室与越野高机动性底盘组成，包括高载荷门式车桥与可变形抗扭转车架。其中，前桥承载重量为4～6吨、后桥承载重量为4～6.8吨。车架分为主车架和副车架，车架采用无应力的安装支架，主、副车架靠两组三点支撑连接，使它们之间相互运动的自由度更大，在恶劣路面上，可以更加有效地保护车身及装载设备。随车专用的工作设备的动力驱动由PTO和VarioPower系统来完成，车辆前后两端具备合理分布的高速/超高速取力口。此外，车型还装有前销式和后置爪式/钩式以及自动拖钩。这使得乌尼莫克可以通过加装各种设备来满足多种功能需求。车架上安装区域包括前安装区域、中央安装区域、后安装区域。在车架的各安装点上可加装的装备包括：起重设备、挂车、高空作业设备、平地机械、雪犁、清洁机械、绞盘、空气压缩机、发电机、无栏板平台货箱、箱式货箱等。

★乌尼莫克U5000越野车

乌尼莫克从经济与技术的角度出发，融合了大量满足运输业、制造业、能源工业以及市政工程、道路养护等部门，以及军队系统对车辆运用和上装专业设备特殊要求的独特设计。在民用商用领域，安装不同的专业设备后，乌尼莫克可神通百变地被用为能源运输车、道路清障车、筑路工程车、野外考察车、森林消防车、火车车厢牵引车、清洁车、铲雪车、市政工程车、起重车、挖掘车等。在军事领域，乌尼莫克可根据不同的使用要求衍化出种类繁多的车种，如通信指挥车、防弹运兵车、物资运输车、武器发射平台、挂车/火炮/飞机牵引车、战地救护车等。世界上许多国家还将其改装成轮式装甲车和装甲水陆两用车。由于U3000/U4000/U5000可以使用飞机与铁路来运输，这就使乌尼莫克如虎添翼。

沙漠是考验汽车越野能力的最好的试金石。有“沙漠之舟”之称的骆驼曾被寄托着人们在沙漠中生存、发展的唯一希望。而有“沙漠巡洋舰”之称的乌尼莫克的诞生，则彻底把人们在沙漠中的生存、发展从被动拉回到主动的位置上。如果把乌尼莫克的多用途比喻为“百变金刚”的话，那么它的另一誉称就是“越野之王”，因为这本身就是乌尼莫克的设计初衷。

乌尼莫克采用大载荷、可变形抗扭转车架，主、副车架靠两组三点连接支撑，使它们之间相互运动自由度更大，这样便确保了车辆在通过不平整路面时，驾驶室、货舱保持相对平稳，以适应非常陡峭的斜坡及极为不平整的路面，更有效地保护车身及装载的设备；主减速器非中央布置的门式车桥的设计是为确保汽车在越障时有很高的离地间隙；在桥上采用的扭矩管技术、螺旋弹簧和悬架横向控制臂，有利于适应最大可能的侧向扭转，在车桥两侧大幅摆动时提供对传动系统的保护。此外，轮边减速结构使桥管中心线高于车轮中心线，从而提升桥总成的离地间隙，即使在车辆重心很低的情况下也有极高的离地间隙和通过能力。

乌尼莫克车型的短前悬和后悬的设计使之具有很大的接近角和离去角，加上车桥、传动系统和电子装备具有防水防尘功能，前后桥总成、变速器、扭矩管、油箱、制动系空气干燥器、电磁阀、制动系统等部件的通气管路都处在一定的高度上，以及轮毂轴承使用双油封与轮边减速的密封等，进一步增强了乌尼莫克的越野能力。乌尼莫克接近角46度，离去角51度，纵向通过角达到38度（根据需要可达42度），爬坡度为45度，即100%，轮胎侧向角38度，标准涉水深度为0.800米，最大涉水深度为1.2米，离地间隙400/480毫米，垂直越障高度0.4米，车桥对角扭曲度可达30度，最小转弯直径1.41米。

★乌尼莫克U3000越野车

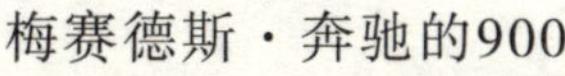

梅赛德斯·奔驰的900

★乌尼莫克U4000越野车

系列柴油发动机具有良好的扭矩特性及大功率伺服等技术特色，从而给乌尼莫克的越野性能提供了强大的动力支持。乌尼莫克车型采用了电子控制的带中冷装置的涡轮增压OM904和OM924直列四缸柴油发动机，排放完全符合欧III标准。该系列车型发动机的排量为4249毫升，其中U3000最大输出功率范围110～1500千瓦、最大扭矩580牛米；U4000最大输出功率范围130～177千瓦、最大扭矩675牛米；U5000最大输出功率范围160～218千瓦、最大扭矩810牛米。

乌尼莫克的高超越野能力亦得益于其装备了优异的全时四轮驱动系统。普通情况下乌尼莫克的驱动方式为后轮驱动，但在遇到恶劣路况时可以使用全轮驱动。为避免车轮在恶劣路况时打滑，其四轮驱动带有锁止效能100%的前、后桥差速锁止器。期间，依靠牙嵌式离合系统对四轮驱动和差速器锁进行操作，可以使用仪表盘上的旋转开关进行电子/气动操作连接或断开，能连续使用发动机的大扭矩，并可在行驶过程中进行操作。

乌尼莫克在设计之初，全路况下的行驶安全性就被放到了设计的首位。该车型不仅在整车的驾驶室、车桥、车架、四驱系统等主要总成体现了安全可靠性的设计，此外还具有其他安全装备系统。如：采用液力助力循环球式转向，其转向系统单独使用液力助力系统；拥有可调角度转向管柱的安全方向盘；装备气控液压系统，双回路制动系统，采用四轮盘式制动，可实现自动感载式制动力控制，并具备四轮制动损耗显示功能；装备了四通道ABS，还安装了ALB系统，以监测不同载荷状况下的制动力；当汽车在越野路面行驶时，如果桥的差速锁进行锁止，也可以使用开关手动或自动取消ABS；装备中央轮胎充放气系统，对轮胎进行充放气的管路通过桥管内部连接轮胎，来实现对轮胎最大和最小压力进行限制的安全控制等。应该说，乌尼莫克的安全性可靠性对其实现多功能与越野性能起到了必不可少的保障作用。

乌尼莫克在越野路况下机具作业时，速度范围0～109千米/时，加上选装装备后整车可应用于-40℃极低温度的环境。并装备轮胎压力和自动调节装置，可在行驶过程中进行轮胎气压的调节，可以对前后轮胎分别进行气压控制；操作上也极为简便，只需操作位于仪表盘上的按钮即可。乌尼莫克可装备越野沙地轮胎、沼泽软地轮胎。

在乌尼莫克身上聚集着许多代表现代化汽车发展的高新技术，堪称智能化机器。乌尼莫克对车辆功能采用电子控制，所有发动机和底盘的电子系统网络使用CAN－总线进行管理，利用W码和自检读码诊断可以将车载电子参数化。其中包括汽车行驶速度、发动机控制的转速与扭矩、1～8个挡位控制等。

乌尼莫克采用了发动机电子控制系统，通过该系统，能方便快捷地对发动机进行扭矩控制和转速控制，分别适应不同的使用工况。对发动机的控制可通过行驶/作业转换开关简单的按键来完成。当随车专用设备开始工作时，作业控制功能可使发动机转速在车辆正常行驶的同时作灵活调整，确保发动机提供专用设备稳定工作的转速。转向柱处的巡航控制组合开关可设定行驶速度和发动机转速的即时值。

乌尼莫克的驱动方式是电子控制系统，使用中控上的开关能对变速箱、分动器的工作或越野工况进行选择。依靠电子／气动控制的牙嵌式离合系统对四轮驱动和前、后差速器锁进行的操作，可以使用仪表盘上的旋转开关来完成电子/气动操作的连接或断开，连续使用发动机的大扭矩，可在行驶过程中进行操作。通过旋钮可以对车辆的驱动形式如后轮驱动、四轮驱动和四轮驱动带前后桥锁止进行非常方便的选择。

乌尼莫克采用了中央轮胎充放气系统，该系统对轮胎进行充放气的管路通过桥管内部连接轮胎，来实现对轮胎最大和最小压力进行限制的安全控制。其电子气动系统可在行驶过程中，分别自动对前、后车轮胎的气压进行增压或降压的动作，在行驶过程中，轮胎泄掉的压力可由气泵补偿。汽车前、后轮胎的轮胎气压可以通过位于中控面板上的控制开关进行分别控制或共同控制，操作极为简便，LCD显示屏上会持续显示轮胎的调节气压数值。

★乌尼莫克U5000越野车

乌尼莫克可以电控自动换挡。乌尼莫克UG100变速器具备八个前进挡和六个倒挡挡位的同步器，采用螺旋线齿轮传动，其速比梯度保证其在任何工况下高效率工作。同时，该车型能使用中控上的开关对工作或越野工况进行电子气动控制。汽车有电控自动换挡（EAS）功能，换挡分为两种模式：自动控制挡位变化，即根据车辆的载荷，油门踏板的位置，发动机状态和坡度及时进行自动换挡，使用该模式时，仍然可以通过变速杆对换挡过程进行手动控制；手动换挡，即通过变速杆对挡位进行预选。

乌尼莫克具有挡位预选功能，在预选挡位的过程中，有关系统能自动计算出要进行动作的齿轮，在一定的速度时，选择相应的齿轮。驾驶员只需要对离合器进行操作，而换挡工作则自动进行，这意味着在变速器和换挡杆间没有机械或液力连接，只需要用很小的力，就能达到换挡的目的，且换挡杆上有空挡开关，可以从任何挡位直接切换到空挡。例如从1挡到4挡的换挡过程，只需要将换挡手柄轻轻向前推动3次，此时在仪表盘的信息显示区域会显示出目标挡位数值“4”，然后再踩一下踏板，就完成了所有操作。

乌尼莫克可以完成电子快速倒挡，按下位于仪表盘边上的开关按键，指示灯显示区域会显示出已经进入快速倒挡的工况，能在有效时间120秒内进行自动变速。这时只需轻轻向前或向后拨动换挡手柄下部的开关，不需要对离合器进行操作，即可对车辆进行无间歇地向前行驶或向后行驶的切换。结合电子快速倒挡的使用，可以提高不使用离合器进行快速切换倒挡过程的舒适性。

硬汉王者
——英国路虎军用越野车

越野之王：丘吉尔的座驾

路虎公司诞生于1887年的英国，最初它只是一家自行车制造厂。路虎之父Maurice-Wilks先生是老路虎公司的技术总监，也是路虎汽车最初的设计者。早在20世纪二三十年代，他就带领公司员工以一辆老式Jeep为范本，研制英国人自己的四驱车。

第二次世界大战结束时的1945年，路虎汽车已经成为以制造高品质中型轿车而著称的汽车厂，同时成功地立足于英国本土市场。随着战后世界局势的快速演变，路虎也得调整它的经营方针。此时正值英国政府鼓励汽车业将车辆销往海外，而路虎也正需要一款新产品，既能够大量生产，又能符合全球市场需求。

1947年，路虎汽车公司在英格兰中部集中了一批技术精英开始设计自己的越野车。经

★路虎卫士90吉普车样车

过一年的努力，第一辆兰德·路虎终于登场。英国军方也赏识这种能轻易爬上45度斜坡、逾越泥泞道路的车。

1949年，装配1.6升引擎的车辆被命名为路虎，成为英军装备的第一种国产越野车。1956年，英国军方开始正式订购路虎车。随后，来自世界各地的订单接踵而至，兰德·路虎终于赢得了人们的青睐。路虎公司的产量日益增大，车型也越来越多，并获得了“越野之王”的美称。

兰德·路虎很快取得了巨大成功，到20世纪50年代中期，路虎的名字已成为耐用性和出色越野性的代名词，当时英国首相温斯顿·丘吉尔驾驶的就是路虎。

路虎卫士：世界上最能“干”的越野车

路虎卫士源自1948年韦尔斯兄弟设计的第一辆路虎，在最初的20多年中，它是代表路虎品牌的唯一车型。随着车型系列不断丰富，路虎公司的“揽胜”和“发现”相继推出，这一基本型号在1990年被正式命名为“卫士”（Defender），也表明了它在军队中的广泛应用。

路虎卫士是一款有着纯正越野风格的高级吉普车，它是路虎品牌中资历最老的车型，坚固、耐用、越野能力出色是路虎卫士最大的特点。目前在欧洲的山区村庄、非洲的广袤草原，还经常能见到车龄在二三十“岁”的路虎卫士，它们依然奔波于各种艰险路况，忠实地服务于它们的主人。现在新款的卫士则装备了坚固而且重量较轻的非承载式全铝车

★ 路虎卫士90吉普车性能参数 ★

车长： 3.883米	**驱动：** 可锁定中央差速器的恒式四轮驱动
车宽： 1.790米	**变速器：** 5速手动，两速加力箱
车高： 1.963米	**最大功率：** 91千瓦
轮距（前后）： 1.486米	**最大扭矩：** 300牛米
轴距： 2.36米	**汽缸数：** 5
车净重： 1.92吨	**变速器型式：** 5速手动，两速加力箱
车全重： 3.05吨	**排量：** 2498毫升
发动机： Td5直列五缸涡轮增压柴油机	**油耗：** 9.8升/100千米

身，动力系统采用了先进的共轨直喷式柴油发动机。

最初，路虎卫士主要面向农场、林业、矿山、军警等，由于它的坚固可靠性和优秀的越野性能，路虎卫士逐渐博得了很多越野爱好者的青睐。厢式框架构成梯形底盘，上面安装的铝制车身重量轻而且坚固，不会生锈，适合长期在恶劣的环境中使用。

在高度电子化的时代里，很多越野车被电子软件变得越来越像城市里的小轿车。路虎卫士依然是最简单的机械结构，简单到了有点简陋。但正是这种看似的“简单”，才使它得以实现了最有效的可用性和耐用性。对一个热爱越野车的人而言，卫士足以是终结者，卫士代表了一种将机械性能发展到极限的可能。

从性能看，路虎卫士是一款地道的越野车。它直截了当、简单实用；坚固的箱式框架构成梯形底盘，上面安装了铝制车身；加长的螺旋弹簧代替了过去的钢板弹簧，提高了行驶和越野性能；始终如一的恒式四轮驱动，并带有可锁定的中央差速器。

路虎卫士有三种轴距供选择：90、110和130，分别称为:路虎卫士90，路虎卫士110和路虎卫士130。同时有两款发动机，五速手动变速箱和两速分动箱是标准配置。由于路虎卫士的车身平台可满足多种用途，所以其车身风格也就多种多样，既有帆布软顶，也有配备了空调系统、密封良好的金属硬顶。这些变化使得路虎卫士几乎可以满足客户的任何一种实用功能的需求，可做农场用车，也可作为12座小客车，或者轻型卡车，以及专供远足、不惧任何坎坷的越野车。不论用做什么用途，路虎卫士都值得信赖，有史以来制造的路虎卫士，至今仍有70%在继续使用。

多年来广泛的使用证明，路虎卫士是世界上最“能干”的越野车之一。所有的路虎卫士都可以爬越45度斜坡，它的双速分动箱，在极端恶劣的路面时，给予足够的动力输出，可缩定式中央差速器，使泥泞、冰雪、沙石路面，都算不得障碍。在最艰苦的环境中、在人迹罕至的荒野上、在各国的军队里都有路虎卫士的身影。

★正在行驶的路虎卫士90吉普车

现在，路虎销售140多个国家，它已经从1948年的军用吉普车发展成为今天的多功能四驱车。直至今天，由路虎公司生产的所有路虎车中，还有四分之三仍然在被使用，这不能不说是一个奇迹。

红军的吉普车——苏联嘎斯GAZ吉普车

嘎斯出品：GAZ系列很像“悍马”

苏联轻型越野车的历史开始于1938年，甚至比美国开始的时间还早。高尔基汽车厂（简称GAZ，即嘎斯汽车厂）首先设计出GAZ61，该车的技术指标和美国班达姆公司的BRC40型吉普车相似，成为苏联第一辆轻型越野车。

1941年2月3日到3月25日，在设计师维塔里·哥尔切夫的领导下，GAZ61被完全重新设计，最后生产出GAZ64吉普车。

1941年，卫国战争爆发，为了给前线提供更符合战争要求的车辆，苏联人对GAZ64进行了再次改造：加宽了轮距；设计了新的前脸；增加了位于驾驶员座位下的附加油箱。1943年9月23日，生产出了大名鼎鼎的GAZ67吉普车。

GAZ67：苏德战场上的“伊万·威力斯”

★ GAZ67吉普车性能参数 ★

车长： 3.35米	**最大公路速度：** 180千米/时
车宽： 1.685米	**最大水面速度：** 20千米/时
车高： 1.7米	**变速器：** 双轴4速变速箱
轴距： 2.1米	**油箱容积：** 70升
车净重： 1320千克	**油耗：** 15升/100千米
发动机功率： Vortec3.27V10	

GAZ67吉普车是卫国战争时苏联红军装备的国产吉普车，和美国援助的MB吉普车一起为卫国战争作出了贡献，被戏称为“伊万·威力斯”。从1943年到1953年秋，一共生产了92843辆。由于GAZ汽车厂在战时集中生产76毫米自行火炮，因此从1943年到1945年只生产了4851辆。GAZ67还提供给中朝军队使用，参加了抗美援朝。

GAZ67吉普车全长3.35米，宽1.685米，高1.7米，轴距2.1米，车底距地高210毫米，采用双轴4速变速箱，整车全重1320千克，安装16英寸轮胎，可携带70升燃料，油耗约15升/100千米。

★GAZ67吉普车

GAZ67吉普车的前悬挂装置较为独特，每侧采用两组1/4椭圆形弹簧构成，弹簧采用螺钉固定在底盘上。战争时期生产的GAZ67水箱散热格栅为焊接制成，战后制造的GAZ67散热格栅则改为较为精细的金属整体冲压件。

1944年，苏联陆军对GAZ67吉普车进行了改进，又推出了GAZ67B。和GAZ67相比，GAZ67B轮距更宽，从1250毫米增加到1445毫米，此外还换装了新型挡泥板、踏脚板以及在驾驶员座位下增设了油箱。

许多人，尤其是一些西方学者对苏联的工业水平持怀疑态度，认为与美国援助苏联的美制MB军用吉普车相比，GAZ67难以保养，且可靠性也较差，车上许多零部件性能不佳，制动器效率不佳，不易维修，行驶油耗太大，平均每千米耗油0.15升，有时在特别恶劣的地形上，每千米的油耗竟然会高达0.5公升。然而一些驾驶过GAZ的人却认为GAZ67在越野性能上要优于美国军用吉普。

在苏德战场上，作为侦察兵和通信兵的交通工具，以及基层指挥员的座车，GAZ67为苏军提供了极大的便利。GAZ67越野性能强，但刹车系统设计不良。所以，卫国战争一结束，苏联就开始研制新的吉普车，GAZ69应运而生，后来一直是苏军和华约军队的标准装备。

GAZ69：苏军和华约国的主要装备

★ GAZ69吉普车性能参数 ★

车长：3.85米

车宽：1.85米

车高：2.03米

轴距：2.3米

车净重：1525千克

发动机：前置四冲程水冷汽油机

最大功率：40千瓦

变速器：手动3挡同步

最高速度：90千米/时

油量：48+27升

油耗：14升/100千米

排量：2120毫升

由于GAZ67吉普车可靠性差，刹车系统设计不良，修理保养不便，尤其致命的是经济性很差，所以苏联陆军对其很不满意。

1947年，苏联GAZ汽车厂在设计师格里高里·瓦席尔曼的主持下，开始对GAZ67吉普车进行升级和改进，最后研发出了GAZ69吉普车。

1953年9月，GAZ69吉普车制成样车。1954年GAZ69移至乌里扬诺夫斯克汽车厂（UAZ）制造，一直生产到1972年12月，总产量为634285辆。

GAZ69有两种型号：双门后座、顺车辆方向安置两排折叠座位，定员八人的GAZ69M；后排座位横置、座位后紧接封闭货台、货台下为车外开门的行李箱、后排前地板向座位倾斜以便于踏足，定员五人的GAZ69A。两种车行李箱下都有48升的主油箱，驾

★GAZ69吉普车

驶员座位下还有一个27升的附加油箱，通过驾驶员右脚旁的转换开关切换。为了和大批量生产的民用轿车部件具有通用性，引擎和当时的“胜利M20”轿车相同。

GAZ69型吉普车长度为3.85米、宽度为1.85米、高度为2.03米、轴距为2.3米、前后轮距一致为1.44米、离地间隙为0.21米、转弯半径为6米，采用4轮驱动、自重1525千克、乘员5人。发动机为前置四冲程水冷汽油机，最高车速90千米/时，油耗14升/100千米，排量2120毫升，压缩比为6.5：1，最大功率40千瓦，变速箱为手动3挡同步：蜗杆滚轮式转向器、前后鼓式制动器、前后悬挂为整体桥钢板弹簧。

总的说来，该车的设计还是很成功的，年龄稍大的中国司机有不少人驾驶过该车。司机一般认为该车底盘较低，悬挂较软，方向盘非常轻便省力。车上的所有操纵杆做得比较秀气，操作起来比较平顺；驾驶员视界极好，可以从尖削的车头上直接看到右边的挡泥板。不足的是引擎功率太小、刹车未装真空助力。

GAZ69也有水陆两栖的改型。1953年，在GAZ69的基础上生产了GAZ46，它主要改为船形车身，加装了必要的水上行驶部件，车重增加到2000千克，但却仍然使用M20型40千瓦引擎，因而实际性能很差。

GAZ69的M型一直是苏军和华约军队的标准装备，也广泛地使用在民用领域，中国也大量进口过该车，装备解放军部队。

在生产GAZ69的20年后，UAZ汽车厂在1972年推出了UAZ-469/3151系列吉普车，成为苏联红军的新一代车辆。

GAZ-3937：俄罗斯版的吉普车

★ GAZ-3937吉普车性能参数 ★

车长：5.6米	**发动机功率：**Vortec5.3lV10
车宽：2.1米	**最高公路速度：**180千米/时
车高：2.02米	**最高水面速度：**20千米/时
轴距：3.15米	**油耗：**25～30升/100千米
车净重：3700千克	**油量：**200升

20世纪80年代，美军生产出多用途越野车，作为超级大国之一的苏联肯定也不会落后。1984年，苏联高尔基汽车厂推出了一种和“悍马”类似，带轻装甲的高机动轻型越野车，名为GAZ-47/4701系列车。GAZ-47无论是外观还是内部结构、功能，都与“悍马”极为相似，可以说是俄罗斯版的装甲型“悍马”。

GAZ-3937的乘员包括驾驶员、副驾驶员和车长各一名，在全载人员的情况下可搭载七名全副武装的士兵。从增加的车长可以看出，GAZ-3937更像是一辆4×4的轮式装甲人员输送车。但在车重、车体尺寸及价格方面，它都小于普通的装甲人员输送车。

★GAZ-3937吉普车

GAZ-3937与南非制造的系列轮式军用车辆有异曲同工之处，两者都强调在远距离公路机动时，如何最大程度保持士兵的作战能力。此外，早期型GAZ-3937没有安装空调，但为保证抗寒作战的需要，该车装有利用发动机散发热量的暖气装置。

在20世纪90年代初期的一次德国越野汽车展中，GAZ-3937首次在苏联以外的地方露面。它刚从运输卡车上卸下来，就被作秀的驾驶员故意开到了水里，然后在众目睽睽之下从容涉水上岸，GAZ-3937从此获得“潜水员”的称号。

由于重量和体积的限制，GAZ-3937采用轮胎划水行进，因此水上行驶速度较低。不过，由于GAZ-3937开有尺寸较大的车窗，乘员还可以用桨划水，以加快水上行进速度。从两栖行驶能力看，GAZ-3937比“悍马”先进不少。

战事回响

巴顿将军的座驾之殇

乔治·S.巴顿将军（1885年—1945年）是第二次世界大战时期世界上最知名的美国将领之一，因为只要一提起巴顿的名字，人们的脑子里就无不出现一个英勇、威严、暴躁、善战的典型军人和司令官形象，人们称他是“最能指挥大军的天才”。他特别擅长进攻、追击和装甲作战，而他的作战脚力，一个是坦克，另一个就是吉普。

后人根据巴顿在第二次世界大战时转战北非、西欧期间的日记，写成了他本人的一个连续性故事《巴顿将军战争回忆录》。其中就有奉行“狭路相逢勇者胜”的巴顿，在战场上经常亲驾坦克、吉普冲在一线的描述。他以“军人因奋勇向前而死的概率远远小于被动防御而亡概率”的观点，赢得了一次又一次战役的胜利，而也正是因为他勇往直前的作战风格，再加上吉普轻巧灵活、功率强劲的特点，才使得美军可以在第二次世界大战战场上名扬一时。

但是，由于吉普在作战战场上太过神速的特点，也经常导致车祸的频频发生，以至于有多次差点撞到老百姓牛车的经历。因为在当时，美国士兵并没有严格执行在战争期间不让老百姓在公路上行走的军规，而这种好心也给部队造成了不少伤亡。但是无论如何，在战争中，“时间等于生命”是不变的真理，而吉普又为士兵争取到了多少时间和挽救了多少人的生命，恐怕其数据之庞大已经无人可以统计了。

后来最富传奇色彩的是，乔治·S.巴顿将军还把他心爱的红皮座椅拧在了吉普上，并在车身上漆着自己的将星，装上高音喇叭和警报器，从北非一直开到欧洲，招摇过市，而这段经历在当时的战场上可是无人不知，无人不晓的。也正因为如此，使得第二次世界大战期间在盟军部队里，许多将领都在自己使用的吉普的前保险杠上，喷上红底白星的军衔标志，来表示自己的身份。这一点，我们可以从很多第二次世界大战题材的影片上看到，即便没有注意过，想必大家也能对《甲方乙方》的第一幅画面，冯小刚、葛优等人用破纸板儿镂空五星将标，模仿巴顿喷涂军衔的镜头记忆犹新吧。那么这些都说明了，吉普与巴顿，与美国将帅的联系，是非这种深刻的印记所不能表达的。

★一生喜爱吉普车的巴顿将军

最后，直到1945年第二次世界大战结束时，巴顿的死仍和吉普有着密不可分的联系。在德国境内的车祸中阵亡，使得巴顿将军最终还是与吉普同生共死。而吉普作为一种美国精神的象征也逐渐被世人继承并延续了下来。所以今天，我们可以这么去说巴顿和吉普：巴顿的军旅生涯是在吉普上度过的，巴顿的丰功伟绩也同样是和吉普一同创造并完成的。

世界著名吉普车/越野车补遗

世界最先进的军车——以色列“沙漠袭击者”

以色列汽车制造有限公司于20世纪90年代生产的“沙漠袭击者”，是世界上第一种同时也是仅有的6×6，可以执行空运、全地形侦察、监视和快速攻击车辆等任务的军车。

对于特种部队和快速部署部队来说，非常高的攻击机动性和监视传达手段能帮助自己在敌人战线后方进行军事行动。沙漠袭击者提供更高层次的行驶能力：六个车轮递送强劲的机动性，而且提高了在所有类型地形上的越野灵活性。

“沙漠袭击者”的设计概念中心是一个独特的四后轮悬挂装置，具有独立悬挂用于各自的每一对后轮。一个旋转轴转向一体化装置，车辆(车身)能升起或下降，而且沙漠袭击者能够以一个或六个车轮接触地面行驶。

自动变速结构，引擎强劲并且灵活粗犷，在极端的野外条件和崎岖不平的地面环境下能更进一步体现出沙漠袭击者的机动性和可操作性。

恐怖分子的噩梦——美制超级军用车Smar Truck Ⅲ

Smar Truck（智能皮卡）是美国于21世纪初制造的超级军用车辆。这种车辆装备了各种最先进的设备，这种像坦克一样强大的军用皮卡在广告中被称为“恐怖分子的噩梦”。

第一代Smar Truck概念车诞生于2001年。该车以畅销全美的福特F—150皮卡为基础，进行了大量的改装，加装了许多人们在“007”的座驾上才能见到的装备。Smar Truck能在路面上喷洒一层油，使追击者打滑，还能撒下钉子或施放烟幕。该车的前后车灯可发出炫目的强光干扰敌人的视线。在自身的防御方面，Smar Truck能放出胡椒粉烟雾，可以通电的车门把手是最后一道防线。车身被新型装甲包裹。车上装有各种拦截和干扰无线电通信的电子设备以及高速上网装置和DVD系统。Smar Truck装有德尔福公司开发的四轮驱动系统Quadra Steer，使该车可以在复杂的战地环境中游刃有余地穿梭。

为了满足多种任务的需要，第二代智能皮卡Smar Truck Ⅱ可以搭载多种功能模块，从而具备了更大的灵活性。在出现紧急情况时，Smar Truck Ⅱ能够在1个小时之内变成指挥中心、野战炊事车、净水车或战地发电车。与第一代不同，Smar Truck Ⅱ装备了杀伤性武器。该车配备了导弹发射架，发射的导弹能摧毁吉普车、卡车和轻型装甲车。此外，Smar Truck Ⅱ还可搭载无人驾驶遥控侦察机。

然而在阿富汗和伊拉克，美军失望地发现，塔利班和萨达姆的士兵能够轻易击穿美军“赫姆维”装甲车的侧面装甲。因此在2004年初，美国军方推出了新一代智能皮卡——

★Smar Truck Ⅲ吉普车

Smar Truck III。它给人的印象就像是轮子上的“机器战警”Smar Truck III能够探测出化学和生物武器的威胁，避免车上人员受到伤害，还能在完全黑暗的环境下锁定目标。这种新一代的智能皮卡可以发现并摧毁来袭的导弹。车上还装有一挺12.7毫米口径的重机枪，这挺机枪在声音定位系统的指引下可以锁定隐蔽在附近的狙击手。Smar Truck III在保留上一代大部分功能的基础上加强了车身装甲，使其可以抵御步枪和轻机枪的攻击。该车装备了由伊顿公司开发的混合动力引擎。这种引擎由一台4.5升V6柴油发动机和一台电动机组合而成。混合动力引擎使Smar Truck III比它的前辈更加节省燃油。

除了配备生化武器探测器外，Smar Truck III还装有红外线敌我识别系统，以防止对友军造成误伤。新型悬挂系统可以调节车身的高度，这既有助于提高车辆的通过性，又方便空运。

完美的驼鹿：日本丰田陆地巡洋舰

1951年，受当时日本警察预备军（即现今自卫队）的委托，以丰田为首的数家公司开始研制四轮驱动汽车。陆地巡洋舰的开山鼻祖——丰田吉普bj便登上了历史的舞台。“bj”的名称是根据配置的3386cc水冷直列6缸b型汽油发动机和采用在sb型卡车上经过改良的j型底盘而来的。车身采用帆布篷。由于通过富士山六合目攀爬试验证明了它的越野性和耐久性，因此，把它作为陆地巡洋舰车型历史的起点应该是没有争议的。

在过去的50多年中，每一代新丰田陆地巡洋舰的诞生都进行大幅度改良，逐渐形成了这样的潮流，那就是越来越得到上流社会人士的青睐，同时也得到了那些纯粹的越野人士的认可。

★丰田陆地巡洋舰越野车

1954年，20款车型的陆地巡洋舰越野车诞生了，车名也由“吉普”模仿“landrover”而改为“landcruiser（陆地巡洋舰）”。开始了这个名称长达五十年的辉煌历史。

这一款车在对外观进行大幅度改良的同时，还体现了与以后盛行的40款车型相近的结构。虽然发动机是从使用吉普bj的b型汽油发动机开始的，但是后来又将出现的更高功率的f型直列6缸3878cc引擎统一装备在了这种车型上。20款系列同时也是丰田正式进军海外市场的车型。

1960年，在陆地巡洋舰车系中备受好评的40款诞生了。在外观上与丰田陆地巡洋舰20款大体相近，但是对底盘的功能进行了强化。车身样式也集结了从小型、帆布到中型、长型各种不同的风格。发动机采用了从20款开始使用的f型汽油引擎。后来在1974年，40款上安装了新型的直列4缸、2997cc的b型柴油机。

陆地巡洋舰55是长轴距款陆地巡洋舰家族中的一员。这一款车独立于1967年诞生的“55款”。它最初是在40款基础上发展而来的“fj55v”。到1975年，开始向装载2f型直列6缸4230cc发动机、4挡变速箱的“fj56v”发展，加大了马力。陆地巡洋舰因其具有“大而坚”的特性而赢得了“驼鹿”的称号。同时，个性化的车身外观也是其重要的特征之一。

1980年，作为55款换代产品的60款诞生了。与55款相比，由于它安装了性能更高一级的柴油机、空调及转向助力等设备，使这一车型的用户从以往以车迷为中心扩大到广大私人家庭用户。在发售之初，发动机准备了3b型柴油机和2f型两个系统，但是在丰田陆地巡洋舰面世两年以后，便追加了6缸3980cc的2h型柴油机。此后，安装了涡轮增压、电喷等高性能发动机的车型陆续面世，而无级变速器、差速器锁止装置等功能也相继被引入到这一系列车型中。

★正在公路上行驶的55款陆地巡洋舰越野车

1984年，经历了24年的期待，70款在40款（陆地巡洋舰）的基础上作了全面改良后终于亮相。车身外观焕然一新。在特意夸张的保险杠里内置绞盘等各种崭新的改进设置，受到了好评。这在当时不能不说是一大优势。发动机的各种规格也都继承了40款的优点，从1985年开始，新装备了涡轮增压柴油发动机13b-t，及自动挡变速箱。从20世纪90年代开始，还增加了4门半长型车款，发动机也采用了80款上配备的直列6缸“1hz”型和直列5缸“1pz”型（现在只使用1hz型）。70款获得了“横跨日本最佳4驱”的美誉，成为陆地巡洋舰的主流车型。在1999年又采用了螺旋弹簧，一直在不断地进行改进。

1985年，一款从70款的短型演化而来，以“方形货车”命名的车型首次亮相。此后，它在1990年被命名为landcruiser prado（陆地巡洋舰·霸道）“70款”。车身有短轴距型和4门长轴距型两种。行驶系采用4轮螺旋弹簧刚性悬架，发动机为2446cc2l-te型涡轮增压机，93年以后改用动力性与静音性相协调的“1kz-te”型4缸2982cc涡轮增压柴油机。仪表盘等车内饰大量采用轿车内饰的风格。作为新派四驱，霸道“丰田陆地巡洋舰70款”在青年消费群体中人气很旺。从此，霸道便作为一个分支加入到了陆地巡洋舰的大家庭中。可以说，它就是现在非常流行的SUV的雏形。

1989年，丰田公司推出的80款，是在61款后期车型的基础上加以改进，可以媲美高档轿车的越野车型，在当时是处于旗舰位置的车种。在机械传动方面，驱动方式由分时工作转为全时工作。底盘采用4轮刚性弹簧（一部分车型除外）。发动机除了继承60款的3f-e型之外，还采用了“1hd-t”型4163cc涡轮增压直喷柴油发动机和“1hz”型自然吸气柴油发动机。在92年更配备了排气量4476cc的“1fz-fe”型双顶置凸轮轴汽油发动机。自此，长年活跃在发动机领域的f型发动机终于退出了历史舞台。1998年，首次亮相的100款取代了80款的主导地位。

1996年，从“70款”的“客货两用车”演变而来的“90霸道”开始走上征程。此前，只是分时驱动方式转变为全时驱动方式，进而在全车上装备中央差动同步器、ABS、气囊等配置。现在的发动机采用型号为“5vz-fe”的v型6缸dohc引擎、型号为“3rz-fe”的直列4缸dohc引擎、直列4缸dohc涡轮增压直喷柴油机“1kd-ftv”型（2000年采用，初期型是1kz-te涡轮增压柴油机）三种。它既有了洗练的轿车感觉，同时作为陆地巡洋舰系列的成员，又加入了许多越野方面的设计，90款作为一款具有轻松驾驶感的车型而受到喜爱。

陆地巡洋舰100款

丰田陆地巡洋舰1998年推出的100款车型在对原有的80款车型进行全面改造的同时，继续保持了旗舰车型的风格，也就是我们现在看到的车型。在继承了80款的高性能及简约性的同时，又以“地球制造”的理念来追求陆地巡洋舰原有的力量感和顽强感。发动机有两种配置：型号为“2uz-fe”的v8汽油机，型号为“1hd-fte”的涡轮增压柴油机。前悬挂系统采用双摇臂独立悬架，同时配备了油压车身升降装置“ahc”、可调“trc”、车辆稳定性控制系统等最新装备。整车的水平上升到了一个新的阶段。

2002年，陆地巡洋舰·霸道又有了较大的发展。首先，发动机包括型号为“5vz-fe”

的v型6缸dohc汽油机、型号为“3rz-fe”的直列4缸dohc汽油机和4缸dohc共轨式涡轮增压直喷柴油机“ikd-ftv”三种。其次，新款“霸道”还采用了新开发的高刚性车体框架和左右独立控制的全自动空调，因此它既有强运动性，又能使驾乘者感到平稳和安全。与此同时，后排乘客还可以享受新安装的视窗娱乐系统的服务。不仅如此，还新增设了新开发的扭矩感应型“lsd”和下坡辅助控制装置的应变器“trc”，这些都使它的先进性能得到进一步提升。至此，陆地巡洋舰和它的一个分支“霸道”都发展到了今天的车型。

五十年弹指一挥间，陆地巡洋舰的历史可以说就是一部成功的越野车的历史。这部厚重的历史会给许多汽车厂商以启发。

世界经典民用越野车一览

越野车本是军用车辆，以它可靠的性能驰骋于战场上，获得了多国军人的认可与喜爱。战争结束后，当很多武器被闲置起来，无用武之地的时候，越野车开辟了它的另一个战场，那就是民用领域。

自第二次世界大战之后，许多汽车制造厂出品了很多民用型的越野车。民用型越野车，一经问世，便受到了世人的喜爱，长期以来风靡全球，经久不衰。其中不乏一些堪称精品的越野车。

路虎揽胜越野车

20世纪60年代，四驱车的需求量达到空前水平，路虎公司走在了这一新兴市场的最前端。路虎公司在美国的销售代表向公司汇报，休闲式越野汽车在美国成为新兴市场。在对美国的几项产品进行评估后，路虎公司开始了“100英寸旅行车”的研发，这款车最终演变为今天的路虎揽胜。

1970年，路虎揽胜（RangeRover）刚一面市就引起了强烈反响。在巴黎卢浮宫的汽展上，揽胜的豪华设计赢得了广泛赞誉。路虎揽胜在设计上别具一格，任何一辆路虎揽胜在世界任何一个地方都能够轻易识别。路虎揽胜是第一辆有幸在巴黎卢浮宫展出的车辆，美轮美奂的设计得到了一致的赞赏。

除了外形，路虎揽胜的内部也同样设计独到，识别度极高。坚固的梯状底盘确保车辆在越野行驶时具有良好的耐久性，长行程的螺旋弹簧悬挂（轴移动幅度最高可达11英寸）足以确保驾驶更加安全可靠。

输出功率更高的3.5升全铝合金V8发动机促使路虎将关注点投向车辆传动和制动系统。全新的四轮驱动装配设计采用了中央差数锁，而传统的鼓式制动器显然没有有效制动这个“庞然大物”的强劲动力，因此路虎采用了当时最为先进的四轮碟片式制动器。

一名英国少校驾驶路虎揽胜从阿拉斯加的安克雷奇到阿根廷的乌斯怀亚

（Ushuaia），对其进行了长达六个月的耐久性测试，测试结果使其他车型都望尘莫及。豪华的设计加上无与伦比的越野能力，缩写同为“RR”的路虎揽胜获得了“越野车中的劳斯莱斯（RR）”的美名，足以见其在越野界的崇高地位。随后路虎揽胜推出了揽胜运动版，作为路虎迄今为止生产的动力最强劲的机械增压款，路虎揽胜运动版一经推出便一炮而红，全球销售总量已达693860辆。

第一代揽胜在1970年面世，它的厉害之处是不仅继承了路虎一贯的顶级越野性能，更史无前例地拥有一个皇室等级的豪华车厢。所以从第一代揽胜开始，它就成为了英国皇室打猎等野外活动的专用车。第二代揽胜在1994年推出，它当之无愧成为当时世上最豪华的越野车。

20世纪90年代，宝马将路虎收归旗下，投入先进技术协助开发第三代揽胜。然而就在新车开发已经完成，即将上市时，宝马的新任领导人决定放弃路虎这个看来赚不了大钱的

★ 路虎揽胜越野车性能参数 ★

车长： 4.95米
车宽： 2.191米
车高： 1.863米
轴距： 2.88米
车重： 2570千克
发动机： V型8缸32气门、4.4升汽油发动机
最高电子限速： 208千米/时
0～100千米/时加速时间： 9.2秒
油箱容积： 100升
排气量： 4398毫升
油耗： 16.2升/100千米

★路虎揽胜越野车

公司，于是将公司连同新一代揽胜的设计，一同卖给了现在的主人——美国福特。说来有趣，当初宝马收购路虎，曾被指是为了偷学路虎在制造豪华越野车方面的经验和技术，用来发展自己的X5，而当福特从宝马手上接手路虎时，外界的议论则是福特想要从新揽胜的身上，偷学到一点宝马X5的精髓。

以上的历史说明，新一代揽胜的血统殊不简单，它挂着路虎的招牌，却归于福特旗下，身为路虎揽胜却流着宝马的血液。新揽胜的发动机完全是宝马的产品，而底盘也得到了宝马的真传，最明显的例子是全新钢制单体承载式车身和四轮独立悬挂，替代了传统越野车的设计，在确保达到路虎家族标准的高强越野车性能之余，公路性能更是大有提升。

★ 路虎发现3吉普车性能参数 ★

车长：4.835米

车宽：2.190米

车高：1.932米

轴距：2.885米

发动机：2.5升5缸涡轮增压柴油机Td5或4.0升V8汽油机

汽缸数数：4个

最大功率：162千瓦

驱动方式：前置四驱

标准变速箱：6挡手自一体

最高速度：195千米/时

燃油系统：电子燃油喷射式

转向方式：非助力转向式

悬挂方式：麦弗逊式

油箱容积：86升

理论油耗：15升/100千米

标准排量：4394毫升

路虎发现者越野车

1989年，路虎发现者（Discovery）系列一经推出，便迎来了一片喝彩。

第二代路虎发现者在1998年推出，从技术上全面提高路虎发现者的性能，它在公路和越野行驶时都具备更高水平的舒适性。

路虎发现者所装备的主动转弯加强装置（ACE），是路虎汽车针对越野车而开发的专利技术，用来确保车辆在各种地形上行驶的稳定性。ACE装备在前悬挂和后平衡杆上，在车辆转弯行驶时，通过液压结构主动平衡拉杆的受力，使车身侧倾程度减到最低，系统还可以自动监测越野路面情况，让平衡杆随车轮行程有更大的活动空间。车身高度自动调整悬挂系统（SLS），此装置最先应用于路虎揽胜（RangeRover），其作用在于能使车辆在行驶时保持固定的车身后部高度，这在装载重物或牵引挂车时尤其有用，越野行驶时可适当升高车身后部高度，以增加离去角；其延伸模式甚至可在车辆后部底盘被路面障碍托起后，自动升高车身后部，使车辆得以顺利通过。

电子牵引力控制系统（ETC），是为确保路虎发现者在任何时候均能够保持最大牵引力，ETC系统随时监测各车轮的运动状态，一旦有车轮发生滑转，将及时给予该车轮制动力，同时将动力传递到其他未发生打滑的车轮。泥泞和结冰的路面，对于路虎发现者而言，都不能算做障碍了。

陡坡控制系统（HDC），是路虎的另一项专利技术，下坡时，该系统会根据各车轮的转速，自动对车轮施加制动力，使车辆保持在8千米/时左右的速度匀速行驶。电子制动力分配系统（EBD），EBD系统与防抱死制动系统（ABS）配合工作，根据前后桥的负载情况，在制动时，合理分配前后轮的制动力，在重载或索引力拖车时更加有效地防止制动抱死，提供更高的安全保障。正是这些先进技术的组合，使路虎发现者成为世界上能力最强的四轮驱动越野车之一。

路虎发现者可配备两种发动机——2.5升5缸涡轮增压柴油机Td5和动力强劲而平顺的4.0升V8汽油机。Td5是世界上最先进、最清洁的柴油机之一，比过去的机型更强劲、更经济，它在4200转/分钟的时候能达到101.5千瓦的最大输出功率，而且仅在1950转/分钟时，便可达到300牛米的最大输出扭矩。4.0升V8汽油机在4750转/分钟时能输出136千瓦的最大功率，在2600转/分钟时能输出最大扭矩340牛米。

在车辆安全性方面，路虎发现者配备了全地形ABS系统、前座双安全气囊、前部碰撞吸能区、全部座位缓冲头枕、车门内防侧撞钢梁以及全部座位的三点式安全带都是标准配备。此外，它还配备了完善的“超级固锁”防盗系统，包括发动机固锁、车身周边保护、车内空间监测系统等，安全保障无懈可击。

★驰骋于天地之间的路虎发现3吉普车

路虎“神行者”系列神行者2越野车

★ 路虎神行者2吉普车性能参数 ★

车长：4.5米
车宽：2.18米
车高：1.765米
轴距：2.66米
车重：2.1吨
发动机：前置4缸2.2升增压柴油发动机
最大功率：162千瓦
驱动方式：前置四驱
标准变速箱：六速手自一体变速箱
最高速度：181千米/时
0～100千米/时加速时间：11.2秒
燃油系统：电子燃油喷射式
悬挂方式：麦弗逊式
油箱容积：68升
理论油耗：7.9升/100千米
标准排量：2179毫升

神行者系列只是路虎品牌的入门级车型，但是一眼望去，车身外形大气粗犷，路虎血统展现无疑。

从正面来看，神行者2比神行者1更加有气势，直观感觉也更低沉，好像一只凶猛的老虎在看到猎物时的蓄势待发。老虎的眼神（双氙气大灯）依旧犀利，而老虎张开的大嘴以及其中的牙齿（水箱散热格栅）则比1代更加锋利，而前大灯下面的大灯清洗器以及前保险杠上按顺序分布的四个测距传感器则表明这是一部不折不扣的豪华越野车。

从尾部来看，神行者2与神行者1最直观的差别就是更加轿车化地将备胎放到了后备箱底部。这是一个仁者见仁，智者见智的改动，有人会认为备胎在外面放置更能表现出越野车的野性，有人则喜欢外观简单干脆。毕竟备胎是为了用而不是为了看的，放在车厢内能够保证备胎不受风雨侵蚀及外部物体撞击，使用寿命会更长。

★路虎神行者2吉普车

此外，神行者2代的一体式组合尾灯简洁明快，后保险杠上的两个细长反光片则能在夜间对后车起到重要的警示作用。另外，这款车还配备了全景天窗。

到目前为止，路虎公司

是世界上唯一专门生产四驱车的公司。或许正是由于这一点，才使得路虎的价值——冒险、勇气和至尊，闪耀在其各款汽车中，被誉为世界上“用途最广泛的汽车”。

沙漠王者：乌尼莫克U300/U400/U500系列

★ 乌尼莫克U500黑金刚越野车性能参数 ★

车长：5.41米	**有效载荷：**4.3吨
车宽：2.3米	**发动机：**OM906六缸发动机
车高：2.72米	**最大功率：**206千瓦（280马力）
前轮距：3.25米	**扭矩：**1100牛米
后轮距：3.85米	**最高速度：**120千米/时
车重：11.99吨	**轮胎：**455/70R24
最大载荷：8吨	**排量：**4500毫升

2000年，奔驰·乌尼莫克推出了它的新车型：乌尼莫克U300和U400。2005年12月初，戴姆勒·克莱斯勒在迪拜车展上推出新款梅赛德斯·奔驰乌尼莫克U500黑金刚。

新款梅赛德斯·奔驰乌尼莫克U500黑金刚额外经过了改装公司Brabus的升级，旨在满足海湾地区的客户期望：卓越的越野性能结合精湛的内部和外部优雅性。梅赛德斯·奔驰乌尼莫克U500黑金刚的目标是为高品位的个人目标群体带来非凡通过性和坚固性的概念，在越野车市场中创造有趣和引人入胜的新产品的乌尼莫克，无论是从性能和动力方面，还是从多功能用途方面，其过人的能力都能充分满足客户的技术要求。U300/U400/U500基本性能：采用OM904四缸或OM906六缸发动机；前安装板的高度可调，便于安装机具作业；车桥由三维牵引臂控制；机械式前取力器，功率可达150千瓦；提供4个双工液压接口；VarioPower液力驱动，流量可调节。

★乌尼莫克U500黑金刚越野车

U300/U400/U500设计的主要特点是极其紧凑的车辆外形尺寸，速度范围极宽的低速行驶能力，既可以通过无级液力驱动，也可通过正常作业或爬行挡换挡实现。机具从发动机直接取力，不经变速箱，与离合无关。乌尼莫克的每个挡位都配有倒挡，传动轴有套管、车桥加压用于防沙、水等物质的渗入，采用工业控制总线系统，高于轿车的性能可以提供更高的保护措施。

乌尼莫克黑金刚越野车在乌尼莫克U300/U400越野车的基础上融合了日常使用、休闲娱乐的实用功能。

高级乌尼莫克黑金刚的内部和外部结构都进行了彻底改进。优雅的轮廓突出了带有整体式侧面栏板的平台以及新设计的保险杠。坚固的抛光不锈钢翻车防护杆以及向上弯曲的镀铬排气尾管强调了运动造型。

奔驰公司为乌尼莫克定制的内饰包括16个纯正碳素部件（例如仪表板、中控台、车门和把手）。车顶以及A柱和B柱衬以Alcantara皮革，跑车式座椅采用最精美的黏合皮革包面，脚部空间则铺有柔软的丝绒织物。正如其型号名称（黑金刚），色彩设计采用了深黑色。包黑色真皮的方向盘和跑车式铝质踏板使乌尼莫克黑金刚的驾驶员一切尽在掌握。技术亮点包括来自梅赛德斯·奔驰S级轿车的驾驶室管理和数据系统（COMAND），带有6.5英寸显示屏、DVD导航、CD换碟机以及专门开发的指南针功能。两个单独控制的空调系统，全方位的有色玻璃和一流的音响系统确保了舒适的内部氛围。

乌尼莫克U500装配了排量为6.4升的发动机，输出功率为206千瓦（280马力），扭矩可达1100牛米。最终传动比使最高车速可达120千米/时以上。车辆最大总质量为11.99吨的梅赛德斯·奔驰乌尼莫克黑金刚装配了455/70R24轮胎，有效载荷大约为4.3吨。标准门式车桥结合驾驶室内操作的轮胎气压控制系统以及后置式缆索绞盘，使这款高级乌尼莫克几乎成为了无所不能的特殊越野车。驾驶员根据其偏好，可选择EAS变速器手动或自动换挡模式。两种模式之间的转换可以随时进行。

梅赛德斯·奔驰乌尼莫克U500黑金刚提供众所周知的乌尼莫克越野性能，能够有运载各种运动器材的高效载荷能力，以及非凡的牵引能力，因此具有广泛的应用范围：除了在城市中的日常使用之外，这款乌尼莫克非常适合往返于崎岖的山区、偏僻的滑雪道和炎热的沙漠地区。这款乌尼莫克可用做牵引装置，将游艇运往海滨或运载水上运动和潜水装备。这些应用充分体现了令乌尼莫克闻名天下的多功能性。

“悍马”H2越野车

1999年，通用汽车公司开始在“悍马”H1的基础上研制新的改进型。2002年，“悍马”通用汽车推出了“悍马”H2。

“悍马”H2由通用汽车设计，委托AMGeneral进行生产制造与行销业务。有别于前一代“悍马”H1的设计仍然停留在军事化的庞大体型与简陋的舒适配备上，“悍马”H2的设计一开始就是以一般的道路使用为目标，改善过于庞大的体型、增加舒适配件，更加贴近一般使用民众的需求。2005年，又推出了皮卡“悍马”H2SUT和越野“悍马”H2SUV两种，使产品阵容趋于完整。

“悍马”H2尊崇“悍马”的力量和霸气，发扬其优良传统，把它现代化的同时保留并改进了这个生猛而强壮的美国偶像，以此扩大“悍马”的用户群。“悍马”H2的目的不是再造“悍马”，而是展示这个品牌的发展方向，号召更多的人来体验“悍马”，尤其是那些具有冒险精神的人。

“悍马”H2整体包裹式设计摒弃了中央金属分隔条，开阔了视野。侧面轮廓保留了“悍马”野兽般强壮的形象，短的前后外悬赋予H2优越的爬坡能力，凸出的车门使上下车很容易。车尾延续了“悍马”典型的4窗设计，下拉式抬升门和上拉式后窗为装货提供了便利。隔板可以把后部载货空间分割成不同的格局，非常方便实用。H2的外形简洁、圆润，颇具攻击性，不论从哪个角度看都是不折不扣的“悍马”，尤其是前脸。

“悍马”H2的车头包括一个整体式绞盘，大防撞杠与机器盖连动。粗壮的前后保险杠采用两段式设计，下面三分之二部分采用高强度钢制造，能吸收正面撞击时的大部分能量，这种结构在提供了足够保护的同时也减轻了重量。前后保险杠上的挂钩也要比其他车型粗壮，充分显示了自己的重量级地位。

“悍马”H2的机器盖上有受节温器控制的万向散热百叶，还有两个外露的空气滤清器罐，一个为发动机提供清凉空气，另一个为座舱内提供清洁空气。虽然暴露在外的铆钉和螺栓减少了，但一些有特定功能的部件还裸露着，其四轮独立悬挂的组件给人粗犷的越野感觉。格栅内7英寸的圆形卤素大灯和小巧的琥珀色转向灯，延续了“悍马”一贯的运动风格。离地半米高的车身配上不锈钢的迎宾踏板使得H2的气势更加撼人。

“悍马”H2的另一项创新是与车顶同宽的电动帆布顶窗，打开后前后排座椅都能晒到太阳。这样一方面使你置身于“悍马”H2安全的钢制框架结构中，另一方面还能使你同时享受到敞篷车的乐趣。整个车底都有挡板保护，前后还有接近和离去挡板。这些挡板不是装饰品，而是保护工具。它们的任务是保护车底的所有机件不受损坏，让车子刀枪不入。所以说道路的尽头是“悍马”的起点。为了提高越野性能，通用公司开发出全新的后悬挂，进一步改善了“悍马”的四轮独立悬挂系统。新的悬挂在野外作业时能防止两个车轮相互影响，在一般道路上的乘坐性和操控性都比非独立悬挂

★“悍马”H2SUT型越野车

好，赋予“悍马”出色的稳定性和越野性能。

“悍马”H2的内部在豪华性和舒适性上把“悍马”带到了更高的境界。前后各有两个真皮斗式座椅，后排中间还有一个折叠椅。仪表板简单直白，夜间发出示波器般的绿光（受战斗机雷达控制装置的启发）。

“悍马”H2的中央信息中心配备了通用的ONSTAR卫星定位导航系统，DVD、CD机和带10个音箱的最新MONSOON（r）音响。其他高科技配置包括RAYTHEON夜视系统、互联网连接、笔记本电脑和移动电话工作台等，都可以进行免提。这些设备起到的安全保护作用比娱乐作用更大。

“悍马”H2通过卫星定位系统、高度表、温度计和其它测量工具为驾驶员提供各种信息，不管是在高山上还是在沙漠里，都使驾驶员能确定走的是正确方向，并能和任何人进行联系。

“悍马”H2因其完美地继承了原来“悍马”车的风格和粗犷的车身造型而受到赞誉。然而自从“悍马”H2成为“平民”版SUV以来，它从未显示出其军用车的本质——虽然对许多买家而言这是这款车所独有的吸引力的一部分。

“悍马”H307型越野车

★ “悍马”H2SUT型越野车性能参数 ★

车长：4.821米
车宽：2.062米
车高：1.976米
轴距：3.124米
发动机位置：纵置发动机
发动机型式：Vortcc6000V8OHV32气门汽油发动机
汽缸数：8
点火方式：多点电喷
最大功率：232千瓦
驱动形式：全时四驱
最高车速：180千米/时
电子限速：148千米/时
最小离地间隙：229~300毫米
0~100千米/时加速时间：10秒
变速器型式：四挡自动变速器/AUTOTRAC
悬架（前/后）：四轮独立，双叉A形控制臂
油箱容积：121升
平均油耗：22升/100千米
满油行驶：500千米
排放标准：欧3
燃料种类：93号以上无铅汽油
排量：5967毫升

21世纪之初，美国通用公司继“悍马”H2系列之后又新推出一款越野车——“悍马”H3。

★ 悍马H307型越野车性能参数 ★

车长： 4.742米
车宽： 1.897米
车高： 1.892米
轴距： 2.842米
发动机位置： 前置
发动机型式： 3.5LDOHC双顶凸轮轴
汽缸数： 6
最大功率： 220千瓦
驱动形式： 四驱
车重： 2.654吨
点火方式： 多点电喷
变速器型式： 4挡自动
悬架（前/后）： 四轮独立，双叉A形控制臂，扭力杆
制动装置型式（前/后）： 前后盘式
转向器型式： 助力转向式
排放标准： 欧4
燃料种类： 97号以上无铅汽
排量： 3500毫升

“悍马”H3外形上继承了“悍马”硬朗、粗犷的风格，优异的越野性能也不辱其“悍马”的越野招牌，只不过是看起来“悍马”H3比“悍马”H2短了、瘦了和矮了。“悍马”H3拥有庞大的身躯，肥大的轮胎，就像一块砖一样停在那里。在众多高档的越野车里只有“悍马”拥有这样独树一帜的外形。

“悍马”H3前中网的七个长方形进气口和双圆灯设计是“悍马”的标准造型。大面积镀铬的七竖孔前格栅和后视镜，带“百叶窗”的前引擎盖，几乎垂直的前风挡玻璃，窄而扁的侧面车窗，以及宽大的轮胎这些基本特征使H3看上去与“悍马”H2如出一辙，最大限

★“悍马”H307型越野车

度地继承了“悍马”的家族血统。而看起来不像保险杠的前保险杠，采用了特别的PU材质以黑色原味方式呈现，其中两个看起来足以拖动坦克车的巨大拖车钩更是一绝，虽然不需要也没有必要这么做，但是在视觉上却成功地塑造了“悍马”的强悍形象与风格。

“悍马”H3将独一无二的“悍马”风格和能力融入到了中级尺寸布局中。与“悍马”H2相比，H3短了16.9英寸（429毫米），矮了6英寸（152毫米），窄了6.5英寸（165毫米）。大体尺寸就跟一台中级尺寸的轿车相当。H3的外表较前两代车型更多地加入了幻化的元素，但结实的前进气格栅和挡风玻璃、外置的油冷却器、挂在车尾的备用轮胎依然充满了刚强的气息。车身宽大的挡泥板被移走了，这样将使H3更适合在狭窄的林间小路上行驶。尾部的短货物舱可以加长，甚至能达到原来的两倍，而这只需要把后排座位折叠并放置在地板上，打开后座与货舱框之间的门就可以了，为了让你可以感受大自然的气息，车顶可以完全打开。

除了独特的体形外，H3的内饰也更加“民用”化，布局也与同级的SUV大致相同，用料与材质也较H2的廉价材料有了很大改观。中控台上的按钮与背景协调，而且做工精致。整体内饰的质感上乘，仪表盘的数字清晰，容易读取，宽大的真皮座椅柔软舒适，厚实的真皮包裹方向盘和挡杆，手感非常不错。“悍马”H3采用防水的黑色塑料制作的内部面板，能很好地起到耐脏的作用。五座的“悍马”H3有着非常巨大的行李箱空间，后排座椅靠背放倒后可以达到1577升的行李箱容积，另外车厢地板下面有四个储物空间，座椅后还有三个，使用都比较方便。但是后排座椅折叠后的行李舱地板欠平整，且折叠处的缝隙很大，小件物品落入其中很难取出。

“悍马”H3能够非常舒适地在城市道路上巡航，并且能提供“悍马”所特有的攀爬能力。动力源自Vortec3500引擎，双顶置凸轮轴以及可变气门正时使H3能在交付出色性能的同时提供良好的燃油经济性。“悍马”采用了一台排量为3.5升的直列5缸汽油机，dohc20气门结构，5000转时可以输出164千瓦的最大功率，2800转时输出304牛米的最大扭矩。H3是“悍马”首款同时提供自动和手动两种变速箱的车型，除了4速自动变速箱外，还可以选择一台5速手动变速箱。手动挡的H3无疑将给它的买家带来更多的驾驶乐趣。H3的整备质量达到了2132千克，过高的重量成为发动机的最大负担，H3的最高时速仅达到160千米，好在这台发动机还算省油，综合工况下油耗不到12升。07款“悍马”H3将发动机排量增至3.7升，动力性能有所提高，其最大功率和最大扭矩分别达到220千瓦和328牛米。

“悍马”H3的车身结构为非承载式，悬挂部分没有采用流行的空气悬架，而是采用了古老的前双叉臂独立，后整体桥非独立的底盘结构，这样的结构也并非不好，它可以保证在更大载重情况下的越野性能。H3使用了型号为265/75r16的轮胎，大扁平比的轮胎保证了H3越野性能的发挥，但在公路行驶表现上多少会打一些折扣。H3采用了borg-warner

双速电子全时四驱系统和完全锁止后差速器，这套系统能以2.64：1的速比传递动力，对于不满意的顾客，他们还能够要求选装另一套系统——速比高达4.03：1。“悍马”H3的最小离地间隙为0.216米，接近角和离去角分别为37.5度和35.5度，最大通过角为25度，最大爬坡度为60%，最大涉水深度为0.61米，从这些参数来看，H3的越野能力及通过能力都不会让人失望。

由于“悍马”越野车体形庞大，耗油量大，价格昂贵，所以“悍马”品牌在美国本土和全球的销量，下滑速度惊人。2009年，中国一家公司和通用公司启动了收购“悍马”生产线的谈判，最后以失败告终。谈判失败后，2010年4月6日，通用汽车在美国召开了由美国153家“悍马”经销商参加的会议，决定正式启动关闭“悍马”生产线的程序，不再生产任何型号的“悍马”。

正如开篇所言：战争，是检验所有武器的标准，同时也是衍生新武器的源头。我们从战争的角度来看待战车，其实，它和很多事物一样，都带着明显的进化论色彩。

有了战争，才出现了战车；有了坦克，便出现了更多战车；或者这么说，战车就是行驶在历史这幅长卷上的机动骑兵，它们中有的驰骋疆场，以保护士兵为己任；有的遇山开路，逢水搭桥；有的负责装甲侦察，是装甲部队的眼睛；有的机动灵活，驾驶方便，成为将士们的坐骑；有的穿着厚厚的护甲，是士兵们保存希望的兵戎铁甲。

战车的出现，大大丰富了战争的形式。它们具有高精尖的特性，它们就像一颗颗螺丝一样，附在战争这个庞然大物身上，牵一发动全身，它们又具有人类的天性，它们就像一个个士兵一样，恪守其职。

伴随着这些战车的成功，它本身的制造者也被载入史册，名满天下。制造出哈雷摩托的哈雷公司、制造“悍马”的美国通用公司、制造这些很多战车的著名武器公司等，他们都定格在装甲战史上，与此同时这些战车制造公司的民用车系列也被大众所认同。

此外，世界著名战车的设计理念也将出现在大众的视野里，这些战车，它们有的用于保守，有的用于进攻，它们中的大多数都是人类智慧的结晶，都是人们对于战争和和平的另一番思考。

在这本书中，我们纵览了很多著名的战车，从研制到战场上的种种故事，在里面我们发现，人类对生命的珍惜，对智慧的渴望，对协同作战的梦想，对战略平衡的理解，以及对和平的追求。

如今的战车尽管已经相当先进，但仍然还有很大的发展空间，在未来装甲战争中，势必将继续扮演重要角色。在21世纪的未来，战车家族必将顺应新时代装甲车辆的发展趋势，将续写它们的传奇。

主要参考书目

1.《装甲车——世界王牌武器库》，高飞天曌工作室编著，明天出版社2001年8月。

2.《战车》，徐铭远主编，中国人民解放军出版社，2002年1月。

3.《超级全景霸王兵器Ⅱ：超级战车》，纪江红主编，浙江教育出版社，2007年1月。

4.《坦克与装甲战车：900多种坦克与装甲战车的详细解读》，（英）克里斯托弗·F.福斯主编，吴娜主译，上海科学技术文献出版社，2007年。

5.《火力战车实录》，孙珑编著，航空工业出版社，2009年1月。

6.《追根溯源话战车》，冰雨主编，陕西人民出版社，2009年7月。

7.《陆战之王——坦克装甲车》，沈志立等编著，化学工业出版社，2009年7月。

8.《兵器大盘点——战车》，崔钟雷编，万卷出版公司，2009年10月。

9.《简氏坦克与装甲车鉴赏指南》，（英）福斯著，张明、刘炼译，人民邮电出版社，2009年10月。

10.《世界经典兵器连连看——装甲战车》，唐克人编，陕西科学技术出版社，2010年3月。

武器的世界 兵典 THE CLASSIC WEAPONS 兵典的精华